光尘
LUXOPUS

THE LAST STARGAZERS

The Enduring Story of Astronomy's Vanishing Explorers

最后的观星人

天文探险家的不朽故事

[美] 艾米莉 · 莱维斯克 ———— 著

张玫瑰 ———— 译

北京联合出版公司
Beijing United Publishing Co.,Ltd.

谨以此书献给我的母亲，

是您赋予了我故事。

目录

Contents

引言

“你试过关机重启吗？”

这句话被世界各地的 IT 小哥疲倦地重复着，但可能不曾引起其他人如此强烈的恐慌。首先，那时是凌晨一点，二十四岁的我正在夏威夷最高的一座山峰上——海拔近 14 000 英尺（约 4 267 米），坐在一个寒冷的控制室里，一边顽强地与睡意和缺氧搏斗，一边努力抢救一台坏掉的设备，想为我的博士论文做最后的挣扎，以挽回来之不易的几小时观测时间。

其次，那台故障的设备是昴星团望远镜（Subaru Telescope），一个 630 吨重的大怪兽，位于我头顶上方足足有十四层楼高的圆顶内，与我仅隔着一层天花板。它是美日天文界合作的结晶，拥有直径超过 27 英尺（约 8.2 米）的主镜（当今世界上最大的单一镜片主镜），还有一套地球上最精密的光学仪器和图像处理工具，每晚的运行费用高达 4.7 万美元。在向系里的教授们提交了一份长达 12 页的研究提案后，我总算申请到一个宝贵的夜晚。今晚正是我这一整年里分配到的唯一的夜晚，这台望远镜将任由我摆布，指向 50 亿光年外的些许星系。

这么金贵的仪器，我怎么敢随便关机重启？

那天晚上，观测工作一直进行得很顺利。突然，控制室里的一台电脑发出不祥的警报，令我和望远镜操作员（山上除了我以外的另一个活人）瞬间僵住不动。我问她这是什么意思，她面色凝重地告诉我，支撑镜面的一个机械支架可能失灵了，转而又安慰道："没关系，我觉得镜子应该还没掉下来。"

"你觉得？"

"没错，否则我们听到的会是'砰'的一声巨响。"这推理完美得无懈可击，却无法令我那颗悬着的心安定下来。

我们显然是幸运的，当机械支架失效时，望远镜正好处于一个极其微妙的角度，没有立即发生灾难性的事故。目前，支架依旧顽强地支撑着副镜，它虽比主镜小多了，但也有 4 英尺（约 1.2 米）宽，400 磅（约 181 千克）重，悬挂在 73 英尺（约 22 米）高的空中，将主镜收集和反射的光线引导到我正在使用的相机上。不幸的是，如果我们继续移动望远镜，就有可能将副镜甩落——这算是轻的了，运气够差的话，掉下来的副镜可能会砸中主镜，两者共赴黄泉。

我们忐忑不安地给昴星团望远镜的白班工作人员打电话。他们是一群机械工程师，专门在观测人员熟睡的白天，维护山上的 13 架望远镜。我们联系到的日本工程师乐观地说，这个情况今天早些时候也发生过，不过望远镜的机械支撑应该没毛病，电脑发出的可能只是虚假警报，重启望远镜或许可以解决问题。这时候，如果我们友善地提醒对方，这是一台价值数百万美元的望远镜，而不是家里的路由器，不知会不会有点唐突。

我不知道 400 磅重的玻璃砸向我头上的水泥地板会发出什么样的声音，但我很清楚我一点也不想听到那个声音，也不想顶着“那个杀死昴星团的博士生”的绰号，被同行取笑一辈子。这些年，我从别人那里听了很多“我弄坏了望远镜”之类的故事，总觉得那是跟我毫不沾边的事，忘了有一天我也可能成为故事的主人公。好事不出门，坏事传千里。我有一位合作研究者曾无知地将两根不应该相遇的电线接在一起，烧坏了望远镜上一台贵得离谱的数码相机。他还没来得及回去向导师自首，这个噩耗就传到了他老人家的耳朵里。另一位天文学家，而且是一名资深的观测者，不小心撞坏了望远镜的工作端。那晚她因睡眠不足，忘了将圆顶室内的移动平台收回来，结果就跟望远镜撞上了。有时，意外说来就来，甚至不是人为的。某一天夜里，在西弗吉尼亚州的绿岸小镇，一个巨大的 300 英尺（约 91 米）的射电望远镜才刚抬起头就轰然倒塌，像一个被踩扁的易拉罐，一下子瘪软在地。我不记得是什么导致了这起臭名昭著的绿岸事故，但我很确定“机械支撑”这东西有着洗不清的嫌疑。对我来说，现在最明智的做法是立马收工止损，开车回到观测站的宿舍睡觉，第二天早上让白班人员里外彻查一遍。

但这是我与这台望远镜仅有的一个夜晚，不管我今晚经历的是机械故障，不请自来的云彩，还是虚惊一场——真相是什么，到了明天都不重要了。天文学家需要提前好几个月申请，才能如愿用上望远镜。一旦错过这个夜晚，明天另一名天文学家将带着截然不同的研究计划过来，接手这台望远镜。到头来，我只能带着半途而废的观测，抱憾而归。回去以后，我还要重新递交一份新提案，期盼着再次得到望远镜管理委员会的批准（让他们点头比登天还难），接着再等上一整年，直到地球绕太阳一圈，同样的星系重新出现在那一小块天区，我才有机会再试一次，而且要提前烧高香，祈祷那天晚上不要有云，设备不要罢工。

我太需要这些星系了。我想要观测的星系在几十亿年前曾出现过一种被称为伽马射线暴（Gamma-ray Burst, GRB）的奇异现象。天文学家的猜测是，它们来自迅速旋转的垂死大质量恒星，它的核心塌缩成黑洞，从内向外将它吞噬殆尽，并喷射出强烈的光束。那些光子横跨整个宇宙，最终抵达地球，成为我们看到的维持数秒的伽马射线。当然，宇宙中每时每刻都有恒星死去，只有少数恒星会这样壮烈地绽放余晖，没人知道为什么。我的博士论文主要建立在一个假想上，这些恒星在死亡时发生如此剧烈的爆炸，关键就隐藏在它们母星系的化学组成之中（因为正是同样的气体云和尘埃孕育了这些恒星）。昴星团是世界上少数具有这种观测能力的望远镜之一。电话那头的工程师说了，这也许是虚惊一场，如果我取消了今晚的观测，就相当于放弃研究那些星系的唯一机会，与我苦苦寻觅的关键线索失之交臂。

但是，摔碎世界上最大的一块玻璃，对我的研究同样毫无助益。

我看了一眼操作员，她也回头看着我，两人面面相觑。我是现场唯一的天文学家，今晚我说了算。凭我二十四年的人生阅历、三年的博士学识、租车还得缴年轻驾驶员风险金的资历，今晚我注定要独挑大梁。我看了看打印出来的精心拟订的观测计划，心知昴星团每闲置一分钟，我的计划就会落后一分钟，又看了看电脑屏幕上模糊的夜空影像，它们来自一台全年无休的小型导星摄像头，是它让我们看见了望远镜此时指向的天区，让观测者不会迷失在无边的星海中。

我毅然关闭电源，重启望远镜。

观星是一种简单原始的人类活动，几乎每个人都曾抬头仰望星空。无论是在繁忙的城市街头，昂首注视被光照污染的夜空，还是在地球上某个偏远的犄角旮旯，浑然忘我地凝视着划过天边的流星，或者只是安静地站在浩瀚的苍穹之下，用心灵去感应地球大气层外的广袤宇宙，神秘美丽的星空总是叫人心驰神往。你很难找到一个不曾欣赏过星空照片的人，世上最好的望远镜拍下了无数动人心魄的太空景象，蕴藏着宇宙的无穷奥秘：群星璀璨的全天画卷、如风车般盘旋的旋涡星系、如彩虹般绚烂的气体云……

照片背后的故事却鲜为人知，比如它们从何而来，为什么要拍它们，怎么拍到的，谁又从中窥见了宇宙的奥秘。天文研究听上去是一份既浪漫又天真的工作，从事它的人如独角兽般稀有：地球上有 75 亿人，只有不到 5 万人是专业的天文学家。大多数普通人从未当面见过专业的天文学家，更不用说去了解天文学家的工作细节了。当人们思考天文学家是干什么的（其实几乎不会有人思考这个问题），他们往往会联想到自己的观星经历，然后将它放大到一种走火入魔的程度：一个夜行的怪胎，隐匿在黑暗的角落里，透过一面巨大的镜子窥视星空，身上也许披着一件白大褂，能够倒背如流地说出各种天体的名称和位置，隐忍地蛰伏在寒风凛冽的山头，耐心等待下一个重大发现的到来。电影中的少数天文学家也成为供他们参考的对象，像《超时空接触》中的朱迪·福斯特，一边戴着耳机，一边聆听外星人的信号；又或是《天地大冲撞》中的伊利亚·伍德，通过一台强大到明显不现实的家用望远镜，观测到一颗足以摧毁地球的彗星。几乎在每一部电影中，观测只是正戏之前的前奏，夜空永远是晴朗的，望远镜永远是好的，拥有主角光环的天文学家只要瞪大眼睛瞧个一两分钟，就能攥着几小段完美无缺的数据，飞奔去拯救世界。

当我宣布要以天文学为事业时，对天文学的认识其实也不过如此。我和无数专业或业余的太空发烧友拥有相似的童年，在新英格兰工业小镇的后院里仰望星空，阅读父母书架上摆放着的卡尔·萨根[①]的书，还有一些美丽的星空图，就是那种经常被用来做科普节目背景或科学杂志封面的经典图片。后来，即使我以大一新生的身份来到麻省理工学院，先声夺人地宣布自己将专攻物理，以此跨出我迈向天文事业的第一步，我对天文学家每天要干些什么仍然只有模糊的概念。之所以想要成为一名天文学家，是因为我想探索宇宙，了解星空的奥秘。除了这些笼统的描述，我从未深思过“天体物理学家”具体要做些什么，而是徜徉在各种白日梦里，或接触外星人，或揭开黑洞的神秘面纱，或发现新的恒星（到目前为止，我只实现了其中一个白日梦）。

但是，我从未想过有一天，我的一个决定将会影响这世界上最大的望远镜的安危；从未想过有一天，我会摇摇晃晃地爬上一台望

① Carl Sagan（1934—1996），美国著名天文学家、普利策奖得主，设计并主导先驱者号“地球名片”和旅行者号“星际唱片”重大太空探索项目，著有《宇宙》《暗淡蓝点：探寻人类的太空家园》等，第 2709 号小行星用“萨根”命名。——编者注

远镜的支架，打着科学的名号往镜面上粘泡沫塑料，寻思着我的雇主是否给我购买了实航试验保险，说服自己和一只跟我的头一样大的狼蛛同床共枕；也从未想过，有些天文学家会为了科研飞上平流层，长途跋涉到地球尽头的南极，勇敢地面对危险的北极熊和偷猎者，甚至为了追逐一缕珍贵的星光而丢掉性命。

我同样没想过，我将进入的领域其实和世间万物一样瞬息万变。那些我读到或想象的天文学家——裹着羊毛衫，守在寒冷的山顶，站在一个大得不能再大的望远镜后面，眯着眼看目镜，头顶上斗转星移——已经是一个濒临灭绝却在不断进步的“物种”。步入天文学家的行列后，我发现自己越发深陷宇宙之美。此外，我还意外地发现，这条道路亦将指引我探索自己的星球，在迅速变化（有些东西甚至在逐渐消失）的天文学领域，倾听那些稀有珍贵、不可思议的故事。

第一章

第一眼

亚利桑那州 图森

2004 年 5 月

从图森机场往西行驶的路上，我第一次看到了望远镜，货真价实的世界级大型天文望远镜。当时，我刚结束麻省理工学院的第二学年，一考完量子物理学和热力学，就马不停蹄地飞往亚利桑那州。到图森机场迎接我的是菲尔·马西，一位戴着黑框眼镜、笑容灿烂的天文学家，顶着一头银灰色鬈发，很像电视里的疯狂科学家。他是我未来十周的研究项目导师，开车载我去索诺拉沙漠深处的基特峰国家天文台（Kitt Peak National Observatory, KPNO）。那将是我人生中第一次参观专业天文台，我们将在那儿度过五个夜晚，用山上的一台望远镜观测星空，以此拉开我暑期项目的序幕。

在与菲尔往来的邮件中，我得知自己即将研究的是红超巨星，一种质量巨大的恒星，至少是太阳的八倍。由于质量很大，它们以极快的速度走完一生，从新生期（刚从气体云和尘埃中诞生的炽热蓝色恒星）演变到老年期，只花了 1 000 万年的时间，犹如即将熄灭的余烬，闪耀着深红色的光，用尽最后一丝力气，膨胀到原本大小的数倍，勉强维系着自身的稳定和生命。对这些恒星来说，死亡的结局不外乎是强烈向内坍缩到一个点，接着向外爆炸成超新星，成为宇宙中最明亮、能量最大的奇观，有些最终甚至会坍缩成黑洞。

菲尔在去年一月份匆匆见过我一面，只听过我初涉天文学研究的第一次演讲，便选我做他的暑期研究生。当我们开始讨论暑期的计划时，菲尔给了我红蓝两个选择：垂死的红色恒星或新生的蓝色恒星。我对它们一无所知，但我觉得黑洞很迷人，垂死的恒星似乎和它稍微沾点儿边，便选了红色。在基特峰天文台，菲尔和我将观测银河系中的近百颗红超巨星。然后，我会在这个夏天余下的时间里，分析观测数据，测量恒星温度，研究它们是如何演变与衰亡的，为解开这个令整个天文界好奇的谜题尽一点绵薄之力。

一路上，菲尔一边开车，一边和我聊天，简单了解了彼此的情况。我一边说着话，一边凝视着窗外亚利桑那州南部的沙漠。夏日炙热的阳光明晃晃地照着大地，橙褐色的土壤、绵延不绝的巨柱仙人掌、湛蓝的天空尽收眼底，与马萨诸塞州闷热潮湿、绿意盎然的春天有着天壤之别。菲尔指了指天上的一个小白点，那是一架高空喷气式飞机，拖着两条航迹云，说有经验的天文学家可以根据航迹云的长度，判断当晚的天气是否适宜观测。如果它们又长又蓬松，意味着大气中有大量的水汽，会对星光产生干扰；如果它们很短——飞机后面拖着一小截短翘的尾巴，意味着那将是一个干净清澈的夜空。那天，我们看到的尾巴很短。

菲尔对去天文台的路烂熟于心。基特峰上 4 米宽的望远镜一进入视野，他就告诉我往哪儿看能第一时间看到它。十八层楼高的白色圆顶，在沙漠毒辣的烈阳下熠熠发光，里面的望远镜建成于 1973

年，同年第一次望向深邃的太空。自凝望宇宙的“第一眼”起，从比邻的恒星到遥不可及的星系，过去的几十年间，它做出了无数次突破性的天文观测。

现代绝大多数望远镜都使用镜面收集来自恒星的光线，而它最基本的光学属性就是大小。镜面越大，意味着集光能力越强，将它指向一个天体时，就有更大的面积可以收集光线（这和瞳孔在黑暗的房间里会放大的原理是一样的）。从镜面的一端到另一端的距离，即它的直径，决定了望远镜产生的图像可以有多清晰，跟长焦镜头能把远处的微小物体拍得更清晰是一个道理。一个多世纪以来，在天文学上最激动人心的重大进步，都离不开越来越大的望远镜。镜面口径决定了望远镜能看多远，因此成为望远镜最具决定性的特征。镜面口径有时会出现在望远镜的名字中，或者完全以其为望远镜命名。基特峰的旗舰级望远镜就被大家叫作“4 米”。

终于，我们离开了 86 号公路——一条空荡荡的满目荒芜的公路——开始沿着山路蜿蜒前行。起初，除了知道我们要往沙漠更深处去，路上没有任何迹象能透露车子究竟开到了哪里：绵延不绝的路面，几条“之”字形的山路，除了千篇一律的仙人掌，再难看到其他生命的踪迹。唯一的线索是一条白色圆弧，偶尔从山间探出头来，提醒我车子正在驶向天文台的路上。后来，山路周围的景色慢慢变了，我意识到这不是一座普通的山。当我们接近山顶时，前方陆续出现一些标志，请求夜间司机不要开远光灯，最后甚至要求连大灯也别打，好守护这山间的阒黑。

今天，世界上最好的天文台全都建在地势高、气候干燥的偏远地区。高海拔意味着大气层更稀薄，山顶和恒星之间的湍流干扰也更少。沙漠意味着空气中水蒸气含量极低，对观测和成像质量都有好处。选择偏远地区的原因更明显：离其他地方越远，天空就越黑暗（不过，即使是地球上最黑暗的地方，也在不断地与入侵的光污染做斗争）。

基特峰位于美国南部边境附近，距离墨西哥边境线不到 30 英里，山体由红褐色岩石构成，遍布着高大粗壮的树木，与周围的沙漠几乎别无二致，只除了两样东西：一座座白色的圆顶如沉睡的巨人分布在绵长的山脊线上，从山顶上空流过的无形的完美空气。天文台周围的土地主要归托赫诺奥哈姆族[①] 所有，远处矗立着一道醒目的天然岩层，形状酷似望远镜的圆顶，被托赫诺奥哈姆族奉为“Baboquivari”，意为“宇宙的中心”。

随着车子慢慢爬上山顶，我开始在心里想：专业的天文台是什么样子的？我的脑中立刻浮现出一台巨大的望远镜，就像我们在路上看到的那个，白白的，孤零零的，耸立在山顶裸露的岩石上，仅此而已。其他的事我倒没多想，比如到了山上后我们要睡在哪儿（白天睡觉吗，有时间睡觉吗），我们要吃什么（我是不是应该带点零食过来），或者其他后勤方面的安排。我想，船到桥头自然直，现在只要专心欣赏路上的景色即可。

---

① 亚利桑那州南部最大的印第安部落，索诺拉沙漠的原住民。——译者注（本书注解如无特殊说明，皆为译者注。）

马萨诸塞州 陶顿

1986 年

这一年，我将会迎来一个不算新鲜的好消息。我早已习惯了将“我要成为一名天文学家！”视为人生的北极星，以乐观的心态向着它砥砺深耕，因此当那个消息到来时，我一点也没有觉得意外。

我从记事起就痴迷于太空，对它的迷恋最早可以追溯到 1986 年初，那是哈雷彗星上一次飞临地球的时候。当时，我们一家人还住在马萨诸塞州的陶顿郊区，一个蓝领阶层的新英格兰南部城市，有着工业化的根基，一旦出了城区，再过几个高速出口，就是森林、池塘及长满蔓越莓的沼泽地，四周漆黑一片，是观星的好去处。

我父母都不是科班出身的科学家。在我出生之前，他们读的是教育学专业，专攻特殊教育方向。我妈妈一开始是一名语言治疗师，后来回到学校继续深造，拿到了图书馆科学硕士学位，从此在陶顿教育体系内的图书馆管理岗位上一路升迁。我爸爸虽然也是教育学出身，却做了多年的卡车司机个体户，同时自学成为计算机专家。我出生的那一年，他是一家保险公司的信息技术专员。

尽管如此，他们两人骨子里都是科学家，对这个世界充满了好奇，总是渴望尽可能多地了解它，任何可能勾起他们兴趣的领域都不放过。我爸爸曾在美国东北大学选修过一门天文学课，激发了他对天文学的求知欲，并感染了我妈妈。

我父母一旦对一件事感兴趣，就会全身心地投入其中，这是他们终生的习惯。当这个兴趣是天文学时，我爸爸东拼西凑，买了一台家用望远镜星特朗 C8，带 8 英寸（约 20 厘米）主镜，橘色镜筒，还自己动手做了一张专门“供奉”它的台子，加了几块隔板当架子，摆放目镜、其他设备和一本《诺登星图》(*Norton's Star Atlas*)。1980 年，卡尔·萨根的宇宙科普纪录片开播。受片子的影响，两人的热情空前高涨，在图书馆工作的妈妈囤积了好多萨根的书。到了 1984 年，也就是我出生那一年，天文学已经成为我们家日常生活的一部分，就跟园艺、木工、观鸟及古典乐一样。这些丰富多彩的活动，是我父母为我们兄妹两人创造的潜在爱好，供我们自己去探索。

不过，真正让我对天文学产生兴趣的是大我近十岁的哥哥，他叫本。我一直很相信一点，当兄妹两人年龄相差如此悬殊时，妹妹很自然地会把哥哥当英雄崇拜。在我的成长过程中，本是我衡量一切事物的标杆，而且他对我有着用不完的耐心，从来不会生我的气或把我当小拖油瓶看待。本会拉小提琴，我也要学小提琴；本参加了一个学生科学展项目，我也要拿出能找到的玩具或其他家中用品，倒腾一些奇怪的“科学实验”；我甚至还想戴牙套，因为本戴了牙套（但是我一坐上牙医诊所的椅子就立马改变主意了）。

1986 年 2 月，我 18 个月大，本 11 岁。学校老师给本布置了研究哈雷彗星的功课，这类功课一般要全家人齐心协力才能完成，因此在一个寒冷的冬夜，我们这个四口之家搬着8英寸的望远镜还有自制的台子，艰难地移步到院子里，只为一睹这颗一生只打一次照面的彗星（下次飞近地球要等到2061年了）。据我父母说，他们本想带我出来看一眼就回屋，怕我会和那些容易感到不安的小孩一样怕黑，吵着要回屋里去。相反地，我完全被迷住了，透过望远镜痴痴地望着星空（现在回想起来，我仍然感到不可思议，一个还不到两岁的孩子居然知道怎么用目镜看星星，但我爸妈发誓我就是这么厉害），只要本还在观测，我就不肯回屋。

从那以后，我对天文学一往情深，不像对牙套那样始乱终弃。我很小就开始如饥似渴地阅读天文学方面的书籍。哈雷彗星过去几年后，我知道了星团、黑洞和光速，这要感谢杰弗里·威廉姆斯[①]的书，写的是一个小男孩的太空历险记，他有一个叫“星球侠”的机器人玩具，会变身成一艘神奇的太空船，带着他遨游太空。直到今天，我依然清晰地记得，五岁那年，我在书上读到光速很快。秉持着实践出真知的精神，我在房间里不停地按电灯的开关。开关一向上拨，房间立刻就亮了，少不经事的我就此深信，光子真的跑得好快呀，“嗖”的一下就到了我房间里（这在当时的我心中就是光速了）。

后来，我读了所有能读到的天文学书，看了电视上的怪才先生和比尔[②]，还看了当时上映的每部有关科学家和太空的电影。我记得

① Geoffrey T. Williams，美国作家，对科学题材颇感兴趣，包括天文学、太空旅行等，著有《恐龙世界》等科普作品。——编者注

② 分别为美国科普教学片《怪才先生的世界》和《比尔教科学》的主持人。

1990 年哈勃空间望远镜发射升空后不久，
6 岁的我穿着心爱的印有哈勃望远镜的新衣服在臭美。

图片来源：亨利·莱维斯克

我特别喜欢《龙卷风》这部电影，因为它让我看到了科学工作者的真正面貌，鼓舞了我幼小的心灵。银幕上研究龙卷风的气象专家正在从事激动人心的研究，并在研究过程中发生了许多有趣的经历。主角是一个在泥潭里摸爬滚打的女人，一辈子痴迷于科学，最后以一个完美的吻，为电影画上了圆满的句号（长大以后，我看了许多不得不在事业与男人之间做抉择的女性电影，这才知道了事业爱情难两全的残酷真相）。

父母尽了最大的努力，支持我对太空的热爱，但是想要从事天文学研究，不是在街坊里打听两下就会找到机会。我们连一个正牌的科学家也不认识，更不用说天文学家了。虽然我们家族里满是善良、聪明、热情的人，但没有人读过博士，也没有人知道成为天文学家有什么要求。我的四位祖父母小时候都是勤奋好学的孩子，可惜为了养家糊口，很小就辍学到当地工厂打工了。尤其是外婆，辍学对她的打击太大了，失学第一天就痛哭流涕。后来，她有幸重返校园，和我外公一起读完高中。此后，她一边养育五个孩子，一边考取了护士证书。外公则在镇上一家很大的铸银厂上班。我父母和一些叔叔阿姨是家族里的第一代大学生，他们都尽其所能地接受更多教育，读的是一些比较实用并且好找工作的专业，比如工程学、精算学、教育学……这是一个充满爱的大家庭，被无穷的好奇心和求知欲包围着，但是没有人能给我画一张路线图，指引我踏上那充满幻想且看似遥不可及的天文学之路。

很小的时候，我确实有幸与一位专业的天文学家交谈过一次。惠顿学院离我家只有 20 分钟的车程，那是一所规模不大但很好的文理学院。7 岁那年，父母带我去那里参加屋顶天文台的“公众观星夜”活动。一到现场，我马上就告诉负责活动的教授，我想成为一名天文学家。他俯下身子，直视我的眼睛，说：“多学数学。”我认真地看着他，回答道：“好的。”从此，数学成了我重点学习的科目。我先是跳了一个年级的数学，接着又跳了一个年级。后来，在好几年的时间里，我奔波在复杂的公交路线上，忙碌地穿梭于两个学校之间，一会儿去高中上高一几何，一会儿去我就读的初中上其他初一课程。

1994 年 7 月，苏梅克 - 列维 9 号彗星（Shoemaker-Levy 9, SL9）将撞上木星的消息传出后，天文界一片沸腾。随着撞击之日的临近，天文界内外都在猜测，木星被彗星撞击后会怎么样。我们会看到撞击的痕迹吗？崭新的哈勃空间望远镜立马被转去观测这颗彗星，但谁也不知道我们会看到什么。

木慧相撞后，很快就有消息称，景象超出了所有人的预期。彗星的撞击在木星云层下方留下了一道深褐色的伤痕。我记得电视上曾反复播放一段视频：在巴尔的摩市的空间望远镜研究所（Space Telescope Science Institute, STScI）里，一群天文学家围着几台电脑显示器，看着屏幕上的天文奇观，欢呼雀跃。在这群人当中，一名戴着眼镜的年轻女子坐在前排正中央，她叫海蒂·哈梅尔（Heidi Hammel）。当一帧帧壮观的木星图像传回来时，她和同伴们高兴地庆祝着。我和爸爸很快就搬出家里的天文望远镜，架设在院子里，亲眼看到了木星上的撞击伤痕，然而真正留在我脑海里无法磨灭的，是那些兴奋的天文学家的身影。他们和我一样热爱着天文学，以观测天象为终身事业，从彼此的喜悦中汲取能量，这也许就是未来的我。

这个特殊的时刻令我印象尤其深刻。虽然拥有一个充满活力且支持我的家庭，喜欢沉浸在科学的世界里，但是我经常会感到孤独、沮丧。我是学校里唯一一个喜欢天文学和小提琴，而不是儿童节目、芭蕾舞或足球的孩子，而且还总在数学这门科目上跳级，在学校之间“流窜”。我知道自己是一个怪小孩，喜欢用随身听听古典乐，看鱿鱼的纪录片，不爱看流行的电视节目或电影；喜欢穿破旧的工装裤、印有数学笑话的上衣，不爱穿流行时装。这种孤立感令我很苦恼，我想交朋友，想和其他孩子一起玩耍，一起冒险，一起涂指甲油，一起穿坡跟鞋（20 世纪 90 年代流行这样的鞋子），但这些还不足以令我放弃做真正的自己。我想结交的是和我一样热爱太空、数学及古典乐的人。我想成为世界闻名的天体物理学家、第一个登上火星的女人、下一个卡尔·萨根，还想约会、与心爱的人接吻、和他分享所有关于太空冒险的想象。我不相信这是一个不可能的命题，这世上一定有和我志同道合的人。

后来，我参加了一个“极客”[①] 云集的夏令营，终于看到了曙光。七年级时，我的 SAT 成绩[②] 很高，因此获得了参加约翰斯·霍普金斯大学天才少年中心暑期夏令营的资格。在那里，我第一次遇到了同类，在他们眼里我是个“弄潮儿”，而不是个“弃儿”，因为我会拉莫扎特的小提琴协奏曲，还会做三角函数。九年级结束的那个夏天，我在天才少年营里上了一门天文学的课，从此眼界大开。以前我是班上唯一一个热爱天文学的孩子，现在整个班上都是这样的孩子。我的“同类”就在那里，等着我去靠近。正是那些夏天的

---

① Geek，指智力超群但性格古怪的人，又译作“奇客”。

② 全称“Scholastic Assessment Test”，美国学术能力评估测试，类似于中国的高考。

夏令营，加上科技展、音乐课及花在AP考试[1]上的大量学习时间，让我最终走向了极客心中的圣地。

当我得知自己被麻省理工学院录取时，许多亲戚正好聚在我家中，刚从波士顿听完我和表弟内森的音乐会：我们获得了在州音乐节上表演的资格，我是小提琴手，他是萨克斯手。按照家族的习俗，为了给我们捧场，整个家族倾巢而出，大约有20人“入侵”了音乐厅，现场欣赏我们的演奏；演奏结束后，他们转移到我家，吃比萨，办庆功宴。就在这一阵忙乱中，我换掉了音乐会的礼服，赤脚踩在私家车道上，伸手去拿信箱里的信。我之前申请过麻省理工学院的EA提前录取批次[2]，得到的结果是“延迟考虑”，而且连申请也撤回了，因此当信箱里出现一封他们寄来的鼓鼓的信时，它并没有在我心中兴起任何波澜。我就住在马萨诸塞州，偶尔收到家门口大学寄来的宣传册，也不稀奇。

我把信件抱进厨房，所有人围着我，有几个长辈满脸惊讶地盯着信封看，催我赶紧拆开。一个文件夹滑了出来，上面印着“祝贺2006届新生”几个大字时，我整个人惊呆了，一句话也说不出来，家里一下子炸开了锅。父母和哥哥都很高兴，表哥表姐、叔叔阿姨也都大声欢呼着。与此同时，我的外公——我们家公认的核心和“定海神针”——向后靠在椅背上，提了提腰带（如果他打牌时做这个动作，你就知道他拿到了一手好牌），脸上慢慢露出了灿烂的笑容。他一直坚信我这一辈的几个孩子都是能够改变世界的天才，只有他对我手中的信封毫不惊讶。我难得有几次能清晰地看到人生

① 全称“Advanced Placement”，美国大学预修课程。

② 全称“Early Action”，美国大学本科提前申请的一种方式。

轨迹的改变，而这就是其中之一，不仅现在回忆起来如此，当时也能清晰地感觉到，我的人生也许将因此改变。

见我宣布要学习物理学，成为一名专业的天文学家，家人的态度可以用“精分”来形容，嘴上大喊着支持，心里却慌得不得了。“太棒了！去学吧！不过，你以后能做什么呢？”关于学习物理这样抽象的专业到底实不实用，他们私底下已经窃窃私语了很多次。像工程学或生物学这样的专业，至少有一个明确的学业终点和就业选项，但我们所有人，包括我自己，都不清楚一个物理学家的职业发展方向是什么，更不用说天体物理学家了。最后还是本说到了重点，打消了所有人的顾虑。他说，只要拿到了麻省理工学院的物理学学位证书，那么我还是有希望靠这张文凭找到一份工作的。

对于当时的我而言，最重要的是好好读书，努力把文凭搞到手，顺便再去弄清楚，天文学家到底是干什么的。

亚利桑那州 基特峰国家天文台

2004 年 5 月

到达基特峰山顶后，我和菲尔迅速办理了入住手续，并在天文台宿舍里找到了分配给我的房间，虽然简陋了点，但还算舒适。安顿好之后，我被带去参观这座山，迅速遛了一圈。我们的第一站是我在公路上看到的那台高耸的 4 米望远镜。当走到建筑门前时，我感觉自己像站在摩天大楼旁，虽然后来才知道，以今天的标准来看，这座望远镜只是一个小矮人。

当人们听到“望远镜”这个词时，他们会想到什么？对于大多数人而言，这个词会让他们想到安装在三脚架上的家用望远镜，海盗用的那种单筒望远镜，或伽利略架在阳台上的自制望远镜。有些人脑中可能还会冒出一个圆顶，里面探出一个像伸缩管一样的东西。

人们一般不会想到口径 10 米的庞然大物，如夏威夷莫纳克亚山（Mauna Kea）上的凯克望远镜（Keck telescope），或者阿雷西博射电望远镜（Arecibo radio telescope），一个栖息在波多黎各山谷中的巨大金属圆盘。从娇小的家用望远镜，到新墨西哥州的甚大阵列射电天文台（Very Large Array radio observatory）的巨大碟型天线，普通人很难看出它们其实源于同样的基础设计。

实际上，如果你仔细看的话，还是能从中看出一些门道来。很简单，大多数现代地基望远镜是为了观测光而建造的，使用的就是镜面组合。一个大的曲面主镜，能够收集望远镜指向的任何天体的光线，并将汇聚后的光束反射到其他光学器件上，可能是相机或另一面镜片，经过多次反复反射，最终抵达世界上最精密的科学仪器，它们为捕捉天体微光而研制。

望远镜本身安装在巨大的可移动支架上，靠电机和齿轮传动，随着地球缓慢旋转而转动，才能始终对准夜空中的目标天体。光学望远镜——用于观察人眼可见光的望远镜——被安置在将光线屏蔽在外的黑暗圆顶内。圆顶的上层结构可以滑动，开启一条狭长的小口子，让望远镜得以窥视天空。圆顶还能配合望远镜的旋转而旋转，使长条形天窗始终对准望远镜所观测的天区。

当我和菲尔踏进 4 米望远镜的圆顶室时，里面悄然无声，出奇地昏暗，和室外刺眼的阳光形成强烈反差。室内的灯全关着，侧面的巨大通风孔却敞开着，透进几缕阳光和微风，保持内部通风凉爽。如果通风孔关闭，在午后阳光的炙烤下，整个建筑会发热滚烫，等太阳下山好几个小时后才能完全冷却，这期间它会升腾起无形的热浪，扰动望远镜上方的气流，像夏天被太阳烤热的路面一样，产生水纹状的扰动，影响观测质量。除此之外，圆顶室内静悄悄的，只听见仪器设备的嗡嗡声，偶尔夹杂着金属的吱吱声，空气中弥漫着旧机油和润滑脂的独特气味，似乎是从墙体里飘出来的。

在封闭的圆顶室内，望远镜耸立在整个建筑的正中央，被安

2004 年，我在基特峰国家天文台，
首次进行专业天文观测，亲手开启望远镜圆顶天窗。

图片来源：菲尔·马西

基特峰国家天文台的山顶风光

图片来源：NOAO/AURA/NSF

装在一个巨大的漆成亮蓝色的混凝土支撑结构上。我爸妈那台老旧的星特朗家用望远镜安装在封闭的橘色镜筒内，而这个大家伙却不一样，镜面基本完全暴露在空气中，大多数现代大型望远镜亦是如此。它最重要的核心部件是与它同名的 4 米主镜，安置在巨大的白色基架上，垂直指向一个较小的副镜，由金属框架固定在主镜上方。虽然整个望远镜看上去很大，与周围庞大的设施一比（通往升高平台的楼梯和走道、墙体上与圆顶外部栈桥相连的门、圆顶室自身闪闪发光的金属板、开闭圆顶光缝的内部机械装置），还是显然有些娇小。

我们在动画片里看到的望远镜，通常是一个由无数镜面拼接而成的庞然大物，等待着伸展它的身子，从圆顶光缝下探出头来，现实中却不是这样的。首先，它的正后方没有肉眼可见的目镜，也没有一把给观测人员坐的椅子。照理来说，你会在镜筒正后方看到一个目镜，到了这里却只看见一堆环绕交错的钢缆、电线及金属盒，里面放着数码摄像装置，和其他供我们调遣的研究仪器。

其次，我们看不到穿着白大褂的研究人员抱着星图或笔记本在圆顶室内跑来跑去的忙碌身影，只看得到天文台的白班工作人员，穿着粗布工作服和汗衫，手上拎着的更可能是工具箱而不是写字板，每天对望远镜进行维护检查，确保它们运作正常。再次，地板上看不到散落一地的星图或其他纸张。这里给人的印象不像是无菌实验室，更像是车库或建筑工地。那天下午，通风孔和圆顶向蓝天敞开着，望远镜内的氛围犹如演出开始前傍晚的剧院舞台。

说不上空旷，也谈不上静谧，而是弥漫着一种为演出做准备的隆重感，以及等待演出那刻到来的期盼。天文台的工作人员进进出出，白天的光线照射进来，我能强烈地感觉到，整个观测室都在预备着迎接夜幕的降临，演出的开始，“巨星”的登场。天文学甚至借用了舞台演出的一些术语，例如使用一次望远镜的时长统称为“run”，原指戏剧的演出期，在中文里可以译作“轮”，比如“我下周要进行一轮（run）为期三晚的观测”。

那晚，当望远镜默默地观测星空时，圆顶室里不会有人驻守。来自夜空的星光——被主镜捕获的光线，经由副镜反射，被各种仪器收集——将被转换为数字数据，瞬间传输到隔壁“暖房”里的计算机上。暖房里坐着观测者（专业天文学家）和望远镜操作员（被训练来操作这只探出天窗的大怪兽的人），看着数据哗啦啦地涌进来。圆顶室内是冰冷黑暗的，几乎不受外界的任何侵扰，唯一打破宁静的，只有圆顶转动时发出的低沉的隆隆声，还有望远镜随着天区旋转时的呼呼声，从一个天体转向另一个天体。

当我们离开 4 米望远镜，走在去参观其他几个圆顶室的山路上时，我才开始仔细地欣赏起周围的风景。山上万籁俱寂，仿佛一切都静止了：脚下是一望无垠的干旱沙漠，远处的山峦渐渐隐没在朦胧的黛色中，唯一的动静是山下偶尔飞掠而过的红头美洲鹫。山头的望远镜静默无声，散落在岩石和树木之间，不像是人为的建筑，更像是这座山浑然天成的一部分。我的内心激动澎湃，四周却一派静谧，纹丝不动，更令我为之震撼。山顶天文台如同一个沉睡的巨人，一处静待夜幕缓缓落下的圣地。

马萨诸塞州 剑桥

2002 年 9 月

到了麻省理工学院，我兴奋地置身于几千名同样热爱科学的极客之中，并立即宣称自己是物理系新生，只除了一个技术性问题：我还没正儿八经地上过一堂物理课。

多亏了卡尔·萨根和星球侠的熏陶，小时候的我读了一些物理学的启蒙书，大致了解引力和恒星的运动原理，还看过一些关于相对论的似是而非的文章，但是要我解释弹簧工作原理背后的数学知识，推导出摩擦力的公式，或者解释电磁相互作用，可就说不出个所以然了。虽然只知皮毛，但是既然物理是成为天文学家的第一步，那么谁也阻止不了我学物理！

我从小就看了很多小人物逆袭成人生赢家的励志电影，《律政俏佳人》（*Legally Blonde*）在我上大学前就上映了，时机正好。耳濡目染之下，我一直深深地相信，只要功夫深，铁杵磨成针。只要铆足劲儿学就对了！我要报名上高等物理基础课程！我相信只要一个坚定的眼神，几首超燃的背景音乐，就一定能拿下物理！不过，我忽略了一个事实。那些电影通常会以蒙太奇的手法，配上大气磅礴的鼓点音乐，把背后的艰辛压缩成两分钟的画面。很快，我就会悲痛地认识到，那些电影太失真，掩盖了许多凌晨两点的辛酸。在无数个凌晨两点的夜晚，有一个人会趴在散落着笔记的地板上，累到视线都模糊了，却还在试图拯救她的作业，乞求学习小组里唯一知道作业该怎么写的学霸不要睡。事实证明，物理很难，真的很难。不要问我为什么知道。

我唯一的安慰是，在物理面前，众生皆苦。至今仍记得，某一次上高等物理基础课时，我坐在教室里，呆滞地望着我们的教授弗朗克·韦尔切克[①]在黑板上大书特书。他是一名优秀的教师，也是一名杰出的科学家，两年后凭借量子色动力学研究获得了诺贝尔奖，唯一美中不足的是记性不太好，偶尔会忘记他比我们这些新生聪明多了。有一天，他浑然忘我地写了两大黑板的数学证明，从上到下写得满满当当，写完后才想起要回过头来，真诚地提醒我们一句："它们看起来挺简单的，但其实是假象。"简单？看着那些狰狞的公式，你可以想象当时班上每个人的脑袋上都不约而同地浮现一个小气泡对话框，里面清一色地写着："这门课看来会挂。"

虽然学习很苦，但是我很喜欢麻省理工学院，在这里交到了患难与共的终生挚友，建立起坚定的革命友谊。我们在学业上互相扶助，一起完成凌晨两点堆积如山的作业。尽管课业繁忙，我还是设法挤出时间来，参加我在大学的第一个派对；在月色下探索美丽的校园；和一个叫戴夫的新生约会。他来自科罗拉多州，是一名热爱运动的男生，学的是计算机科学，和我上同一门化学和微积分课。

---

① Frank Wilczek（1951— ），美国著名理论物理学家。因在夸克粒子理论和强相互作用力理论方面所取得的卓越成就，获颁2004年诺贝尔物理学奖。——编者注

他似乎把我对天文学和编程的热情看作一种独特的魅力，而不是女性气质上的败笔。我们很早就情投意合，他帮助我走出自我封闭的世界，提醒我这里早已不是狭隘的中学，不会有人因为我聪明而孤立我。

我的宿舍里充满了无政府主义，外加反主流文化极客的奇思妙想。当我以大一新生的身份入住时，宿舍里的人正忙着造一座巨大的木塔。它比四层楼还高，违反了剑桥当地建筑法规的限高规定。后来，大家忙碌了好几天，爬上爬下的（这座塔非常牢固，不用担心倒塌，毕竟是麻省理工的工程师亲手盖的），把塔顶的水球扔掉，才将它的高度降到允许的范围。在接下来的四年里，我帮助舍友造了好几个大型的弹弓，人体大小的仓鼠跑轮，还有一个过山车，用的是 2×4 英寸的木材，纯粹是自娱自乐，还有我们的乐观精神。到了麻省理工学院之后，我第一次真正体会到，想要到达卓绝的彼岸，你不能一直走在常识的道路上，有时可能要拐几个弯儿。我们很早就意识到，这里的大学体验是最独特的，尽管某些世上最难的科学和工程课程让人有点伤脑筋（也有可能正是因为这点才独特）。

我相信麻省理工是适合我的，尽管学的东西很难。我想成为一名专业的天文学家，尽管对它的要求只有模糊的概念，但我至少知道这意味着我要在学校里打持久战，因为我听说过的大多数天文学家都是博士，还有到了某个阶段可能要用到超大型的望远镜，其他细节就不清楚了。说到望远镜，我在美国公共广播电视台或电影里看到过有人坐在圆顶室内的大型望远镜后面……做一些事情。虽然不知道在做什么，但是看上去挺有意思的，而且我也很喜欢我们家的那台望远镜，所以这应该不足为虑，反正以后肯定会知道的。

到了大二的秋季学期，我选修了观测天文学课，教这门课的老师是吉姆·艾略特（Jim Elliot）。当时，我还只是叫他吉姆——在他的鼓励下，我终于不再叫他艾略特博士，而是有点忐忑地直呼其名——过了好长一段时间，我才领悟到自己何其有幸，能够得到他的传授。他是观测天文学的开创者和先驱，也是这个领域的传奇人物。他给我们讲了许多有趣的故事，听起来有点像牛仔版的天文学，充满了疯狂的冒险。他通过柯伊伯机载天文台（Kuiper Airborne Observatory, KAO）的望远镜发现了天王星环和冥王星大气层，那是一台可以透过敞开的飞机舱门观测深空的望远镜，他还通过这门课在麻省理工培养了一批杰出的天文学家。吉姆在校外是鼎鼎大名的大天文学家，在学生眼里是一个六十多岁、才华横溢、平易近人的教授，冷静地指导初学者进行天文观测，教会我们望远镜的基本工作原理。听到他的观测经验，令我大开眼界。我一直以为天文学家只会坐在办公室里，或者安全地待在圆顶室内，要么伏首案前，要么对着电脑前处理数据。没想到做了天文学家以后，既可以当科学家，又可以当冒险家，听上去既新鲜又诱人。

作为课程的一部分，吉姆会在晚上带我们去韦斯特福德，还有小小的华莱士天文物理观测台（George R. Wallace Jr. Astrophysical Observatory, WAO），进行实验室实践教学。华莱士观测台离波士顿不到一个小时车程，那里的天空并不是完全黑暗的，和我童年记忆中的后院没什么不同，但它是一个真正的天文台，有两台大小适中的望远镜，一台口径 24 英寸（约 60 厘米），另一台口径 16 英寸（约 40 厘米），分别安装在独立的圆顶室内，还有一个小棚屋，里面架着四台口径 14 英寸（约 35 厘米）的望远镜，配备了数字探测器。整个班级的学生来到这里，用那几台 14 英寸的望远镜，开展小组观测活动。课堂组织形式与专业观测的情况相吻合：为了一次观测，你会提前准备好几周，只为到了望远镜跟前时，能够获得值好几个小时的数据，带回去分析数周。对于学生而言，几个夜晚的观测实验室之旅，就够我们完成整个学期的课程项目。对专业人员而言，在望远镜前的几个晚上，可以为未来几个月的研究提供数据，甚至还能诞生一两篇科研论文。当时，我们已经了解到，天文学家花在望远镜上的时间其实比大家想的要少很多，他们的时间反而更多地花在分析数据上。

对我而言，这个比例其实还好。虽然选了吉姆的课，但我并不认为自己想成为以观测为方向的天文学家。我的动手能力向来不强，不是那种从小就会拆收音机的孩子。比起怎么用望远镜去瞄准天体，我更感兴趣的是被它瞄准的天体本身。我一直以为自己会做纯脑力、纯理论的天文学工作（我想象中的天文学家应当一边坐在办公室的椅子上向后仰，一边沉思着黑洞的奥秘）。在我看来，理解恒星的基本物理规律才是真正崇高的追求，而不是像工程师那样（此处请自行想象一个自以为无所不知的 19 岁少女发出的嗤之以鼻的声音）简单地倒腾笨重的机器。

但是，只用了一个晚上，我就爱上了观测，为它着迷。我喜欢穿戴好所有装备，走进寒冷清冽的秋夜；喜欢用冻僵的手指笨拙地去拿记录本、旧电脑和手电筒；喜欢爬上梯子，手动调整一台 14 英寸的望远镜，让它完美地对准我选定的一颗星；喜欢那种大功告成的兴奋感。当一切都弄好之后，我终于可以从梯子上跳下来，在小棚子昏暗的红光下（到了晚上，许多天文台会采用弱红灯照明，保护观测者的暗视力），看一眼崭新的数据和自己匆匆写下的笔记，心中充满了令人喜悦的成就感。

我还记得自己站在十一月午夜的寒风中，洋溢着青春勃发的活力，一口吃掉一把锐滋花生酱巧克力，通过望远镜的取景器看见一颗流星，从斜上方飞快地划过望远镜的视场，那一刻永远烙印在了我的脑海里。当时，望远镜正对着天空一个不起眼的小角落。当我将眼睛凑到目镜前时，流星正好从那一角划过的概率几乎为零，可它却奇迹般地发生了。我不记得自己有没有欢呼，有没有说话，有没有移动。我只记得自己站在梯子上，直视着望远镜，心里很确定那是什么。

“是啊，”我想，“这真是个好工作。”

亚利桑那州 基特峰国家天文台

2004 年 5 月

当天晚上，我和菲尔到食堂吃晚饭，其他天文学家和望远镜操作员也在，他们将在日落前在山上进行观测。我们一到食堂，先挑的是当天半夜要吃的夜宵。根据一个观测者的行程表，我们接下来要吃的这顿晚餐只是一天中的第二顿，午夜或凌晨一点左右要吃的是第三顿，也是最后一顿，大家管这顿饭叫“午夜餐”，吃的东西很简单——可能是一个三明治、几块饼干，也许还会喝点热可可或汤——但能让人熬过疲惫的凌晨。

我和其他天文学家挨着坐，菲尔向他们介绍说，我是暑期过来的学生，将进行第一次实战观测。这句话像某种无形的蝙蝠信号传遍了整张桌子，大家纷纷向我表示欢迎，对我说晚上好，提了一些友好的建议，但是话题很快就跑题了，转向以前来过的观测者的糗事。

“到了凌晨三点左右，每个人都很疲惫，一不注意就会做傻事。我记得有一次，有一个男生独自在山上观测，结果把自己锁在了卫生间里。等他好不容易出来，半个小时都过去了，白白损失了使用望远镜观测的时间！咦，这件事是不是就发生在咱们这里？”

“不确定，但我知道有个用太阳望远镜观测太阳的人，某天脑子突然抽了，想往光束里塞一张纸。你应该知道怎么将纸塞进那种能够聚光成像的普通望远镜里吧？这个家伙把一张纸放到聚集到一点的太阳光束下，结果纸一下子就烧了起来。”

“记住，一定要小心蝎子。前不久，我们有个观察员被一只蝎子蜇了！当时她就在望远镜边上，那蝎子‘唰’地爬到她的裤腿上。哦，她后来是不是被直升机送到图森市中心去抢救了？”

一听到蝎子，我吓得脸都白了（从马萨诸塞州来的我，平生见过最吓人的只有黄蜂或蟑螂），有人立马添油加醋道：“蝎子是挺麻烦的，但你们听过史蒂夫和浣熊的故事吗？当时他正在用100英寸（约2.5米）望远镜观测天体，结果一只浣熊猛地跳到他的大腿上。”*100英寸？*“据说他当时叫得可凄厉了，站在60英尺（约18米）外都能听到他的惨叫！”*在哪里？*

“好了，小动物的故事说得够多了，谁想说说得克萨斯州望远镜被枪击的事？”*居然有这种事？*

还有数不胜数的奇闻逸事。

（特此辟谣：被蝎子蜇伤的受害者是真的，但肯定没有严重到要直升机护送。确实有人用太阳望远镜点燃了一张纸，但不是在基特峰。有一个叫史蒂夫的哥们儿在威尔逊山天文台用100英寸望远镜观测天体，与一只吃饱而且很温和的浣熊有过一次亲密接触，但他说它只是温柔地拽了一下他的裤腿，并发誓自己没有尖叫。那个把自己锁在卫生间里的观测者确有其人，而且把这次事迹写进论文的研究方法里，从此流芳百世。得克萨斯州确实有一台望远镜被人开枪打了。)

这是我第一次听到这些引人入胜的天文学故事，虽然有些带有夸张的成分。撇开蝎子不谈，我听得完全入迷了，渴望一整晚都坐在那儿听故事，还恨不得马上冲到望远镜下，创造属于我自己的精彩故事。

马萨诸塞州 剑桥

2004 年 1 月

话题回到麻省理工学院。因为吉姆的课，我现在无可救药地迷恋上天文学。当物理这条路越来越难走时，我会时不时重温当年的兴奋，激励自己跪着也要走完自己选的路。在这条充满艰辛的求学道路上，令我欣慰的是，大多数同学跟我同病相怜——高中时轻松考满分，现在拼了老命也只能拿 C 或 B。

不过，至少在吉姆的天文观测课上，我拿到了优秀的成绩。当吉姆提到冬天会组织一次野外考察营体验时，我当场就报名了。到了一月份——麻省理工短暂的冬季学期——他带领一小队学生去亚利桑那州的弗拉格斯塔夫，参观洛厄尔天文台（Lowell Observatory），在馆内专家的指导下开展研究活动，并探索整个地区（吉姆带领所有野外考察营的学生徒步多日，深入大峡谷的腹地，在科罗拉多河边驻营，夜里仰望星空，早晨做薄煎饼给我们吃）。在洛厄尔天文台，我和莎莉 · 黄[1]一起工作，一个我有点钦佩

[1] Sally Oey（1984— ），美国天文学家，大质量热星专家。1996 年，她被美国天文学会授予安妮 · 坎农天文学奖。——编者注

的年轻女天文学家。那时，她刚获得一项著名的国家级科研奖，还拿到了一笔可观的科研资助金，是一个务实的年轻女科学家，和我一样留着短发、穿着工装裤，对我们研究的星系中的氢气很是兴奋，因为它可能是孕育出新生恒星的种子。

那年一月，莎莉经常出差（用不了多久我就会知道，出差对青年科学家而言是家常便饭），而我则开心地待在她的办公室里，处理她交给我的数据和任务。几周后，我结束闭关，兴致勃勃地对外汇报我的研究成果。说不出来为什么，但我很喜欢做这样的汇报演讲，而且讲得还不错，可能归功于我多年的小提琴和戏剧社舞台表演经验吧。我的汇报显然给洛厄尔天文台的另一位天文学家菲尔·马西留下了足够深刻的印象，当我申请暑假回到洛厄尔天文台实习时，他选了我当他的徒弟。

这对我的科研生涯而言是一个好兆头。在选择暑期研究项目时，我那貌似无心插柳的红蓝之选，最终将拉开 15 年垂死恒星研究长跑的序幕，并让我与菲尔结下终生的友谊。当时我们还不知道，我们计划在这个夏天研究的恒星名单中，隐藏着三颗人类有史以来观测到的最大的恒星——三颗破纪录的巨大红超巨星，如果被放在太阳系的中心，其外径将远远盖过木星的轨道。经过两个月的天文观测、数据分析及恒星物理学入门后，这个令人震惊的发现才从数据中浮现出来，成为国际新闻的头条，以及我第一篇学术论文的一部分。在这个激动人心的研究项目的鼓舞下，我将继续高歌猛进，拿下麻省理工学院的物理学学士学位，接着拿下夏威夷大学的天文学博士学位（不知不觉中，我追随着海蒂·哈梅尔的脚步来到这所大学，那位 1994 年木慧相撞时，我在电视机上看到并崇拜的年轻木星观测者），之后数次在竞争激烈的学术市场中脱颖而出，先是成为科罗拉多大学的研究员，接着拿到华盛顿大学的教授席位。

当我登上飞往图森的飞机，去参加暑期研究项目时，我还不知道未来会发生什么，只知道自己疯狂地爱着宇宙，渴望有机会证明我有研究宇宙的能力，并兴奋地期待着从人生中的第一次观测之旅，即始于基特峰的两个月科研工作中，找到成为天文学家的意义。

亚利桑那州 基特峰国家天文台

2004 年 5 月

大伙儿及时地结束晚餐，再各自分散到望远镜前的岗位前，一起去外面看日落，这是各地天文学家都有的悠久传统。如果有人问为什么，我们可以有模有样地给出几条具有实用价值的科学理由——通过观察傍晚的天空，你可以对当晚天气如何或空气质量好不好有个大概的感觉——但是最根本的理由是，日落很美。站在遥远的山峰上，看着向远方延伸的地平线，缓慢地旋转着离最近的恒星远去，在这恬静美妙的时刻，享受着夜幕缓缓落下的浩瀚、静谧、深邃。无论在哪个夜晚，我可以向你保证，一定会有三五成群的天文学家，散落在世界各地的山头上，站在圆顶外的便梯、餐厅的露台或一方夯实的土地上，驻足片刻，欣赏头顶上美丽、纯粹的天空。

站在我边上的几位天文学家提醒我留意绿闪光，那是一种独特的光学现象，在日没之时可以看见。太阳光通过大气层时会发生弯曲——这就是所谓的折射现象，是望远镜工作原理的一个重要元素——被分离成不同颜色的光。当太阳的位置落得很低，在完全消失于地平线之前，它会被大气折射出绿闪光，化作一抹明亮的绿边，点缀在太阳上缘，抵达观测者的眼中。“如果是在智利就好了，横亘在眼前的将是一望无垠的太平洋，很容易就能看到绿闪光，在这里就比较难了。”和我一起站在基特峰上欣赏夕阳的人都这么说，却又发誓自己至少在沙漠的天空中看到过一次绿闪光。

那晚我没有看见绿闪光，却看见了美得不可方物的夕阳。以往，我只在多云的夜晚看到红彤彤的夕阳，绽放出万丈光芒，染红了天边的云霞。基特峰的日落更温柔，却同样惊心动魄。当太阳逐渐离山峰远去，天色也渐渐暗下去，从地平线上的橘红，渐变成淡蓝，然后变成深邃的藏蓝。没有一丝云彩惊扰、平滑过渡的天色，只有飞机尾迹偶尔打破这完美，接着天边出现了第一颗星辰。在天文学家眼中，这是一个完美的夕阳，有人出声赞道：“今晚会是个晴夜。”

第二章

主焦点

2016年1月，乔治·沃勒斯坦（George Wallerstein）迎来自己从事天文观测60周年的纪念日。正如你所想的那样，望远镜陪伴着他，度过了这个特殊的日子。86岁的乔治名义上已经退休，但也只是名义上而已：他被授予荣誉退休教授的称号，几乎每天都会来华盛顿大学天文学系上班。60年前，他还只是个研究生，第一次到加利福尼亚州的威尔逊山天文台（Mount Wilson Observatory, MWO）进行观测，在寒冷黑暗的圆顶室内瑟瑟发抖，拿着定制的玻璃片，就是那种照相用的玻璃底片，笨手笨脚地装进与望远镜相连的相机里。2016年，他坐在温暖舒适的西雅图办公室里，通过互联网远程控制新墨西哥州阿帕奇波因特天文台（Apache Point Observatory, APO）的望远镜，一边拍摄星空，一边下载数据。那天晚上，乔治说他用了玻璃底片和数码相机观测了30年，完美见证了20世纪天文观测的技术变迁。

他人生中的第一次天文观测与第六十周年的天文观测发生在同一天，这是个无比美丽的巧合。人们对天文学家最大的误解也许是我们整天都围着望远镜转，每天晚上都会像夜行动物一样，坐在望远镜前工作。这加深了人们脑海中对书呆子科学家的刻板印象：人们想象中的天文学家偶尔从黑暗的角落中走出来，吃点东西或喝杯咖啡，窥视着这个阳光满溢的怪异世界，接着遁入某个暗无天日的控制室里，操纵着望远镜，仿佛在玩宇宙冒险类的电子游戏，漫无目的地扫视太空，期待遇见意外的发现。

现实却是另一番景象。望远镜如同存量稀少的珍贵纸币，能分给天文学家使用的时间少之又少。我们坐在与天体相距数十亿英里远的地方，根本不可能把研究对象带到实验室里，里里外外检查个遍。大多数天文学家能做的就是远观，哪怕远远地观望也是一种奢望，只有世界上最好的天文台才能做到，但是这些天文台很抢手：天文学家可能已经算是稀有动物，天文台可就更稀有了，全世界只有不到一百台可用于天文学研究的顶级望远镜。天文学家要翘首以盼好几个月，才有机会分配到一台望远镜，而且往往只会分到一个晚上，只够观测几颗恒星或星系。一个成功的观测之夜，能让我们第一时间捕捉到某些天体发出的光。它们的“碎片”光子穿过整个宇宙，最终到达望远镜，落入我们眼中，供天文学家研究。有了数据以后，我们会重返白天的办公室，坐在办公桌前，埋首于电脑，对着观察了数周乃至数月的东西，苦苦思索着隐藏在它们背后的基本原理，接着带上下一个问题，再次起程前往天文台，运气好的话还能申请到一台望远镜。

天文学家给人的刻板印象是昼伏夜出的超级书呆子，只会在晚上佝偻着背，透过望远镜窥视星空，对地球的生活无所适从。到了乔治这里，这种印象完全大错特错。他是一个拿过最高荣誉的科学极客：2002年荣获美国“亨利·诺利斯·罗素讲座”奖[1]，这是对他将一生奉献给恒星化学组成研究的认可。尽管他为人谦逊，外形低调（矮小清瘦，留着络腮胡子，永远笑眯眯的），但他是那种会出现在探险家故事中而不是科研实验室里的传奇人物。

1930年，乔治出生于纽约市的德国移民家庭，那时美国股市大崩盘才刚过去几个月。成年以后，他在布朗大学取得了学士学位，朝鲜战争期间担任美国海军军官，之后又去了加州理工学院，攻读天文学博士学位。六十多年后，他仍然是一名活跃的研究者，致力于破解恒星大气层的化学成分，用他传奇的人生故事吸引着一届又一届新生。乔治集多重身份于一身：拳击冠军、执证飞行员、出色的登山家、屡获殊荣的人道主义者。2004年，他获得了联合黑人学院基金会颁发的主席奖，该奖表彰他以个人名义为这个组织筹集了数百万美元，并且自20世纪60年代初以来一直支持全美有色人种协进会（NAACP）的法律辩护和教育基金。他还有两个很强的优点：过目不忘的记忆力、诙谐俏皮的幽默感。几乎在每次学术讨论中，他总能精确地从记忆中搜刮出自20世纪30年代以来的数百篇科学论文的结论，中间还会穿插一两则论文作者的趣事。

过去60年，天文观测随着科技和数字革命一起发展，发生了翻天覆地的变化。在多年的观测生涯中，乔治有幸见证了这些变化。我们今天的观测方法与半个世纪以前大不相同：今天的数据以数字化形式存储，而不是印在易碎的玻璃底片上；天文学家可以远程操控望远镜，或让机器人来操作，不必亲自跑到圆顶室操作；多

[1] Henry Norris Russell Lectureship，美国天文学会的天文终身成就奖，用来表彰天文学家的贡献。

亏了互联网，即使身处世界最偏僻的角落，天文学家也可以上网下载参考资料，与同事通过邮件实时交流，上 YouTube 网站观看视频，打发乌云密布的夜晚。不过，有些东西却从未变过。当天色逐渐暗下来，望远镜抬起头来对准天空，观察室的空气中开始流动着分秒必争的紧迫感。从宇宙深处远道而来的光线从来不会为谁驻留，想要捕捉它们的科学家必须争分夺秒。

在某些人的想象中，从伽利略将一台小望远镜对准天空的那一刻起，天文学就诞生了。如果这些人不知道今天的天文学是什么样子的，这不能全怪他们。航海员用于观察远方物体的小型可伸缩望远镜，长得与现代大多数望远镜几乎完全不同。计算机也是这样的，世界上第一台计算机有一个房间那么大，后来演变成今天这么小巧的笔记本电脑和智能手机，你几乎看不出来它们的相似之处。1956 年，当乔治·沃勒斯坦迎来第一个观测之夜时，望远镜已经从桌面上的小模型，变成了能够汇集星光的庞然大物，将光线传递到巨大圆顶上各个方位的相机。当望远镜随着地球缓慢旋转着，那些相机也会随之转动，睁着大眼般的反射镜，专注地凝视着星空。

20 世纪上半叶，天文学家和望远镜制造者乔治·埃勒里·海耳（George Ellery Hale）似乎以打破自己的纪录为乐，成功打造了全世界最大的望远镜，他创造生涯的顶峰是 20 世纪中叶天文学皇冠上的明珠——南加州帕洛玛山天文台（Palomar Observatory）的 200 英寸（约 5 米）大型望远镜。自 1948 年建造完成至今，任何一个天文学家只要跟同事说“我昨晚跟 200 英寸在一起”，对方立马就能领会他去了哪儿，毕竟当时全世界只有一台 200 英寸望远镜，而它就在帕洛玛山。

顺带说一句，这个计量单位和名字听着有点小家子气，很难让人想象任何以英寸为单位的东西能大到哪里去，但是这架 200 英寸的望远镜直径超过 5 米，重达 14.5 吨，比大多数汽车还要大，可以很轻松地将汽车轧成废铁。即使到了今天，也就是建成七十多年后，它依然是全世界二十大光学望远镜之一。

我虽然懂得望远镜口径更大，成像质量更好的道理，但是直到有机会亲自用世界一流的望远镜去观测天体，我才对口径大的好处有了切身体会。

关于现代天文学最常见的误解之一是，大多数天文学家仍然会透过望远镜去观测天体。实际上，“透过”世界上最好的望远镜——将眼睛凑到小小的目镜前——去观测天体的机会比你想象的要少得多。某些世界上最好的望远镜甚至没有目镜，我们依赖的是相机和其他数字形式，来记录它们指向的天体。话虽如此，透过望远镜观察天体的机会偶尔还是有的。

有一天晚上，在智利的拉斯坎帕纳斯天文台（Las Campanas Observatory, LCO），我和几个同事没有观测任务，闲来无事，决定在山上过夜。一位望远镜操作员告诉我们，当晚山上最小的那架望远镜是闲着的，如果我们感兴趣的话，他很乐意在望远镜上装一个目镜，让我们看星星。所有人满怀欣喜地同意了，太阳一下山就往望远镜所在地走去。

这台望远镜口径 1 米，按今天的标准来看，确实是只小虾米，但它仍然让大多数家用望远镜相形见绌，比我亲眼“见过”的任何一台望远镜都要大得多。小时候，我家后院有一台 8 英寸的小望远镜，我很喜欢它带给我的视野，但也知道透过它看到的星空，不如电视或杂志上的壮观。在这台小望远镜的视野中，彩色的气体泡沫变成暗淡的白色圆圈，斑斓的星云变成浑浊的白点，土星尤其引人注目，不是因为它在目镜中是彩色的，而是因为它的星环轮廓清晰可见。真正令我兴奋的不是镜中美丽的物像，而是那些远道而来的小星光。一想到那些闪烁着微光的模糊斑点，距离我有数千光年之远，我的心中就会涌上难以言喻的感动。

我站在轮流使用望远镜的队伍里，等待着第一次凑到 1 米口径望远镜的目镜上观看星空。虽然不知道会看到什么，不过从前面几位天文学家的反应来看，应该很值得期待。

“哇！”

“哦！”

“嘿，是彩色的啊！它好……红啊！”

我们听起来不像是严肃呆板的科学家，更像是兴奋不已的业余观星者。虽然每天跟电子数据打交道，但都是因为在某个瞬间爱上了宇宙，才会选择成为天文学家。这意味着我们还很小的时候，就已经开始眨巴着好奇的眼睛，用小小的家用望远镜探索星空。研究级望远镜带来的景象，刷新了每个人的视觉观感。

轮到我看的时候，望远镜指向了一颗叫“海山二”(Eta Carinae) 的恒星，正是我喜欢的那种：神秘莫测，质量是太阳的几十倍，似乎即将走到生命的尽头。早在 19 世纪初，它就因为我们至今未知的原因爆发过一次，将一部分物质抛射向太空，形成奇特的哑铃状外观——巨大的气体云像两团气泡粘在一起，中央包裹着一颗明亮的恒星。在爆发时期，人类靠肉眼就能看到它，虽然只有一个小针眼那么大。

凑到目镜上后，我惊喜地尖叫了一声，完全没有一丝专业研究员应有的矜持。我可以看到那两个气泡！我可以看到，它们有一点小透明，像一层薄纱包裹着一颗恒星。在我眼中，那颗恒星透着红色的光，是外层氢气燃烧产生的效果。当我盯着它看时，它一动不动地挂在漆黑的天幕中，周围散落着几颗比它暗淡的星辰。

当时，我的背包里放着一篇写到一半的研究论文，阐述像海山二这样的红超巨星如何走向生命的尽头，我们的新理论甚至可以解释它的奇特形状。我已经钻研了好几个月，对研究成果欣喜至极。虽然我早已看过很多海山二的照片，但那些都是以数字图像或潦草公式呈现的海山二。能够亲眼看到宇宙中的本尊，比我想象的还要令人激动。我不知道 1 米望远镜竟然这么厉害！

我们从一个天体跳到另一个天体，欣赏着别的恒星、星团及星云，努力将每个看到的壮观景象镌刻在脑海中。即使是在专业的天文学家眼里，观星也是一项永不过时的消遣。

通过目镜观测天体可能很浪漫，但并不那么科学。我们看到的星像必须以某种手段准确地记录和保存下来，而这种手段也在与时俱进。

在摄影技术普及之前，目测和手绘是收集天文数据的最佳手段。太阳天文学至今仍引用理查德·卡灵顿[①]1859 年描绘的生动真实的太阳黑子图，我的一个研究生甚至追溯到了人类第一个有案可

① Richard Carrington（1826—1875），英国天文学家，他在 1859 年的天文观测中证明了太阳闪焰的存在。——编者注

稽的天文参考资料，一幅蚀刻在 17 世纪地球仪上的恒星爆发图。到 20 世纪初黑尔望远镜问世时，我们已经告别目镜或手绘的老方法，转身拥抱更为现代化的技术：照相底片。

在大多数天文台，照相底片代表了当时最先进的成像技术。它是一块正方形的玻璃片，向市场订购后（柯达是一大供应商），运到天文台，再装进望远镜的相机里。这种玻璃片基涂有特殊的卤化银乳剂，遇光会起光敏反应。曝光过程中，乳剂层吸收的光子越多，意味着成像越黑；经显像处理后，底片上显现灰度反转的图像，明的是夜空，暗的是星辰。

这些玻璃底片的邪恶之处隐藏在细节里。虽然柯达可以生产多种尺寸的底片，但是它们被运到各大天文台后，通常还要根据馆内相机的实际大小再做裁切。加工后，它们大小不等，大的有 17 英寸（约 43 厘米），用于大视场巡天望远镜，小的可能只有手心那么大，供深入观测某一小块天区的大型太空望远镜或特殊相机使用。它们对光线很敏感，只能在伸手不见五指的房间里加工，类似于摄影师冲洗胶片的暗房。天文学家会小心翼翼地取下一块柯达底片，接着拿起梯形切割机，在黑暗中摸索，凭感觉将它裁小。直到今天，许多几十年前用过玻璃底片的观测者依然能够熟练地模仿在暗房里切割玻璃的动作，而且几乎所有人都会闭着眼睛做。

这个过程并不总是完美无缺。有经验的观测者可以通过切割的声音，判断这一刀下去的切口是干净平整，还是参差不齐，缺了一个口子。有人会在切到一半时，听到“咔嚓”一声脆响，大声向学生或助手喊“快开灯”，等灯“啪”地亮了，看到的是一块切碎的玻璃，一只血淋淋的手。这种事发生过不止一次。

在那个年代有一位才华横溢、备受尊崇的天文学家，劳伦斯·阿勒[1]，集众多优点于一身，唯独缺乏一双巧手。某一天吃午饭时，他兴冲冲地向同事展示一块完工的玻璃，上面印着一团绚丽的行星状星云（一个美轮美奂的彩色气泡，由电离气体云积聚而成，包裹着一颗正走向生命尽头的类太阳恒星）。当他将玻璃传给同餐桌的人看时，所有人都无比虔诚地欣赏它，对那壮观的景象赞叹不绝，最后只有一个人说出了大家心中的困惑：他们手中这块玻璃形状古怪，而且缺了一个角，边缘全是毛刺，不似大多数玻璃底片那般方正。这是怎么一回事？阿勒说，他怎么也用不来那该死的切割机，便急中生智，拿起一块完整的柯达底片，往暗房里的台子上使劲一砸，摸到一块大小合意的碎片，就凑合着用了。

此外，在暗房中对底片做化学处理也很有好处，可以在装到望远镜中使用之前，最大限度地提高它们的感光速度。柯达提供了对特定波长的光敏感的各种乳剂——从蓝光到红光，就连人类可见光范围以外的红外光都有——即便如此，它们依然无法完全满足天文学家的独特需求。天文学家们会根据自己想要的波长，将涂有感光层的玻璃底片放进烤箱里烘烤，放进冰箱里冰冻，放在光线底下短暂曝光，或者浸泡在各种溶液中。大多数底片只要浸过蒸馏水就会有很好的效果，但是在这场提高感光速度的竞赛中，观测者们从不满足于现状，永远都在创新谋变，以身“犯险”。

红外底片尤具挑战性。据乔治·沃勒斯坦回忆，他曾用氨水浸

① Lawrence Aller（1913—2003），美国天文学家，是最早提出恒星和星云光谱差异是由化学成分差异造成的天文学家之一。1992 年，劳伦斯·阿勒获得了亨利·诺里斯·罗素讲师奖。——编者注

泡红外底片，说是可以将光敏度提高 6 倍，而用蒸馏水只能提高 3 倍。当然，这种方法的缺点是，你要将自己单独锁在放满氨水的暗房里。每当用氨水处理底片时，乔治会找人守在门外，嘱咐他们："如果我 15 分钟后还没出来，请你们务必进来将我拖走。"[1] 他会提前安排好一切，以防自己被烟雾熏晕。后来，氨水被淘汰了，取而代之的是更有效的化学处理方法：纯氢。这是一次巨大的技术飞跃，伴随着更大的安全隐患。为此，帕洛玛山天文台单独建了一个特殊的房间，配备了无火花开关，并撤除了一切可能引发火灾的物品。尽管如此，在使用期间，它还是被冠上了"兴登堡号大厅"① 的绰号。除此之外，也有一些技术含量较低（也较安全）的做法，比如威尔逊山的一位资深天文学家曾发誓说，柠檬汁可以大大提高红外感光度，没有比它更厉害的溶液了。

制备完成后，观测者需要将底片装入相机的暗盒内，依然要在黑暗中进行，关键是一定要装对方向，将乳剂层朝向天空，万一装反了，当晚就白观测了。观测者之间流传着这样一个妙招儿，想知道哪一面涂有卤化银，最好的方法是用嘴唇或舌头迅速碰一下玻璃边缘，有点黏的那一面就是了。卤化银的味道略甜，一些天文学家说他们甚至可以尝出不同柯达乳剂之间的差异，聪明的观测者则会舔不含卤化银的那一面。

将底片放入相机可不是一件简单的事。望远镜不是将星光聚集到一个焦点上，而是聚集到一个焦面上，你可以将它想象成一个正方形的平面。在一些望远镜和光学仪器上，这个平面并非完全平

① 1937 年 5 月 6 日，兴登堡号飞艇准备着陆时起火焚毁，起火原因目前尚不清楚，普遍认为是由发动机放出的静电或火花点燃了降落时泄漏的氢气所致。

坦，而是有点弯曲。如果底片也能相应地弯曲，就能更好地捕捉星光，可惜柯达做的底片不具有能屈能伸的柔性。面对这些刚度良好的玻璃薄片，许多观测者会将它们切割成精确的大小，用特殊溶液加以浸泡，然后微微地弯折起来，小心翼翼地往相机里放，在心中疯狂乞求它们千万不要断裂。许多人最终会从无数次失败的尝试中学会该用多大的力道弯折它才不会断，但是在达到那个出神入化的境界之前，几乎每个观测者都曾在望远镜前亲眼看着精心制备的底片碎在自己手中，体会到那种肝肠寸断的感觉……更悲惨的是，有人甚至曾观测到一半，突然听到底片暗盒中传来一声不祥的啪嚓声。

正所谓好事多磨，准备和装载底片只是观测的前奏。一旦底片放好了，观测者便会将望远镜和圆顶分别旋转就位，对准想要观测的天体。只有在这时，相机才会启动曝光，来自星空的光线倾泻而下，最终抵达底片。

观测结束后，还要冲洗底片：先从相机上取下底片，带回到暗房里，用化学药剂仔细冲洗或浸泡，将潜影转化为牢固的图像，永远印在玻璃片上。观测者往往会在完成一整晚疲惫的观测后，才去暗房里冲洗底片，一边黑灯瞎火地操作着，一边努力屏气，不想吸入太多显影剂挥发的气体。不过，选择在这个时间点处理这么娇贵易碎的玻璃片，实在不是良策。果不其然，许多天文学家在显影过程中不小心打破了玻璃底片，里面包含了他们好几个小时的心血（不止一人继续固执地冲洗破碎的残骸，希望能够挽救一星半点的图像）。

另外，显影不足可能导致成像质量不佳，显影过度会丢失图像细节。因此，显影是门高深的技术活，要求对时间掌控得非常精确。只要观测者足够细心，就能驾轻就熟，但是世事难料，偶尔也会横生枝节。保罗·霍奇[①]曾到南非博伊登天文台（Boyden Observatory）进行观测。在观测的最后一个夜晚，他将包含整晚观测心血的底片放进显影液中，然后中途离开了一小会儿。当他回来拉开门，想将底片从显影液中取出来，以免泡得太久显影过度时，他突然“福至心灵”，低头看了一眼，发现一条眼镜蛇走在他前头，麻利地钻进了暗房，这一幕令他瞬间僵在原地。难道他要将暗房拱手相让，任由那些底片泡到天荒地老，还是现在就打开灯，吓跑那只眼镜蛇，顺便毁了所有底片，或是硬着头皮走进去，和一条致命的毒蛇共处一室，在黑暗中完成显影？一番激烈的天人交战后，他选择了最后一个。成功完成收尾工作后，他打开暗房的灯，发现那条眼镜蛇正蜷缩在水池下方的水管旁，就在他工作的台子边上。

大功告成后，观测者会将完工的底片装进盒子里，带回他工作的地方，仔细分析。同样地，这操作起来也有一点难度。许多天文学家看着一大盒底片在下山的卡车里颠来颠去，心痛得眉毛都揪在一起；还有人结束观测乘机回家时，用安全带将盒子死死地绑在头等舱座位上。

作为一个在数字成像和数据时代长大的人，我还记得第一次听说照相底片时，将它们想象成很原始的东西，是早已作古的观测方法遗留下来的文物，没有多少科学价值。后来，一位朋友带我去帕

① Paul Hodge（1934—2019），美国天文学家，霍奇的团队在仙女座星系（M31）中发现了652个星团。为了纪念他的发现，小行星14466被命名为“霍奇”。——编者注

萨迪纳市，参观卡内基天文台的底片实验室。自那以后，我对它的印象完全改观了。那些底片漂亮极了：螺旋结构的旋涡星系、色彩斑斓的纤维状星云、精美绝伦的太阳系行星，全都清晰地保存在薄薄的玻璃片上，虽然是黑白的负像，却同哈勃空间望远镜拍到的照片一样美丽。在向大型望远镜和数字化转变的道路上，我们确实取得了巨大的成就，但是不能否认我手上拿着的这些玻璃底片也是一项惊人（而且娇贵）的科学成就。

尽管底片精度很高，但它不能一并解决所有观测难题，观测的重任依然落在人类天文学家身上。观测者不能装完底片就一走了之。装上底片的相机需要有人操作，望远镜也要有人指引。强大的望远镜能够将天空无限放大，但是由于地球自转，短短几分钟内，它就会产生明显的偏移，原本对准的星星也会逐渐滑出视场。为了始终指向目标观测天区，天文学家必须不断引导望远镜，移动和微调它的视野，让目标天体始终处于视野中心。在装卸底片、开关快门、操控望远镜之间，大多数观测者还得时刻关注望远镜的动态，这又是另一件说起来容易、做起来难的事。

如果没有外物的阻挡，光子会击中望远镜的曲面主镜，以一定角度反弹回来，最终汇聚到主镜上方，形成聚焦图像。为了拍下这个图像，望远镜上方有一台相机——还有一个配套的大笼子，其实是一个圆柱形的观测室，正好可以容纳一个人——安装在主焦支撑结构或镜筒的顶部。想要操作那台相机，观测者需要借助梯子或小电梯上到圆顶，先到达主焦结构，再进入观测笼。进入观测笼的方法可以很原始，比如将一块钢筋板架在两条走道之间，加州中部利克天文台（Lick Observatory）的 36 英寸（约 91 厘米）望远镜就是这么干的。在那里，观测者需要先走到过道上，接着跨坐在一块板子上，像小朋友溜滑梯一样，迅速滑到圆顶中央，抵达离地面 30 英尺（约 9 米）高的主焦观测笼（这个过程后来被人戏称为“走跳板”）。在另一个位于加拿大西部的天文台，好几个刚入行的观测者在夜间通过栈桥走到观测笼，后来白天一看到它摇摇晃晃的样子，立马发誓此生绝不会再上去。

一旦在高悬于圆顶室地板和主镜之上的观测笼中安顿下来，观测者就会开始夜晚的工作，取下用过的底片，放进全新的底片，校正望远镜的角度（有时偏移量还挺大的）。出于安全性和实用性的考虑，天文学家会和夜间助手一起工作：当天文学家站在相机旁，调整望远镜角度，更换照相底片时，夜间助手会旋转天窗，与望远镜指向的天区对齐，并监视望远镜的大幅度移动（比如从北边移动到南边去），留意地面上的情况。

这种安排自有它的实际意义。一旦观测者进入观测笼，一般就会一直待在上面。如果想下到地面的话，他们随时可以下来，只是这过程太折腾了，很多人宁愿守在上面，等到漫漫长夜过去才下来。对某些观测者而言，在上面坚持一晚相对容易些。很多男同胞习惯带几个瓶子上去，可以随时响应大自然的呼唤，同时又不用中断观测。在观测笼里工作的女同胞则要时不时提醒一下夜间助手（通常是男的），她们需要下去方便一下，让她们用瓶子解决是不人道的。有时，当夜幕落下时，观测者会带着一个装满干冰的保温杯上去，半夜不停地往相机里倒干冰，让它尽可能保持低温，最大限度地减少因相机部件过热而要跑上跑下的麻烦。干冰用完之后，空掉的保温杯还可以物尽其用，满足人体最基本的需求，比如释放膀胱压力（不用我说大家也知道，这两个用途的先后顺序很重要，不过睡眠不足的天文学家不一定总能记得正确的顺序）。

大多数观测者在圆顶室里的最大敌人不是膀胱而是寒冷。导星是一个细致且持久的过程，观测者连续好几个小时都不能移动。从科学的角度来讲，冬夜又黑又长，空气通透清新，无疑是观测的最佳时机，但这意味着要在寒冷的观测笼内瑟瑟发抖地待上 10 个小时，无疑是一种酷刑。此外，圆顶室内不能开暖气，否则上升的热气流会扰动望远镜上方的空气，破坏采集到的图像质量。

虽然不能“加热”整个圆顶室，但这并不代表不能“加热”天文学家。一些天文台为观测者采购了电热飞行服，很多是“二战”没用完的飞行员装备。任何能改善生活的措施都是观测者喜闻乐见的，只不过在后勤上遇到了不小的挑战，因为这些衣服需要插入电源，而且是 12 伏直流电，和今天的汽车蓄电池输出一样，但是美国墙壁插座的标准电压是 120 伏交流电。至少有一个观测者不小心将插头插进墙壁上的插座里，过了一会儿突然闻到一股怪味，接着发现自己被包裹在冒烟的飞行服里。

可惜飞行服解决不了所有问题。观测者即使戴着最厚重的手套，到了凌晨还是会被冻得手指麻木。在导星的过程中，他们要将眼睛凑到目镜上，一看就是好几个小时，其间不小心滴下的泪珠甚至会凝结在目镜上。霍华德·邦德[①]还记得基特峰上一个特别寒冷的冬夜，当时气温零下七摄氏度，风速每小时 40 英里，狂风撕扯

① Howard Bond，美国天文学家，宾夕法尼亚州立大学天文与天体物理学教授。

着圆顶，从天窗倒灌进来，呼啸着穿过主焦观测笼，吹得望远镜停摆了。当他喊人过来时，他们发现望远镜齿轮上的油脂因为天冷凝固了，变得像泡泡糖一样黏稠，冻住了望远镜，使他不得不提前结束当晚的观测。虽然痛失数小时的数据，而且夜空难得的晴朗清澈，但是霍华德承认他当时的第一个念头是：哦，感谢老天爷！

除非碰到技术问题，否则观测者会不离不弃地守在望远镜边上，直到曝光完成，或夜晚结束。照相底片确实产生了无数美丽的星图，但是就算将它们浸泡在氨水或氢气中，光敏度也远不如现代的光学仪器。想得到一张好的图像，有时可能要曝光好几个小时甚至好几天。在后一种情况下，观测者会放入底片，指向观测目标，调好望远镜中心，打开快门，孜孜不倦地追踪目标一整夜，然后关上快门，离开观测室，回去睡上一整个白天，留下底片牢固地卡在相机里。隔天晚上，观测者会回来，对准同一个目标，调好望远镜中心，打开快门，曝光同一块底片，接着重复同样的不眠夜。

有一天晚上，一位天文学家正在进行这样多日的观测和曝光，我们先称呼这位仁兄为厄尔（相信我，这只是一个化名）。他是一个安静的人，在某些同事口中，他安静到近乎反社会：观测前的晚餐，他可以全程一句话也不说；观测中除了基本的操作要求，他很少对夜间助手多说一句话。一天晚上，厄尔正坐在利克天文台 3 米望远镜的主焦观测笼内，耐心（且一言不发地）地引导望远镜，在同一块底片上开始新一轮的曝光。到了半夜，他的助手心血来潮地走进圆顶室，可能是想来关心下那位不爱说话的仁兄。当他踏入圆顶室时，衣服口袋不小心勾到了门边的电灯开关，所有灯“啪”的一声亮了，将望远镜淹没在灯光中……顺带毁了一块见光死的玻璃底片。

迎接他的是主焦观测笼里一声响彻云霄的咆哮。向来不爱说话的厄尔瞬间在沉默中爆发，开始问候助手的祖宗八代，还威胁要将他碎尸万段。盛怒之下，仍坐在望远镜上方的他开始转动望远镜，企图将观测笼旋转到正对圆顶侧面电梯的位置，大概是想乘电梯下去兑现他的威胁吧。

震惊之余，那位助手回过神来，迅速采取自救行动。根据他的观察，那位在半空中缓慢地做着圆周运动的“杀人魔”很可能不是在开玩笑。幸运的是，天文学家控制着望远镜，但他控制着圆顶。当厄尔离电梯越来越近时，他眼疾手快地启动旋转系统，将圆顶朝反方向旋转，让观测笼无法靠近电梯。据说，这场诡异的慢动作旋转追逐战持续了半个钟头，厄尔的叫骂声也持续了半个钟头，惜命的助手坚决不肯放他下去，除非他冷静下来，不再喊着要杀人。此时，同在一座山上工作的天文学家如果放眼望去，看到山顶上最大的望远镜在旋转，但是天窗大开，灯火通明，一定会大吃一惊。

虽然不会真的发生天文台杀人事件，但是在睡眠不足的半夜里，爬上黑黢黢的高空工作，也可能会有危险发生。某天夜里，乔治·普雷斯顿（George Preston）在威尔逊山天文台的100英寸望远镜上进行观测，使用的是独特的牛顿笼。这种装置将一块可以倾斜的平面镜安装在望远镜侧面，而不是上方，用它将光线折射到望远镜侧面的观测笼里，里面有观测者使用的相机。通过控制镜面的倾斜角以及牛顿笼的位置，观测者只要坐在或站在从圆顶墙体向外延伸的空中观测平台上，就可以俯身在牛顿笼的工作区装载底片，在曝光过程中借助目镜监控天体方位，调整望远镜。这个平台可上升或下降，可伸出或缩回，允许观测者与倾斜的望远镜之间保持比较舒服的相对位置。

话虽如此，调整牛顿笼的倾斜度时，还要考虑望远镜的位置，才能达到最好的效果。那晚，乔治本来已经为自己想要研究的天体调好了牛顿笼，有位同事临时请他追加一颗恒星，他很爽快地答应了。结果，这个恒星所处的天区稍微“刁钻”了一点，而且需要曝光好几个小时。事实上，它几乎处于头顶正上方的位置。

这时的乔治已经是一名老练的观测者，他不慌不忙地开始曝光，叫他的夜间助手回去附近的家中休息。在接下来的几个小时里，望远镜会“守株待兔”，始终盯着一个方向，圆顶也不会出现太大的偏移，因此助手大可以回去休息一会儿，等要转向下一个天体时，再过来为他调整圆顶。于是，乔治孤身一人留在圆顶室内，放入底片，打开快门，接着是那一套习以为常的操作：注视目镜，微调望远镜，静心等候；再次注视目镜，微调望远镜，静心等候；如此反复，周而复始。随着望远镜缓缓向上转动，它逐渐偏离平台所在的墙壁。乔治开始调高平台，并向外延伸，好将目镜保持在作业区域内。随着曝光持续进行，他越来越难够得着目镜。最终，平台已经向外延伸到极限，乔治开始将身子探出平台，一只手撑住望远镜的镜身（他的体重还不足以推动这个重达百吨的庞然大物），俯身去看目镜。操作完毕后，他将全身的重量撑在望远镜上，然后用力向后一推，将自己推回到平台上。

随着相机持续曝光，恒星朝向天顶移动，即观测者的头顶正上方，望远镜慢慢地越抬越高，牛顿笼也随之移动，朝远离观测平台的方向倾斜。为了够到目镜，现在乔治得两只手向外撑，一只脚踩在牛顿笼底部一处狭窄的法兰凸缘上，那是连接牛顿笼与望远镜支撑结构的零件。一开始事情进展得挺好的，毕竟无知者无畏，直到乔治再次向外探身，想再看一眼目镜，不经意地低头一看，猛然间意识到自己在哪儿：他就站在牛顿笼和平台之间的悬空地带，离圆顶室的水泥地面足足有四五十英尺（约十四五米）高。

这时，他已经两手抓住牛顿笼，一脚踩在笼子上。他那善于审时度势的本能适时地来抢戏了：他没有双手用力一顶，借力将自己推回到平台上，而是向前又迈了一步，两只脚全踩到牛顿笼的法兰上。就这样，乔治独自待在黑暗的圆顶室内，像一只受惊的考拉，紧紧地抱住牛顿笼。

从他脑中闪过的第一个念头是，我不能让助手回来看到我这个样子，紧接着才想到如深渊般恐怖的脚下。他紧紧抓住望远镜侧面的牛顿笼，僵硬了好一会儿后，才飞快地转身跳回到平台上（虽然距离不到一米，中间却隔着生与死），既保住了自己的小命，也保住了他在夜间助手心中高大的形象。

那时，许多望远镜的设计并没有考虑到使用上的便利性，它们有着精心研磨的镜面，世界上最先进的成像仪器，但提供给观测者的只有简陋的板子。费尽心思地准备好底片、轻柔地调整好用于收集数据的望远镜后，天文学家通常会守在望远镜上方，那里可能是冰冷的水泥地板，或者是卡氏焦点的观测平台。后者是今天家用望远镜使用者最熟悉的焦点位置，将来自主镜的光线反射到一个曲面的副镜上，接着穿过主镜中央的孔洞，汇聚图像到主镜后方，靠近望远镜的底座，那里安装着目镜或相机。即使这样，它们的位置还是比较高的，想“脚踏实地”操作这些大型望远镜是一种奢望。观测者经常要站在一个不太稳固的平台上，才能靠近卡氏焦点。当望远镜缓慢移动时，平台随之升高或降低，保持与焦点处于同一高度，并向上或向下倾斜。威尔逊山天文台 100 英寸望远镜的平台给自己赢得了“跳水板”的昵称，由一个链条传动装置控制升降，传动链偶尔会脱离传动链轮，整个平台将做自由落体运动，连带着上面的观测者也一起遭殃。据说这种意外不常发生，但有时会发生，因此大家把坐板子戏称为“骑马”。埃瑞卡 · 埃林森（Erica Ellingson）记得曾有一次，卡氏焦点观测平台上放了一把带滑轮的办公椅，这椅子起初坐着还挺舒服的，可惜到了传动装置上，安全性大打折扣，突然朝板子边缘滑去，滚下了大约 4.5 米高的传动装置（幸运的是，当第一个轮子滑出去时，埃瑞卡矫健地从椅子上跳回到平台）。

就连躺在地板上观测也不尽如人意，因为到了冬天，水泥地面的寒冷能渗入人的骨头里，冷彻心扉。当一个人来去自如时，天文学家偶尔会忘了，自己还穿着插电的飞行服，企图横穿整个圆顶室，跑到另一头去。有时，观测者需要一把梯子，才能到达目镜的高度。老一辈天文学家的故事中充满了梯子翻倒或从梯子上摔下来的故事。迪克 · 乔伊斯[①] 回忆道，他曾爬上一个约 3.6 米高的梯子去看目镜，全程一直小心翼翼地抓着梯子，不敢伸手去碰自己正在用的望远镜，或者靠在望远镜身上，否则梯子可能会移动。在一个

① Dick Joyce，美国国家科学基金会国家实验室科学家。——编者注

寒冷干燥的夜晚，他爬上金属制成的梯子，凑到目镜前观看成像，却被一阵突如其来的疼痛击中。一道 1 英寸长的电流从（接地的）望远镜里跳起来，直接击中他的（未接地的）眼球，差点电瞎他的眼。现在回想起来，他最惊讶的不是自己眼睛居然没瞎，而是他被电得七荤八素的，居然还能巍然不动地站在梯子上，没有摔下去。

回想这一切，你可能会觉得那个时代的天文学家过得很惨。确实没人喊着想重回那个时代，待在冰窟般的圆顶室里，费劲地准备玻璃底片，用手去引导望远镜，还要被电击，但是几乎每一个经历过那个时代的人都不约而同地说，那是自己观测生涯中最喜欢的一段时光。

一旦习惯了高空作业，适应了寒冷，学会控制膀胱，你就会觉得在圆顶室里操作望远镜一点也不痛苦，甚至还挺浪漫的。观测者会一边播放音乐，一边长时间坐着，通过目镜引导望远镜，替换相机里的底片。伊丽莎白·格里芬[①]描述了自己在法国南部的上普罗旺斯天文台（Haute-Provence Observatory, HPO）的经历。那是一个空气清新的夏夜，她走在天文台 14 个圆顶之间，听到不同的音乐声飘荡在每个圆顶室上空，偶尔伴随着一两声“大功告成！我们走吧！”的呼喊，那是某位观测者完成了曝光，正大声向夜间助手分享捷报。在这一切背后，是漆黑凉快的夜晚，低声转动的望远镜，繁星点点的夜空。

① Elizabeth Griffi，加拿大天文学家、天体物理学家。她与丈夫天文学家罗杰·格里芬一起获得并分析了明亮恒星的摄影光谱。——编者注

观测者在圆顶室内的艰苦工作，与他们工作之余在山上的欢快生活形成了鲜明对比。

大多数天文台与其他设施离得很远，要开车好几个小时才能到，因此天文台所在的山顶需要配置齐全，向天文学家提供餐饮和住宿。在马拉松式的观测工作中，有些天文学家可能要在山上逗留数周。即使是短暂的访客也要在夜里工作，白天需要有个歇脚的地方。因此，天文台划出一块专门的生活区，通常是些简陋但舒适的宿舍。

威尔逊山和帕洛玛山都有宿舍，它们很快就获得了“修道院”的绰号，背后有一个很明显的原因：在这两座山上，女性被禁止住在宿舍里，并且不得担任首席观测者，这项政策一直持续到20世纪60年代中期。当然了，当时的女天文学家已经私底下开始通过各种非正式的渠道进入天文台。20世纪40年代末，芭芭拉·切里·史瓦西（Barbara Cherry Schwarzschild）会和她的丈夫马丁·史瓦西[①]一起观测，并承担大部分的技术任务，对底片做显影操作，引导望远镜的指向，甚至公然打破天文台的安全规定，在修道院的午夜夜宵期间独自留在圆顶室内观测，因为天文台不允许女性到生活区里一起吃夜宵。早在女性被“正式”授予望远镜观测时间之前，其他著名的女天文学家，包括玛格丽特·伯比奇[②]、维拉·鲁

---

① Martin Schwarzschild（1912—1997），德裔美国天文学家、物理学家。是恒星结构、演化和星系结构理论的世界领袖，也是使用探空气球装载同温层望远镜观测天文现象的先驱。——编者注

② Margaret Burbidge（1919—2020），美国天文学家，是第一位量测出星系的质量和星系自转曲线的人，且是研究类星体的其中一位先驱。1984年获得了亨利·诺利斯·罗素讲座奖。——编者注

宾[1]、安·博斯加德（Ann Boesgaard）及伊丽莎白·格里芬，全都通过自己的方法在这些天文台工作，尽管不能入住官方的宿舍。

两座修道院对餐桌礼仪颇有讲究。在山上最大（同时也是名声最响）的望远镜上工作的首席观测者坐在桌子的上座，第二大望远镜的观测者坐在他边上，以此类推。一旦所有人到齐了——有时甚至要盛装出席——坐在上座的观测者摇一摇上菜铃，厨师就会端着头盘出来。

那铃铛接下来还会一声接一声地响，新鲜出炉的菜肴一道接一道地端上桌，直到整个团队在这荒郊野外的山顶上享受完一次彻底的文明用餐体验，铃声才会沉寂（在威尔逊山，当这些人在室内觥筹交错时，室外通常是某些人随便用手搓几下挂在门廊栏杆上的内裤，像旗帜般在风中飘扬）。一旦严格遵守座次和菜序的晚餐仪式结束，观测者们就会分散到各自的望远镜前，吃力地爬进观测笼里，笨拙地处理玻璃底片，其间可能不小心划破手，穿着老旧的飞行服，瑟瑟发抖好几个小时，并对着保温瓶撒尿。

那时，人们通常会在半夜休息一个小时，重新回到生活区吃夜宵。这段午夜用餐时间，给了观测者们伸懒腰、检查笔记和喘口气的机会。在帕洛玛山，传奇的天文学家马丁·施密特[2]会利用这段时间和夜间助手打台球，那个时候的他每年会在望远镜上度过二十多个夜晚。一名年轻的研究员粗略统计了一下，马丁总共打了

① Vera Rubin（1928—2016），美国天文学家，是研究星系自转速度的先驱。因发现实际观察的星系转速与原先理论的预测有所出入而知名。这个现象后来被称作星系自转问题。——编者注

② Maarten Schmidt（1929— ），荷兰裔美国天文学家，他提出了后来被称为施密特定律的公式，成为“类星体”这一天体种类公认的发现者。——编者注

二十多个小时的台球，相当于三个晚上的黑暗时间，这些时间本可以分配给初露锋芒的年轻天文学家，充分利用望远镜的每一秒钟，可他却将时间浪费在休息上。另一名天文学家弗朗索瓦·施魏策尔（François Schweizer）后来反驳道，施密特将这些时间花在放松和反思上，而不是仓促地进行下一次曝光，也许正是能够发现类星体的关键，这是他最伟大的科学成就。类星体是一种极高光度的星系，中心有个超大质量的黑洞，能够释放出巨大的能量，质量是太阳的十多亿倍。我得承认，我同意前一位天文学家的观点。对宇宙奥秘的沉思是无价的，但这不一定要在晴朗的观测之夜进行，而且谁也不知道在他们打台球的这一个小时里，一个踌躇满志的新观测者会不会有意外的发现。

虽说这两个天文台有这样的传统，但是在其他天文台，人们很早就形成了带食物到望远镜前的习惯，一边工作一边吃饭。在一个晴朗无云的夜晚，放着大好的数据不去收集，而是停下来休息一个小时，与许多观测者的理念严重相悖。他们觉得不应该浪费一秒钟的黑暗，或者任何潜在的观测时间，乔治·普雷斯顿的论文导师乔治·赫比格[①]是这种观点的早期支持者之一（对于那些在认真看书的读者，你们的印象没错，本章已经提到了四个乔治，他们分别姓沃勒斯坦、海尔、普雷斯顿、赫比格）。这意味着观测者在到达天文台之前，要先了解望远镜的使用方法，并仔细思考晚上的观测计划。闲置的望远镜意味着被浪费的光子，流失的时间，错失的凝望。

① George Herbig（1920—2013），美国天文学家，以发现赫比格－哈罗天体而闻名。——编者注

这种观测方法——加工照相底片，爬进望远镜的观测笼，在漫漫长夜里瑟瑟发抖，收集来自宇宙深处的光线——听起来既浪漫又冒险，但也既费力又耗时。最好的观测者都磨炼成了当时的技术专家，而且在不断寻求改进的机会。

电荷耦合器件（charge-coupled device, CCD）是 20 世纪 70 年代的重大变革之一，这些硅芯片的光敏度远高于玻璃底片，能够把接收到的光线转换为数字信号，从而捕捉到更多细节。与此同时，数据存储方式也发生了巨大的变化。数字数据不再囿于一小块玻璃片，而是可以很方便地被保存在磁带、磁盘或服务器上，只要有需要，就能批量复制。在闲暇时间里，天文学家只要坐到计算机前，足不出户就能读取海量数据。

新引入的 CCD 芯片和其他进步，使电子设备成为望远镜工作中不可分割的一部分，这意味着在观测过程中，天文学家不再需要时刻守着相机，他们可以在其他地方引导望远镜，拍摄图像。“其他地方”很快变成了“暖房”，一个挨着圆顶室的小机房，有电脑，有灯光，幸运的是，还有暖气。随着计算机以不可阻挡之势慢慢占领了天文台，天文学家待在暖房里的时间越来越长，进出圆顶室的时间越来越短，几乎再也没人需要在观测过程中冒险进入圆顶室。可能会有一名望远镜操作员（相当于那个年代的夜间助手，通常比天文学家更懂望远镜）进去粗略地检查一番，不过在大多数时间里，人们在另一个房间里忙碌地敲打命令，打包数据，望远镜则独自在天窗大开的圆顶室内默默工作着。

随着观测技术的进步，望远镜的尺寸也在突飞猛进。帕洛玛山天文台的 200 英寸望远镜曾保有世界最大口径望远镜的荣衔达 30 年，直到 1975 年才被苏联（问题重重）的 6 米望远镜超越，1993 年被夏威夷莫纳克亚山顶上建成的第一台 10 米望远镜彻底取而代之。自那时起，在世界各地的顶级观象台址，比如亚利桑那、夏威夷、智利，口径超过 6 米的望远镜陆续拔地而起。它们拥有强大的观测能力，能够看到更暗更远的天体，探索全新的宇宙角落。不好的一点是，它们太稀缺了。对望远镜的竞争越来越激烈，任何有幸抢到一点时间的人，根本不会想在午夜打台球，只会目不转睛地盯着电脑，大口地吃着三明治，努力挤出更多时间来。乔治·赫比格的理念，即不能浪费任何一秒的晴空或望远镜，已经成为了这个领域的实践核心，将望远镜的每一秒都变得更有价值，也更紧迫。

不难想象，有些老天文学家会用老一辈人哀叹的语气，固守模拟时代的老传统。但是大多数前辈，即那些乔治——海尔、赫比格、普雷斯顿和沃勒斯坦——还有其他同时代的具有科学头脑的人，一直热衷于尝试新技术，非常乐意将玻璃片和观测笼变成计算机和暖房。一看到 CCD、自动导星系统及即时数据数理的明显好处，即使是怀疑论者也会迅速转换阵营，原因很简单：这对科学发展更好。

今天，很少有人会为失去烦琐且难以量产的照相底片、圆顶室内的寒冷长夜、女士止步的天文台宿舍而哀叹。大家一致认为，观测技术发展到今天这个程度，而且将继续迅速发展下去，对天文学的进步是有好处的。不过，主焦观测笼倒是有一个独特之处，失去了颇为可惜。

在观测笼里工作的观测者是真的站在望远镜的主焦处。在那里，来自天空的光线被聚集成反向的完美图像，被无限放大后，不做任何处理，等待着被探测器记录下来。今天，这个探测器通常是CCD，过去是底片，偶尔是人眼。

阿比·萨哈（Abi Saha）回忆说，有一次，他要用帕洛玛山天文台的60英寸望远镜，那天他去得有点晚，太阳下山以后，他才爬到望远镜的顶部，取下白天保护镜面的机械盖。那时，圆顶天窗已经打开，当盖子被挪开时，黑暗的夜空就在他头顶正上方。顺着望远镜往下看——正对着60英寸的主镜——他突然看到一群光斑在他正前方盘旋，又小又亮，如同小巧的针尖。他定睛一看，这才发现那些奇怪的浮光是一团正在移动的巨大星群，缓慢地滑过他的视野。

过了一会儿，阿比才反应过来，他看到的是头顶繁星的倒影。它们的光被60英寸主镜反射，汇聚到他眼里，随着地球自转而缓慢漂移。作家理查德·普雷斯顿（Richard Preston）在《第一道光：寻找宇宙边缘》（*First Light: The Search for the Edge of the Universe*）中说，当他被带到帕洛玛山天文台200英寸望远镜的主焦点时，也曾有过类似的经历。正如他在书中所描述的，“仿佛只要伸出一只手，就能抓到一大把星星”。[2]

今天，天文学家或许不再需要坐在主焦观测笼里，整个晚上盯着目镜看。当我们将更尖端的技术放在那里，科学会以它自己的方法恪尽职守，将一切变得更好、更快、更丰富、更美丽。坐在观测笼里，看着浩瀚的星空如被施了魔法般在你眼前漂浮旋转，这样的时代已经过去了（在创作这本书时，我曾试着去找一个仍然允许观测者夜间进入主焦笼的天文台，想亲自感受一下这美妙的体验，可惜没有找到）。那究竟是不是一个失落的时代，将留给后人去评说。能够亲手操作望远镜，看着镜子里似乎触手可及的星空，无论如何都是一种妙不可言的感觉，一段值得向后人诉说的动人故事。

第三章

有人看见神鹰了吗?

“咚——”

一开始，我正一边盯着与望远镜相连的电脑上的风速状态窗口看，一边分心浏览网站上的搞笑猫咪照片。当身边传来一声怪响时，我暂时放下手头上的要紧事，将视线往左边移动了一点，想看看到底出了什么幺蛾子。当时是凌晨两点，我坐在拉斯坎帕纳斯天文台的控制室里，头顶上是一架口径 6.5 米的麦哲伦望远镜，网页浏览器上开着许多用来打发时间的页面，再结合风速表上的数字，不难看出我们一整晚都没有开过望远镜。我很早就敲定今晚的观测计划，还针对不同的阴天情景，未雨绸缪地制订了多套备用方案。在等待天气转晴的过程中，为了不浪费时间，我甚至重新看了一遍以前的旧数据，只是一到午夜时分，我的大脑就变成一团糨糊，无可救药地从“专心写论文”，变成“假装在看望远镜的操作手册”，最后沦落为“也许网上还有我没看过的搞笑的动物动图”。这就是被阴云笼罩的天文学家的生活写照。

不过，我并没有被阴云笼罩，或者说不完全是。不久前，我走上连接两座麦哲伦望远镜圆顶室的栈桥，放眼望去，天空光彩夺目，澄澈无云，星河璀璨，正是每个天文学家梦寐以求的夜空。

我希望能够再次观测红超巨星，延续我和菲尔始于基特峰的研究。这一次，我要使用的望远镜大了 3 倍，要观测的红超巨星也更遥远了，在一个距离我们 200 万光年的星系。那些红超巨星诞生于 1 000 万年前（在天文尺度上不过是昨天），与萦绕在它们周围的气体有着相似的化学组成。我希望将观测对象扩展到其他星系，了解化学组成的差异如何影响红超巨星的物理特性及其临终表现。这其实是在用另外一种问法，提出我的博士论文所涉及的核心问题：大质量恒星如何走向生命的终点，它们的化学组成与其死亡有何关联？

如果这是在实验室环境里——假设我能从天空中摘下一颗红超巨星，对它做一些修修补补，或者用零件自行拼凑出一颗新的，这意味我要做两组对比实验。首先，我要空手造两颗红超恒星，其中一颗拥有与我们银河系中的气体相同的化学组成，另一颗则更接近我们隔壁的星系，那里的氢气和氦气稍微多一点；其次，我要加快它们的生长速度，一直加速到爆炸为止，最后观察它们临终的反应。

然而，以上纯属痴心妄想。我能做的是坐在安第斯山脉中的某一个山顶上，从遥远的地球凝视那些恒星发射出来的光线。早在地球的冰河时代，它们的光就已经从母星表面出发，踏上流浪宇宙的旅途。为了这一天，我很早就提出望远镜使用申请，成功获得委员会的批准，千里迢迢来到山顶上，罗列好要观测的恒星清单，并将望远镜准备好，蓄势待发。观测前，一切都很顺利。虽然我才刚结束 26 个小时的舟车劳顿，接着立马切换到夜猫子模式，马不停蹄地开始通宵观测，我的脑子却异常清醒。任何人如果像我这样，恐怕已经睡着了。

智利的八月，冬夜清冽，晴空无云，这是个能采集到好数据的良宵。

美中不足的是，当晚风很大，狂风怒号。

根据天文台的规定，风速超过每小时 35 英里时，必须关闭麦哲伦望远镜的圆顶，保护镜面不受沙石尘埃的侵蚀，并防止肆虐的狂风灌进室内。只有当风速降到每小时 30 英里以下，并维持在这个水平至少几分钟，才能认为是达到可以再次开启圆顶的安全风速。这是为了确保当望远镜暴露在外时，不会有大风突然又袭来。在风势减弱之前，圆顶会一直紧闭。望远镜虽然睁着大眼，不甘寂寞地嗡嗡作响，却只能盯着墙壁看。我和操作员一整晚都紧盯着屏幕上的风速；日落后，风速一直稳定在每小时 40 英里左右，甚至更高的水平。就在过去的一个小时里，我们欣喜地看到了风速减弱的迹象。36……33……31……29！

把我从恍惚中拉回来的一声怪响，来自旁边那位正在用头撞桌子的操作员，因为风速又一次飙升到了每小时 42 英里。我虽然听不懂他的西班牙语，却看懂了这个国际通用的身体语言。

现在这个点，正是地球人睡得酣甜的时候，我的脑子已经卡住了，完全转不动，也不知道自己身处何方。我只有两晚能使用望远镜的时间，这是第二个夜晚的第六个小时。到目前为止，我连圆顶的天窗都没打开过。如果情况毫无改善，我辛苦飞了 5 000 英里来到这儿，就只能对着紧闭的圆顶室，无聊地浏览网页，恍惚地打着盹儿，最后连一个光子也没抓到，就灰溜溜地回去了。

我本打算在毕业论文里用一整个章节介绍这些恒星，并且今年把论文写完，现在看来这个章节要难产了，甚至可能永无出生之日。当然，今年写完论文的前提是我要有足够的数据给论文老师看。我知道有人曾因一朵半路杀出来的云，学业、生活及工作被整整耽误了好几年。我是夏威夷大学的一名研究生，离我的家乡、我的家人、我在麻省理工读研的男朋友戴夫之间隔着 6 000 英里的距离。我和戴夫在大学里谈了四年恋爱，读研期间成功地维持着跨太平洋的异地恋，但我们都迫不及待地想回到共同的时区里。

我很高兴能在世界上最好的天文观测系里学习，也一直很刻苦，努力想在四年内念完博士——大多数人需要六或七年——这样就能快点回到他身边。可是，安第斯山脉的一个大风之夜，竟然能让这么多计划夭折，这么多努力付诸东流，看上去似乎很荒谬。

“他们说，当上天文学家，会很有趣的，他们说。”我喃喃自语道，又一次查看我手上锐减的观测目标清单。当大风刮得整座楼房都在响时，我忍不住问自己，我当初究竟在想什么，才会选择当天文学家?

“我怎么就到了这里？”

我会来到这里，来到这个突兀地坐落在安第斯山脉的高科技控制室，要感谢从美国到智利的四座机场。我辗转于四个机场之间，在空中飞了整整一天，才抵达拉塞雷纳（La Serena），最后还坐了两个小时汽车，来到这座天文台。这其实是一次很“典型”的观测活动——在望远镜对准天空之前，天文学家早已开始了忙碌的旅程，长途跋涉来到天文台，通宵达旦监督观测过程。今天，世界上最好的天文台都建在前不着村，后不着店的地方。到这样的地方去，相当于到炼狱走一遭。

一般情况下，你只要坐几小时飞机，就能到达大多数主要的天文台。任何经常去亚利桑那州图森市、智利拉塞雷纳市或夏威夷岛等地机场的人，只要留心观察，就不难从人群中发现往返于各大天文台的天文学家。在前往望远镜的路途中，那些足以暴露天文学家真实身份的特征有：印有美国国家航空航天局（简称“NASA”）、天文台或会议标志的衣服和笔记本电脑包，携带与当地气温不符的保暖衣物，在深夜里可疑地睁着一双清醒的眼（在回来的路上，我们更容易被一眼识破，尤其是在阳光明媚的度假胜地，比如拉塞雷纳或夏威夷岛。在等待下午航班起飞的乘客队伍中，精力充沛、晒得一身古铜色的是游客，面色苍白、半睡半醒的是天文学家。后者会在大白天拼命喝咖啡保持清醒，在抢来的阴凉处躺下，活像无家可归的游民）。

即使从最近的机场出发，也要坐车一两个小时，才能到达天文台，而这看似短暂的车程，却充满了艰辛曲折的故事。

我有一箩筐天文学家在去天文台的路上撞车的故事，多到可以单独写一本书。我那些聪明绝顶的同事，大多是拥有多学位的学霸，不仅在物理学或工程学上有着博士水平的造诣，在交通事故上也是不遑多让。车子开到半路突然爆胎，车轮子卡到水沟里出不来，车子开上高耸的岩石地上进退两难，这类事故太多了；车子突然撞翻，在路上翻滚数圈，或者完全撞毁，驾驶者轻则骨折，重则进急诊室，这类事故也偶有发生。说句公道话，驾驶者是睡眠严重不足的天文学家，开的是租来或借来的车子，走的又是崎岖不平的山路，会发生事故也情有可原。大多数望远镜建在荒无人烟的山峰上，通常只有一条坑洼不平的蜿蜒山路能上去，那些路还是为天文台单独修的，只有天文台的人才会走。为了将光污染降到最低，这样的山路从不装路灯。大多数天文台山顶附近甚至会插着指示牌，提醒夜间行车的司机不要开大灯，以免光线射入敞开的圆顶内。于是，司机们只能黑灯瞎火地在发夹弯和“之”字弯里小心翼翼地往前行驶。除了不能有灯光污染以外，道路也要尽可能少，有的路面可能铺了沥青，更多的只铺了碎石或泥土，有的甚至用车轮子碾一碾就完事了，一条车辙就是一条路。

为了上山顶观测，许多天文学家即使毫无山地驾车经验，也只能硬着头皮，将车开上陡峭的山路。望远镜通常被安装在比宿舍等生活设施更高的山顶，为了方便观测者往返于望远镜和宿舍之间，有些天文台甚至会给他们配观测用车。不过，套用一个汽车维修师经常吐槽的梗，谁也没法控制“方向盘和驾驶座之间的问题”[①]。一些天文台，尤其是南半球的天文台，隔三岔五要对车辆进行大检修，因为经常有车子撞上建筑物，或者滚下山坡，起因是那些来访的观测者，特别是从美国来的，越来越不熟悉手动换挡，停车时总是忘记拉手刹（智利的托洛洛山美洲际天文台因此损失了一整支大众甲壳虫车队）。行驶在这样的道路上，如何克制地使用刹车也是一门学问。从山顶下来的路大多很陡峭，司机会频繁地踩刹车制动，刹车片很容易过热，结局就是司机坐在刹车失灵的车里，直直

① 此处的问题指的是驾驶员，暗指驾驶员的不当驾驶或愚蠢操作。

地冲进宿舍的停车场，有时甚至冲进宿舍楼里。

不过，有些建筑偶尔也会反击，不甘心当个受气包。亚利桑那州有一台望远镜，它的圆顶设计与众不同：大多数天文台会先转动圆顶内的望远镜，接着转动圆顶的上部结构，这台望远镜的圆顶却不走寻常路，每当它要指向另一个天体时，不光圆顶的上部结构，整个圆顶建筑都会随着望远镜一起转动。圆顶室外的地面上画了一个清晰可见的白色圆圈，还插着警告外来者不要将车停得太近的标志。有些室外楼梯依圆顶而建，当它们随着整座圆顶一起旋转时，白色圆圈就是它们的杀伤范围。显然曾有人挨着圆顶停车，后来不得不上交一份奇怪的事故报告，声明是“望远镜撞了我的车”，这才有了这个圆圈。

很多天文学家到了山路上就变成经验不足、横冲直撞的无知司机，或者被突然撞上汽车的圆顶吓一大跳。尽管这听上去已经够愚蠢了，但我相信我应该解锁了更愚蠢的车祸方法。

那是我研究生时期的一次观测活动，当时我已成功将车子开上了前往夏威夷莫纳克亚天文台的“路”(如果那也算路的话)。在这之前，我刚从天文系所在的瓦胡岛飞到夏威夷大岛，租了一辆红色小巧的汽车，载着我的研究生同学甜甜（化名），沿着山路蜿蜒而上。从夏威夷大岛东海岸的希洛到内陆的莫纳克亚山只需要一小时的车程，却是惊心动魄的一小时。迂回曲折的马鞍路横贯整个大岛中部，时不时峰回路转，高低起伏，忽上忽下，给人一种坐过山车的感觉。我们沿着马鞍路缓慢却坚定地从海平面爬升到 6 000 英尺（约 1 829 米）的高度，窗外的风景也随着海拔不断变化，从苍翠的热带树林，慢慢变成稀疏的灌木，沟壑纵横的黑色熔岩，掩映于低垂的云雾之下。

在美国，二十四岁的我还是一个年轻驾驶员，因为驾龄低，必须支付更高的租车费和保险费，这笔额外的开支让我尤其心痛，不希望再为别的事破财。一路上，我开得尤其谨慎，在奇特的地貌中蜿蜒而上，右转拐入通往天文台的专用车道，一边继续向山上行驶，进入袅袅云烟中，一边留意着经常在莫纳克亚山腰上吃草的牛。山上有一块远近闻名的牌子，用于警告司机“小心看不见的牛”，因为你确实看不见它们。这座山从这个海拔以上长年云雾弥漫，随时可能有一头牛凭空从雾海中冲出来。

还好我们不用一路开到山顶去，因为我们要去的是半山腰的游客中心和天文台宿舍，位于莫纳克亚山上海拔 9 000 英尺（约 2 743 米）的地方。我和甜甜需要在宿舍里休息一个晚上，先适应高海拔的低氧环境，接着才继续向上走，在海拔将近 14 000 英尺（约 4 267 米）的山顶工作几个晚上。当可以去山顶时，我们会搭天文台工作人员的车上去。通往莫纳克亚山顶的最后一段路出了名地难走。宿舍区再往上尽是狭窄的山路，尘土飞扬，沙石遍地，崎岖无比，能把人颠到骨头散架。当地政府明令禁止非四轮驱动车辆开上这条路，但是每年都会有几个艺高人胆大的游客漠视规定，开着一辆租来的福特嘉年华，就勇往直前地往山顶上冲，最后不得不从希洛叫来拖车，将车子从山沟里拖出来，被高昂的账单打脸。

一看到在云雾中若隐若现的游客中心和宿舍楼，我顿时信心大增。租来的红色小车依然顽强地坚持着（尽管到了空气稀薄的地方，这辆看着像个火柴盒的车就变得很挣扎，发动机发出震耳的呻吟声），我和甜甜一边愉快地聊天，一边听着车里立体音响播放的音乐，那些歌曲来自我的 MP3 播放器。这次观测没有老师在旁指导，我们将全程自力更生。尽管如此，到目前为止，一切都挺顺利的。这是我第四次来莫纳克亚山了，也是第四次成功躲过那些看不见的牛，因此有点自鸣得意，觉得自己算得上是这条道上的老司机了。

正当我一边将车开进停车场，一边低头关掉 MP3 播放器时，车子突然冲上停车场边缘的大三角形路缘石，猛地一震，“哐当”落地。

糟糕！

幸好没人受伤，虽然甜甜肯定在心里想，这人是不是脑子进水了。我关掉发动机，拉下紧急刹车，忐忑地跳下车，这才看见问题有多严重。这是方圆几英里内唯一一块路缘石，我却非常精准地碾了上去，一只轮子还在半空中打转。在汽车这方面，我还是有一点基本常识的，知道这时强行倒车是自寻死路。

车子冲上路缘石的声音引起了旁人的注意，他们是负责监督山上活动的莫纳克亚山护林员。他们看了看我的车子，一致认为如果我希望车子完好无损地从路缘石上下来，只能破财消灾，给希洛那边打电话，请人来拖车。我哀号了一声，绝望地看了一眼半个身子露在悬崖外的车，掏出手机准备打电话。此时的我不仅羞愧难当，还一个头两个大。我想，不仅租车公司会让我赔钱，学院恐怕也要找我算账，因为这车是学院替我预约的。万一天文台的人知道了这件事，不知道会怎么想。天哪，这真是一次代价惨重的事故。虽然我不是第一个出交通事故的人，但是万一处理不当的话，这可能会打乱我的观测计划，那我就别想毕业了……

我刚打通电话，一辆拖车从弥天大雾中横空出世，一发现我那辆束手无策的红色小车，立马转了个弯，驶入停车场。这位拖车司机刚处理完一个将租来的车子非法开上山顶公路的莽夫，这会儿又碰到一个愚蠢的天文学家，真是够幸运的。甜甜看了一眼从天而降的拖车司机，一听他主动说可以帮我们把车子拖下来，立即给他起了一个“超人”的外号，因为只有超人才会突然出现，也只有超人才能拖起一辆汽车。

山间的雾越来越浓，太阳也渐渐西沉，我赶紧请超人先生开工，不敢问拖一次车要多少钱（这里又不是可以货比三家的批发市场）。最终，红色小车的四只轮子重新回到大地母亲的怀抱，我、甜甜、护林员还有超人全都好奇地弯下身子，查看底盘的受损情况。不可思议的是，油底壳和发动机都完好无损，只有车架和保险杠底部新添了一些小小的刮痕。但是，我还是很担心该怎么跟租车公司解释这些刮痕，便问身边的智囊团要不要写事故报告之类的。

那一刻，我显然忘了自己是在夏威夷，一片自由懒散的土地。不过，凭良心讲，超人还是很认真地思考了我的问题。过了一会儿，他慢吞吞地说：“嗯……其实就只有前面被刮到一点点，对吧？如果他们问起，我就……说你离路缘石太近了，好吧？”

我回头看了看那几个护林员，他们全都通情达理地点了点头。他那么说倒也没错，把车开到路缘石“上面”，也算是离它“太近”了。当超人继续往下说时，我不由自主地跟着他们一起点头：“拜托，每辆租赁用车的保险杠都有刮痕，他们应该不会多问什么。万一他们问起，你就说是路缘石划的，好吧？”好。

超人本来就在山上，而且有其他冤大头承担了路费，因此他好心地只收了我 65 美元的拖车费，便消失在茫茫雾海中。在那之后，我用尽毕生所学的停车技能，无比谨慎地避开路缘石，小心地将车子挪动到就近的停车位里，然后才和甜甜一起走进宿舍楼，准备去吃饭。在后来的几个夜晚，有几位碰巧撞见这次窘境的天文学家忍不住跑来打听情况（更多是“你是怎么办到的？”的惊叹）。我知道，这个故事可能会伴随我一起回到学校，只是世事难料，它原本是我人生中最受挫的一次事故，后来却成了令我略感自豪的谈资。能够加入在去天文台的路上不幸撞车的天文学家的光辉行列，并且最终化险为夷，我其实是有一点小得意的。幸好，这个小插曲的最终版本不是“我撞上了莫纳克亚山上唯一一块路缘石，不仅把车子撞坏了，还倒贴了一个月的研究生津贴”，而是“我撞到了一块路缘石，车子只是轻微刮伤”。

相比之下，前往拉斯坎帕纳斯天文台的道路，就没那么坎坷。一走出拉塞雷纳机场，我就坐上天文台的班车，开始两个小时的车程。车子穿梭在智利的沙漠中，一面车窗向着大平洋，另一面车窗向着无边荒寂的沙漠，一簇一簇的小仙人掌迅速地从窗外掠过。拉斯坎帕纳斯的山顶离宿舍也没那么远。从宿舍出来，只要朝着山顶的方向步行 15 分钟，就能到达望远镜所在地。我还没学会开手动挡的车，因此很乐意徒步往返于望远镜和舒适简陋的宿舍之间。

到了天文台后，我有一个晚上的休整时间，将生物钟调到观测者的作息，这包括睡到中午才起床（对我这种习惯了早起的人而言是最难的），在食堂里吃一顿和午餐差不多的早餐，再买一份晚上要吃的袋装午餐，带到望远镜的控制室里吃。白天，住在山上的天文学家除了养精蓄锐，计划晚上的观测方案，通常没什么可做的。白天的天文台是日间技术人员和工程师的天下，他们会在傍午和下午时分忙碌地穿梭于山顶的各个圆顶室之间，检测望远镜和各种仪器的状况，针对夜晚观测需求调整仪器，比如更换相机和冷却探测器，或者修理故障的设备。

拉斯坎帕纳斯山上只有四台望远镜——两台口径 6.5 米的麦哲伦望远镜、一台口径 2.5 米的望远镜、一台口径 1 米的望远镜——却汇聚了众多天文学家、望远镜操作员、天文台工作人员；一到晚饭时间，食堂就变成吵闹的夜市。虽然修道院时代的座次礼仪和上菜铃早已成为历史，但是晚饭时间的热闹喧嚣却不曾消失。和大多数天文台的伙食阵容一样，这里供应的也是些朴素但管饱的食物：肉、五谷杂粮、土豆、汤，偶尔也有意大利面或蔬菜，为有特殊饮食需求的人准备的。不过，到了吃恩潘纳达（empanada）的日子，伙食会有明显的改善。每到星期天，厨房会做一堆金灿灿的恩潘纳达——一种智利当地的美味馅饼。如果你知道当天是吃这个饼的日子，只要开口问一声，他们就会塞几个到你晚上要吃的餐袋里。

坐在餐厅里，眼前的景象会让你感到不太协调，却又莫名地有趣。盐罐、番茄酱、餐巾纸整齐地摆放在深色的木桌上，厚重的窗帘外是无边无际的红褐色沙漠，在山脚下朝四面八方延伸而去。透过北面的窗户抬眼望去，你会看见麦哲伦望远镜的圆顶室，六边形的金属圆顶在夕阳下熠熠生辉。向东望去，你会看见山麓海拔越来越高，甚至能看见远方被积雪覆盖的山顶。向西望去，山麓地势越来越低，最终没入遥远的太平洋。在南边空旷的山麓丘陵上，是欧洲南方天文台下属的拉西拉天文台（La Silla Observatory），它的十三座白色圆顶散落在不同的山头上，犹如点缀在山脊上的一串珍珠。智利无疑是世界望远镜之都，它的安第斯山脉西麓散布着许多天文台，有些甚至可以隔山相望。

我和同桌的其他天文学家一边开心地吃着热乎乎的饭菜，一边兴高采烈地交流天文界的奇闻逸事，相识的同事或学校的近况，还有一些奇遇。随着夕阳西沉，天色渐渐暗下去，餐桌间流动着越来越汹涌的兴奋暗潮，一桌接一桌的人纷纷收拾好背包和餐袋，奔赴今晚的望远镜之约。杜邦望远镜和斯沃普望远镜在山下较远的地方，两台麦哲伦望远镜的观测者通常会站在连接两个圆顶室之间的栈桥上，看夕阳慢慢滑落嫣红的山头，一点一点没入太平洋，身后是默默低语的望远镜。日落时分，在这与世隔绝的远方哨台，所有人驻足不动，整个沙漠也仿佛静止了，多么美妙的时刻！在静止不动的天地间，有一个嗡嗡声兀自轻悄悄地响着。对每一个在望远镜前工作的人来说，这一天才刚刚开始，夜色黑得越深沉，这个夜晚就越忙碌。

只要天气好，一切都好说。

如果你是一个观测天文学家，那么你的生死全由天气预报说了算。望远镜太抢手了，每天都有人排队要用它们。一年到头，望远镜能分配给你的就一个夜晚，即使不幸碰上坏天气，你也只有这一个夜晚的机会，没有隔天白蹭一晚的可能。尽管如此，你也不能因为担心天气不好就多申请几天，不能任性地说：“嗯，请给我三个夜晚，其实我只需要一个夜晚，但是每年这个时候，天气都很不好，所以请多给我几晚吧。”我们这行有一个存在已久的君子协议，那就是所有申请和提案都默认以天气晴朗为前提。除此之外，你也不一定有得挑。不同季节适合观测的天区是不同的，因此你哪一天能用上望远镜，取决于你要研究的天体。如果你要研究的天体在夏季可见，你会被分配到短暂的夏夜，这时可能会受到季风的干扰，图像质量可能不太理想（夜晚刚开始时，升腾的热浪会导致图像出现模糊）。如果你要研究的天体出现在冬季，你会被分配到漫长而寒冷的冬夜，但是发生暴风雪或冰雹的概率也会增加。

月相也很重要。当一轮满月升起时，既美丽又皎洁，将夜空淹没在太阳照射到它表面后反射出的淡蓝色光线中，因此才有“月朗星稀”的说法。如果你想观测的是暗蓝天体，那么满月就是你的克星，令所有你想研究的星星都黯然失色。不过，如果你想观测的是明亮或红色的天体，那么月光就不足为虑了，月亮发出的红外光微乎其微。因此，基于月相，观测夜又被分为明夜、灰夜、暗夜。明夜，即月亮又圆又亮，总是分配给那些观测亮星或发红外光天体的人，而暗夜则留给那些研究暗星或发蓝光天体的人，他们需要一个晴朗无月的夜空。

除观测以外，每个观测者还有其他要务在身：教学任务、学术会议、家庭旅行……在安排观测时间时，它们也是需要综合考虑的因素，但是对天文台站的管理人员而言，想要面面俱到太难了。更重要的是，要让他们预测天气，这是强人所难。所以，你能做的就是老老实实地提申请，幸运的话如愿分配到一个夜晚，风雨兼程地赶到天文台，剩下的就只能祈求上帝，求他给你一个好天气。

一个适合观测的好夜晚不仅意味着晴夜，还意味着天气条件要够好，才能安全地开启望远镜。风只是其中一个挑战，它会将灰尘、沙土、雪粒或其他杂质吹进圆顶室。湿气或雾也是隐形杀手，只要存在一丝水汽凝结在镜面上的风险，操作员就不敢贸然打开望远镜。低垂的浓云会完全遮住夜空，即使是散状的云朵或高空的卷云，也并非完全无害：被它们挡住的星星会在望远镜的视野中忽隐忽现，或者显得更暗淡些。

决定夜晚好坏的关键词是“测光”(photometric)：天空中没有可见的云层，只有大气的透明度对星星的光度造成极其微弱的影响，观测者能够获得准确反映大气层外天体的好图像，这才算得上一个好夜晚。此外，一个好的观测夜还要有好的“视宁度”(seeing)，即望远镜显示图像的清晰度。大气中的小湍流和旋涡会让星星一闪一闪的，这在普通人眼里也许是一幅繁星闪烁的美景，到了观测者这里却是恨不得除掉的眼中钉，因为它们会降低图像质量，让星星变得模糊不清。视宁度是用于描述天文观测的目标在不同时期的模糊程度的物理量，也是观测天文学家最看重的数字之一。每个人都巴不得视宁度越低越好，这样受地球大气扰动的影响就越小。

所以，如果你幸运地分到了一个夜晚，除了根据月相、当前差旅计划以及目标天体出现的季节去准备申请材料之外，你还能做的就是希望观测那晚没有风、没有雨、没有雾、没有低云、没有高云。哦，如果山顶上空的气流能够静止不动，那就更完美了。

看着这些要求，你会觉得天文学家简直是业余的气象爱好者。有一小部分天文学家确实修炼成了天气预测方面的行家，但是包括我在内的更多人却采取听天由命的做法，选择性地忽略天气预报的消息。因为就算提前知道天气不好，我们既改变不了天气，也没有退路。有些人会做两手准备，囤几个备用的观测目标，通常是另一个完全不同的项目所要观察的天体。虽然观测条件不佳，只要备用天体够亮，阴天也能看得到。更多时候，你只能束手无策地坐着，祈祷天气赶紧变好。不过，天文学家偶尔也会用一些不太科学的方法预测天气。我在智利托洛洛山（Cerro Tololo）遇到过两个同行，他们发誓说只要看有没有安第斯神鹰[①]出没，就能知道当晚的天气好不好。那些大鸟经常盘旋在智利各大天文台的山顶附近，根据那两个观测者的说法，如果你在下午看见神鹰飞上来，当晚的视宁度就会变差。他们一边手舞足蹈地模仿它摆动双臂，一边解释说，一旦你在山顶看见神鹰，就证明有热气流，因为它会拍动翅膀，乘气流而上。不过据我所知，没有哪家气象台是靠神鹰预测天气的。

天文学家必须依赖天气的无奈事实催生了一堆稀奇古怪的迷信，还有预测天气的奇妙方法。让人忍俊不禁的是，这些满脑子科学知识的人居然也吃这一套，甚至各有各的迷信。我有一个同事有观测专用的幸运袜子，每次出来观测都会穿上它们。另一位同事发誓说只要每天下午在大约同一时间点吃一根香蕉，乌云就不会来。很多人有自己专属的幸运饼干或幸运零食，甚至有观测前必坐的幸运餐桌。我有一个严格的习惯，那就是不到观测那天，绝不看天气预报。我告诉自己，这是为了永远做最好的打算，给自己设想一个大丰收的晴夜，但是在内心深处，我知道自己其实是害怕提前看了天气预报，会给我的观测之夜招来霉运。某些天文学家似乎是天生的“招霉”体质，别人只要看见他们的名字出现在排班表上，就

① 南美洲的一种新大陆秃鹫。

会哀声连连，认为只要他们出现在山上，就会招来乌云、雨水或大风，连附近的望远镜也会跟着倒霉。

你只有一两个晚上的时间，即使前半夜天气不太好，也不能半途而废。前半夜或许乌云密布，但是到了午夜，乌云也许会散去，重现澄澈的夜空。万一半路走了，后来观测条件变好了，你会扼腕一辈子。秉承着“浪费一秒都是犯罪”的信念，有时天文学家会守在天窗紧闭的圆顶室内好几个小时，大口地咬着能给自己带来好运的椒盐卷饼，时不时将头探出门外，看看天气是否好转。观测者最怕碰到的是云洞现象，即云层中间突然出现一个大的空洞，短暂地露出一块晴空来。观测者一见天空放晴，并且没有立马转阴，准会兴冲冲地跑去开望远镜。问题是，开启望远镜不像取下相机镜头盖那么简单。当你跑回室内，打开天窗，启动望远镜，对好焦点，摆好位置，云洞也许早已合上了，毫不留情地将你打回原点。很多乌云密布或阴雨绵绵的夜晚，山头的圆顶室内也许就坐着一两个耐心等候的天文学家。他们知道，哪怕只能短暂开启望远镜，仰望星空一个小时，也能采集到足够的数据，让这个差点颗粒无收的夜晚变得硕果累累。

在晴朗的傍晚，一旦看完夕阳，我和同事就会回到各自的圆顶室，在温暖的控制室里坐好，准备开始夜晚的工作。控制室里放着一排电脑，控制着圆顶室里的大小设备，比如开启天窗、转动圆顶、转动望远镜、调整镜面、对准焦点、修改相机设置、开启相机快门……多亏了 CCD，相机能够以数字形式记录图像，即时显示在控制室电脑的屏幕上，并马上保存到硬盘里。

这幅漫画出自赫尔曼·奥利瓦雷斯（Herman Olivares）之手，
画的是智利拉斯坎帕纳斯天文台的一个大风之夜。
气泡文字的意思：“你好，我是加拿大来的望远镜观测者，
请问你能告诉我现在的风速吗？”

图片来源：赫尔曼·奥利瓦雷斯

望远镜操作员几乎完全掌握着望远镜的控制权，他们会整晚配合天文学家的工作。根据每个天文台的要求，还有具体工作的性质，他们可能拥有天文学或工程学的学位，甚至两个学位都有，接受过大量望远镜操作培训。拉斯坎帕纳斯天文台的一些操作员已经在那里工作数十年，其中有一个叫赫尔曼·奥利瓦雷斯，工作之余是一名职业漫画家，他的作品曾刊登在各大全国性报纸上，还张贴在天文台餐厅的墙壁上。

天文学家也许是决定指向、处理数据的人，但操作员才是让这一切成为现实的人。操作员负责操作圆顶、望远镜、镜面及各大光学仪器，检查一切设备的状态，决定望远镜是否达到开启条件，为夜晚做好一切观测准备。天文学家可能会在学校里学习望远镜的基础知识，提前阅读某个设施的使用说明，并承担一些小任务，比如调整仪器配置，开启和停止相机曝光，但操作者才是实际负责操作望远镜的技术专家。

有能干的操作员搞定技术问题，天文学家要做的就是指导晚上的观测计划，那些计划往往详细烦琐到令人咋舌。经过几次观测后，我的亲朋好友会问："昨晚有啥大发现？"在普通人的脑海中，天文学家几乎等同于星空的守望者，隔三岔五就会跑到望远镜前，一旦有令人振奋的新鲜事物出现在天幕中，比如垂死爆发的恒星或初次造访的彗星，就会立马举起一台大大的侦察望远镜，目光如炬地看着天空，成为宇宙奇观的第一见证人。虽然偶尔确实会有惊喜发生，但是一个典型的观测之夜是这样的：天文学家带着周密的计划而来，上面详细地写着他们打算如何度过未来的 8 个小时，接着是按亮度、重要性或出现时刻排序的观测目标，并逐步注明它们的观测时间点和观测方法。

要让望远镜指向特定的目标，操作员需要从天文学家事先提供的天体坐标中找到它。接着，操作员会转动圆顶，回转望远镜，操纵着这两个庞然大物，直到它们根据计算机的指示，对准正确的天区。

在电脑里输入坐标，望远镜就会自己找到目标，这听起来和人们想象中的天文学家差远了。不管现实与想象的出入有多让人失望，天文学家确实不擅长靠肉眼在夜空中寻找天体。

有些人可能稍微厉害一点（教入门天文实验课的人或小时候沉迷于观星的人往往做得还不错），但是在通常情况下，大多数天文学家只能指出一些比较著名的星座，记住夏季和冬季星座之间的不同，猜测哪些行星可能可以在夜空中看到，这就是我们的极限了。不幸的是，大家似乎把"天文学家"当成"一本行走的星空百科全书"。就这一点，我曾让不少友人失望过。比如，很多人会随手一指，问我那是什么星星，结果只得到"呃……"的回答。也有朋友问我："嗨，那是什么行星？"我支支吾吾地说："呃……我不……可能是木星，吧？"说句公道话，计算机能够结合轨道动力学和冗长方程式，精准地找到天体所在的位置，比肉眼不知道精确多少倍。如果真要跟计算机比，我们只会被甩出一光年之外。尽管如此，大多数人还是觉得很惊讶，原来天文学家的眼力也不怎么样嘛。

望远镜的"指向"（pointing），即它瞄准天空中某一特定点的能力，通常近乎完美，只是难免还要微调一两下，才能完美地契合你想对准的地方，然后才开始记录数据。望远镜通常会先指向正确的天区，接着通过导星相机传回图像。它是一台固定在望远镜上的小相机，具有快速连拍的能力，能让操作员和天文学家立即看见望远镜瞄准的区域。天文学家一般会提前从浩瀚如海的数字档案中找出自己想要的星图，打印出来或保存在电脑里，将他们期望看到的与实际看到的进行对比。到了观测的晚上，他们经常要好奇地歪着脑袋，对比两边的图案，连蒙带猜，才能对上号来。有好几次，为了跟望远镜保持相同的朝向，我发现自己将整张星图倒过来，或者将屏幕旋转成奇怪的角度，想确认我看到的是不是那几颗排列成奇特的三角形状的恒星。如果是的话，这意味着我的目标就在附近。导星相机在进行短曝光拍摄时，它通常捕捉不到低光度的天体，只有到了长曝光拍摄时，你才能在传回的图像中看到它们。虽然再三检查和微调望远镜的指向可能会占用你几分钟时间，但是总好过不小心将它对着错误的天区两个小时。在望远镜上浪费一秒钟都是犯罪，更不用说将望远镜指错地方！

聪明地利用望远镜的时间，不仅是为科学添砖加瓦，也是在善待每一分经费。建造一台望远镜，成本十分高昂。建设偏远的观测台站、山上的每一座建筑、精抛细磨的庞大镜面、各种尖端科学仪器，预算可以达到数十亿美元。每年的运营也要投入大量资金，支付后勤人员的人力成本和电费。大多数天文台的资金来自大学、研究联合会、NASA 及美国国家科学基金会（National Science Foundation, NSF）等组织的资助和支持。有幸用上一晚望远镜的天文学家不需要为此支付天价账单，只不过使用一晚望远镜的费用经常会被晒出来，以此向公众显示观测时间有多宝贵。如果算上最初的建设成本和持续的运营成本，那么世界上最好的望远镜运行一个晚上需要花掉15 000美元到55 000美元不等，唯一的利润是它们强大的观测能力带来的科学进步。

飞逝的时间，高昂的成本，可遇不可求的晴夜，亟待观测的天体，让整个过程充满了紧迫感。为了采集更多天体数据，我们既要眼疾手快地切换到下一个目标，又不能容许丝毫的误差。这意味着当一个观测者在以非人的速度检查望远镜位置时，心中往往会有一丝不安。时间嘀嗒嘀嗒地流逝，心脏扑通扑通地跳动。最后，我们坚定地告诉自己：没错，望远镜的指向肯定是对的，可以打开快门，开始曝光了。一旦快门开启，望远镜就会锁定目标，在地球旋转的同时，紧紧跟随着它，直到曝光完成，才停止深情的凝视，对准下一个目标，从头再来。

曝光结束后，期盼已久的数据出现在屏幕上，看上去……嗯，惨不忍睹。只有经过呕心沥血的后期处理，图像里的星系、恒星、气体泡才会如你所见的那般绚烂多彩。如果有人想在电影里看到原始数据的真实模样，肯定会大失所望。真正的天文学家永远不会在电脑屏幕上看到红色的箭头、闪烁的警报，比如"探测到新恒星！""测量到有史以来最高的钚含量！"或"天哪，地球要毁灭了，人类要灭绝了！"除非某个科学家发愤图强，特地为此潜心写代码，设计一个人性化的用户界面，在原始数据上自动实现这一点，否则以上画面只会存在于电影里。

大体上说，天文学家可以获得两类观测数据：成像（imaging）和光谱（spectroscopy）。正如字面所示，成像观测数据就是拍摄夜空后得到的影像。我们通常会隔着滤光片拍摄夜空，它能够严格控制相机接收到的光束的波长，只允许蓝、绿或红光通过望远镜的相机，到达探测器。这让我们能够极其精确地记录一颗恒星在特定的窄波长区域内的辐射强度。从不同波段拍摄同一天体，接着将它们融合成漂亮的彩色图像，就能为正在研究这些天体的天文学家所用。成像数据可以揭示星系的形状，星云中的气体分布情况，恒星的亮度，天体在宇宙中的确切位置。

光谱观测数据虽然没那么养眼，但是并不影响它的科学威力。在光谱数据中，来自一个天体的光会被微米级反射面或棱镜按照波长自动分离成光谱线（照射在光盘背面的光束会被分解成彩虹状的七色光，这是日常生活中一个很好的色散现象），波长最短的蓝光被引导到 CCD 的最左端，波长最长的光被引导到 CCD 的最右端，波长中等的光则排列在中间。精细地分离来自某一天体的光束，并对每个波长的光线进行定量，最终得到的就是这个天体的光谱。从事这项工作的仪器叫“摄谱仪”(spectrograph)，这个名字取得很到位，因为它本质上就是在拍摄光谱。光谱是分析化学组成的绝佳工具，因为我们知道某些分子或原子只吸引或发射特定波长的光。氢气发出的最亮的光会呈现淡黄色，电离氧发出的光呈现蓝色，电离钙会产生三条红线。天体的连续光谱就是它独一无二的指纹，让我们能够迅速窥见它的物理性质和化学组成。我们还可以用光谱测量一个天体在宇宙空间里的移动速度和旋转速度，甚至测量它离我们有多远。

储存在 CCD 芯片上的原始数据往往被大量垃圾数据湮没，因此不管是成像还是光谱数据，天文学家都需要做大量的后处理，才能从中剥离出真正有科研价值的数据。在观测过程中，望远镜会接收到探测器的电磁噪声，来自月球和地球大气的光，还有一些微不可察的因素，比如误入观测区域的异常热源，或 CCD 上奇怪的过敏（或欠敏）像素点，它们全都会如尘埃般遮蔽真实的数据。在口语中，剔除这些垃圾数据的过程叫“清理”(reducing)，只要想象天文学家一丝不苟地去除它们表面的杂质，只为还原观测目标的原貌，你就会觉得这个词真贴切。这是一项极其精细的技术活，为了时刻保持数据的完整性和真实性，你绝不想误删任何真实信号，也不想留下任何垃圾残余。当美轮美奂的星空图公之于众时，偶尔会听到一两句“但是那些数据被处理过了！”的怨言。实际上，真相与此大相径庭。我们处理天文数据的过程，类似于古生物学家拿着一把小毛刷，弯腰对着一块刚出土的脆弱的恐龙标本，小心翼翼地清理表面的泥土和沙子，露出骨骼化石的真面目。科学真相被掩埋在沙石底下，不曾有人碰触或篡改。天文学家只是轻轻刷去了最后一粒电磁沙子，让人类得以看清楚它的真实面貌。

这意味着，在望远镜前的我们很少会像阿基米德那样，突然大喊：“我发现了！”我们先要仔细分析数据，然后才敢发表言论。不过，经过长时间的实践，今天的大多数天文学家已经练就一手绝活，至少能够一边坐在望远镜前，一边迅速完成基本的“清理”工作，对采集到的数据迅速做出大致的判断。这就是数字化的宝贵之处：与无法复制的照相底片或娇贵脆弱的恐龙遗骨所需的呵护相比，今天的天文学家可以轻松地复制一份数据，在电脑上对数据做清理（如同用吹风机吹除恐龙遗骨表面的尘土），用一些基本的电脑软件快速处理数据，清除掉表面的杂质，迅速瞥一眼拍到的宝贝。这是非常珍贵的，因为它让我们有机会当场检查数据，及时调整曝光时间和望远镜设置，尽最大的可能获得最好的观测结果，从而获得最好的科学发现。

如果你是一个天文学家，在一个观测条件良好的夜里，坐在工作给力的望远镜前，你很容易就会进入一种简单且愉快的节奏，一边从一个目标转移到另一个目标，一边趁着望远镜还在移动，迅速清理传来的数据，确保一切顺利。天文学家迈克·布朗（Mike Brown）将它精辟地概括为“世界上最令人兴奋的机械工作”，这实在是太准确了[3]。当一切都按计划进行时，一个美好的观测夜晚确实称得上枯燥无味。

同时，你很难完全忘记自己是个天文学从业者。在这偏远的沙漠腹地里，有一台庞大的望远镜嗡嗡地运转着，与你仅一层楼之隔。望远镜的后部安装着 CCD，来自天空的光子击中它，被转换成二进制数据，哔哔地传输到机房的计算机里，被你平静地复制到笔记本电脑中处理。那些光子可能数百万年前就从星系外围或恒星外层逃逸，几百万年来一直在宇宙中横冲直撞，穿过空旷无际的星系际巨洞，飞过遥远的星云，险些撞上大如恒星、小如星际尘埃的天体……到了旅途的尾声，它们冲破地球的大气层，不偏不倚地落入你头上那架望远镜的镜面，在光路中弹来跳去，最后击中相机，给了你解开它身世之谜的钥匙。

当你下一次仰望星空时，不管你看到的是哪一颗星星，请记住同样的故事每一刻都在上演。

你正在研究的光子的奇妙旅途，以及它们所将照亮的宇宙奥秘，意味着你正在书写一段令人振奋、意味深远的故事。当你准备好开始一晚上的观测时，请怀着这样浪漫的想法，你就不会觉得长夜孤寂。

可惜，再浪漫的情怀也只能让你坚持到凌晨三点。那时，宇宙再美，也吸引不了你。大多数观测者开始忍不住怀疑，宇宙有周公美吗？

在最后的几个小时里，尤其是观测的第一个晚上（第一个观测夜的凌晨三点正是宇宙对每个初次观测的学生失去魔力的时刻。从凌晨三点起，他们开始觊觎身旁任何能让他们平躺的表面），一种半睡半醒的蒙眬感袭来。当你继续一板一眼地执行夜间计划时，开始觉得这个夜晚仿佛变成了一首无限循环的慢歌，茫茫宇宙压在你头上，有点沉重。你处理数据的能力在急速下降，开小差的能力却在稳步上升，比如看书、上网、跟同事闲聊。许多观测者会以小组或团队的形式开展工作。到了深更半夜，他们会在望远镜前不着边际地说着一些未经大脑过滤的过度诚实的话，眨眼的速度变得像树懒一样缓慢，与其他地方凌晨三点喝醉酒或睡不着的人并无不同。

当不可阻挡的睡意在凌晨三点袭来时，听什么音乐变得尤为重要。不管你问哪个天文学家，几乎所有人都会告诉你，播放正确的音乐是保证观测成功的要素，甚至能起到护身符的作用。有些观测者甚至会有观测专用的音乐，或者在夜晚的不同阶段，会有不同的歌单。一般来说，随着夜色越来越深，大多数观测者所选的音乐会越来越激情四射。有些人会设置好播放顺序，在前半夜播放美国歌手鲍勃·迪伦的音乐，到了凌晨播放澳大利亚摇滚乐团 AC/DC 的音乐。

虽然肯定有人会直接打开手机里的音乐播放器，戴上耳机自己一个人听，尤其是在独自观测的夜晚，但是天文台的传统是提前选好歌单，在温暖的机房里将音乐放出来，大家一起听。抱团观测会面临一个挑战，那就是要照顾到每个人的喜好，选的歌既要所有人都愿意听，又要能让人“长见识”。结果，你会看到观测者齐声合唱吉尔伯特与沙利文（Gilbert and Sullivan）的歌剧；当天文学家合唱摩城唱片（Motown）或布鲁斯·斯普林斯汀（Bruce Springsteen）的歌曲时，操作员开心地用脚指头打着节拍；所有观测人员在圆顶开启的重大时刻，隆重地播放摇滚乐队电台司令（Radiohead）的音乐，或电影《星球大战》的主题曲。在“长见识”这一点上，多亏了早期的一些观测活动，我知道了蓝色少女合唱团（Indigo Girls）和乌塔·菲利普斯（Utah Phillips）；我有个朋友甚至知道了美国爵士乐教父路易斯·阿姆斯特朗（Louis Armstrong），自从他的指导老师在观测期间不断循环播放他的两支乐队“火热五人组”（Hot Fives）和“火热七人组”（Hot Sevens）的同名专辑后，那些音乐从此深深地烙印在他脑海中。

另一方面，有一位天文学家开始用音乐捉弄他的情圣朋友兼操作员，每次观测都会播放莫里斯·阿尔伯特（Morris Albert）的《感觉》（*Feelings*），并怂恿其他观测者也这么干。天文学家达拉·诺曼（Dara Norman）告诉我，有一次她和几位天文学家一起观测，每个人轮流播放自己的歌单。为了换一下口味，她偷偷放了几首杰伊·霍金斯（Jay Hawkins）的歌曲进去（早期的休克摇滚先锋，人称“尖叫的杰伊·霍金斯”，他的音乐给人一种可怕的邪教味道）。当播放到第一首杰伊的歌曲时，她正好出去了一下，回来时很多人开始用古怪的眼神盯着她。

观测者们在音乐这方面也有一些小迷信，他们会以自认为能够招来晴夜的幸运歌曲或特定曲风来开场，或者每次都以同一首歌曲结束当晚的观测。天文学家的音乐口味跨度之广，着实让人深感佩服（还有，从业余音乐爱好者到皇后乐队的吉他手布莱恩·梅，许多天文学家接受过不同程度的音乐熏陶）。在采访其他天文学家关于音乐的问题时，我得到的一个普遍共识是，如果有人说他整晚都播放舒缓的古典音乐，或者一点音乐也不放，这样的人你可千万别信。

只要有咖啡在手上，加上一星半点有趣的数据，以及明智地使用重金属音乐，你就能成功熬到夜晚的终点——太阳差不多升起的时候。当你走在回天文台宿舍的路上时，会有一点不真实的感觉。不管前几个小时有多累，你的神经多少一直紧绷着。现在，你成功完成了一晚的观测，总算可以放松下来，那些令你激动的新数据可以回学校以后再分析。周围的世界正在逐渐苏醒，而你才刚踏上返回宿舍的小路。回到宿舍后，拉上至关重要的遮光窗帘（最好的窗帘是能够遮住整个窗户的金属板，让白天的阳光无缝可入），然后扑到床上，说服你的大脑，现在是睡觉时间。五六个小时后，你在正午醒来，要么坐班车下山去机场，要么开始准备另一晚的观测。

在拉斯坎帕纳斯山的那个晚上，我原本也应该这样按部就班地度过我的夜晚，结果却碰到了大风。当我坐在紧闭的圆顶室内，没有流连于观测目标之间，也没有一边听着詹姆斯·泰勒（James Taylor）的迷人歌声，一边迅速下载并处理数据，而是对着风速表发呆。

天还没亮，我就离开了天文台。不管怎么说，这都是个坏兆头。凌晨四点半，我和操作员放弃等待，决定提前收工。外面的风丝毫没有减弱的迹象，即使有，我们也没有足够的时间打开圆顶，校准望远镜，赶在日出前对准目标，拍下有用的数据。就这样，我的观测结束了。拜智利安第斯山脉的风向所赐，我跨越 5 000 英里的距离来到这里，在封闭的圆顶室内坐了两个夜晚，盯着一张来不及观测的天体清单发呆，眼睁睁地看着我这一年唯一分配到的望远镜时间，就这么被大风无情地吹走了。

我拖着灌了铅似的脚步走在路上，最后一次回过头去，心有不甘地瞪着如温室花朵般娇弱的望远镜。它安然无恙地躲在金钟罩里，像珍珠一样舒服地被裹在贝壳里，而我却站在狂风大作的室外，被风拉扯着衣裤，举步维艰。是啊，我大老远跑来，却一无所获。

我又向前走了几步，才大概看清四周的环境。月亮已经落下了——我辛苦申请来的两个夜晚的黑暗时间是真的过去了——身后的圆顶变成一团模糊的黑影，脚下的路依旧看不大清楚，远处的餐厅和宿舍一片漆黑。我需要走得更近一些，才能看见步道旁低矮昏暗的红灯，在黑暗中指引着穿梭在建筑物之间的行人，贴心地保护他们的夜视力。我能隐约看见附近建筑物和山峦的轮廓，甚至东边一些更高的山头，虽然只是些朦胧斑驳的影子。过了好一会儿，我猛然意识到为什么能看见那些朦胧的景象，不禁大吃一惊，蓦地驻足。

是星光。

南半球的夜晚星河璀璨，对我们这些看惯了北半球天空的人，更是摄人心魄。由于地轴是倾斜的，北半球的人只能看到银河系的外围，生活在南半球的人却幸运地正对着它群星荟萃的中部，映入眼帘的是犹如一条明亮光带的银河，横贯整个南半球的天空。银河系的恒星如此密集明亮，你很容易就能分辨哪里被星际云遮挡住了。星际云是云雾状的暗斑，能够遮挡住数百万颗恒星的光芒，古代印加天文学家将它们定义为“暗黑星座”，以许多动物形状为其命名，其中包括蟾蜍座、猎户座、羊驼座。

如果正好站在南半球的天文台山上，你会看见这里远离城市和公路，完全漆黑一片，夜空美得令人窒息。即使是在璀璨的银河系之外，天幕上也依然挂满了星辰，到处繁星点点。在光污染比较严重的地区，我们会用线条将肉眼可见的星辰连成星座，中间的区域是空的；随着天色越来越暗，那块空空的区域会有星星接连出现。到了像拉斯坎帕纳斯山这么黑暗的地方，天上的星星密密麻麻，数不胜数，犹如一幅三维画卷在你头顶上铺展开来。明亮的星星大方地将星辉洒在你头顶，让你想看不见都难，即使是昏暗的星星也层次分明，哪怕是在最灰暗的角落，也能想象得到，肯定还有更多星星潜伏在视野之外。这些星星还有其他地方看不到的颜色，比如清冽的冷蓝色，恬静的鹅黄色，清浅的橘红色，犹如一盒不小心撒落的珠宝，清晰地闪烁着各色光泽。

我驻足抬头，忘记了呼吸，完全沉浸在宇宙之中。不知站了多久，也许是一分钟，也许是一个小时，风肆虐地吹打着我的脸，可我却被头上的星辰定在原地，舍不得挪动半步。

没错。它们就是我来这里的原因。

第四章

损失时间：6 小时

原因：火山喷发

早起应该是一个跟天文学家八竿子打不着的习惯，但是在2006年10月15日那天，我实在是兴奋得睡不着，忍不住早起了一回。那天，我还是一名刚到夏威夷大学不久的研究生，正准备收拾行李，飞去夏威夷大岛，到莫纳克亚天文台进行第一次天文观测，和安·博斯加德一起观察银河系里的某些恒星。安是一位著名的天文学家，将指导我测量恒星外层的铍元素丰度。铍在元素周期表上位于第四，对研究宇宙和宇宙大爆炸的化学组成的天文学家而言是一个谜。铍在恒星内部很难生成，一旦生成极易被破坏，因此较为罕见。通过测量恒星外层残留的少量铍，我们希望对恒星的生命历程及其内部奇特的化学反应形成新的认识。

物理学告诉我们，铍会吸引额外的光。因此，我们将用到极高分辨率光谱仪，按极窄的波长间隔分离这些恒星发射的光，找到铍在光谱上的确切位置。要做到这一点，我们需要一台凯克望远镜。它们是两架富有传奇色彩的望远镜，口径达10米，在世界上排名第二（比它们略大的是穆查丘斯罗克天文台的加那利大型望远镜，口径达 10.4 米，位于西班牙拉帕尔玛岛上），傲立于莫纳克亚山之巅，是最令人振奋的地基望远镜之一。它们功勋显赫，曾拍摄到第一张绕另一颗恒星运转的行星的照片，多次观测到宇宙中最遥远的星系，并追踪围绕银河系中心运动的恒星，证明我们的银河系中心有一个巨大的黑洞。今晚，我将有机会与经验丰富的安一起，使用其中一架凯克望远镜观测星空。

太阳才刚刚升起，我却已经亢奋得睡不着，满脑子里都是铍、夏威夷大岛、10 米望远镜。我原本想多睡一会儿，为今晚通宵观测养精蓄锐，但是翻来覆去睡不着，便决定起身打包行李。于是，才到早晨 7 点钟，我已经兴奋难耐地在檀香山的小公寓里跑来跑去，背后放着电视机的声音，一会儿将晚上要穿的衣服塞进小登山包里，一会儿又将它们拉出来。

我正盘腿坐在沙发床上，纠结要不要带相机，床突然发出沙沙的响声，吓得我立即坐直身子，像一只受惊的草原土拨鼠，警惕地环顾四周。整个公寓震动了几秒，然后又归于平静。

我不以为意地想：哦。我在马萨诸塞州生活了 22 年，从来没有遇到过地震，在夏威夷才小住两个月，却已经体验了几次小震。不过，这一次的震感似乎更明显。我想，刚才那下就是地震了吧？

这个天真的想法似乎是在提醒地球可以放大招了，让无知的我见识一下：“不，真正的地震还在后头。”当天晚些时候，当我上谷歌搜索“天哪，我刚才遇到地震了”时（除了上网自行科普，震后科学家还能做啥），我会恍然大悟，原来刚才那阵小骚动来源于快速传播的纵波，它是地球派出来通风报信的小兵，先好心地摇一摇我，引起我的注意，接下来要登场的才是真正的主力军，破坏力极强的横波。

整个公寓开始左右摇晃，地板不停颤动，吊扇来回晃荡，衣柜的滑动门嘎吱作响。这种陌生的体验将我钉在原地，一时之间不知该作何反应，直到意识到它毫无停止的势头，突然飙升的肾上腺素令我迅速从房间这头冲到那头，却不知该做什么。住在五楼的我除了急得原地打转，祈祷房子不要被震倒，剩下的似乎只能听天由命了。突然间，我急中生智，一手抓起雨衣、钥匙、手机、野外急救包、头灯、人字拖（现在回想起来，很佩服当时的自己居然能做出如此明智的选择，毕竟当时我的心理独白全是：天哪！天哪！天哪！怎么办？），甩开公寓的门，死死地抓住门框，因为我隐约想起自己曾在哪里听过，地震时站在门口更安全。整座公寓楼还在晃动。地震都会持续这么久吗？会不会是地球哪里坏了？

一站到门口不久，房子就停止了晃动。我看了一眼走廊，没人从自己的房间里走出来。哦，好吧。看来这次地震不算大。我转身走回自己的房间。刚才震得挺厉害的，不过也许是我反应过度了。我努力让自己镇定下来，继续做着地震前正在做的事——挑今晚要穿的幸运袜子。有线电视台应该还能看，不如看点……呦呵，本地新闻台居然停播了。这……应该正常吧？我拔下充满电的笔记本电脑的插头，平静地将它塞进邮差包里。头上的灯光变得越来越暗，直至完全熄灭。停电应该也是正常的……吧？窗外传来窸窸窣窣的声音，提醒我人们开始聚集到大街上去了。我刚把钱包和塞满观测笔记的文件夹放进包里，地板又开始震动了，因为余震来了。好吧。

我拎起背包和匆忙准备好的地震应急包（里面的东西够我今晚天文观测用，也够去拍童子军训练视频了），飞快地跑下楼去，碰到一群正围着一台时钟收音机转的居民，他们正忙着搜索频道，想收听新闻，但是调来调去，听到的不是夏威夷四弦琴音乐，就是“哧哧哧”的静电噪声。就在耐心等候的过程中，我突然想到一个问题。机场还开着吗，我还能去夏威夷大岛吗，今晚还能观测吗？

终于，收音机里传来了新闻台的声音。刚才，我们遇到的是6.7 级地震的余震，而震中就在夏威夷大岛。

檀香山的电力和信号全中断了，但我还是设法跟几个研究生同学碰了头，确认今晚的观测活动全取消了，不仅我和安的观测计划泡汤了，其他想去莫纳克亚山上采集一晚数据的人也无法成行。这是我们这个秋季分配到的唯一一个夜晚，我的光谱、恒星及铍只能再等一年了，别无选择。时间一分一秒地过去，我和八个研究生同学带着一堆不防腐的零食和靠电池供电的照明设备，挤进夏威夷大学天文系附近的一个小房子里，那是我们平时聚会的老地方之一。每个人都在心里默默地想，这次地震有多严重，大岛上有人受伤吗，会引发洪水或破坏道路吗，望远镜会被震坏吗？

第二天，天文系收到了天文台发来的一封邮件。幸运的是，这次地震没有造成严重的人员伤亡，但是通往莫纳克亚山的道路被堵住了，几座望远镜也受到了一定程度的损坏，包括两台凯克望远镜在内。幸好圆顶和望远镜的结构具有良好的抗震性能，才没有出现毁灭性的损坏，玻璃镜面和建筑本体都还完好无损。只不过，初期的结构性损坏报告意味着所有设备必须停止运转，未来几天内不会安排任何观测活动。

邮件最后说：“这里现阶段的天气很糟糕，但愿这能安慰到你。”

天文台的存在提出了一个有趣的难题：它们是高科技云集的科学活动中心，拥有世上最大的设施、最先进的工程，但是只有在荒无人烟的地方，才能发挥最大的功用，这不可避免地将某些望远镜和靠它们工作的人置身于极端恶劣的自然环境中。莎拉·塔特尔①是一名天文学家，她的研究内容包括望远镜仪器建造，她曾很好地概括道："我们拿到这些高精度科学仪器，然后对它们'百般折磨'。"[4]

天文台站大多建在偏远开阔的山顶上，即使是风和日丽的时候，普通人也难以到达，如果加上极端的山地天气，就算是铁打的望远镜也吃不消。科罗拉多州的迈尔旺布尔天文台（Meyer-Womble Observatory）位于落基山脉之中的埃文斯山上，海拔 14 148 英尺（约 4 312 米）。2011 年冬天，风速高达每小时 95 英里的大风侵袭了这座天文台。从当年十月到次年五月，通往埃文斯山顶峰的道路全封闭了，这期间没人上过山，也没人知道山上的情况，直到天文台的一个网络摄像头被风吹歪了，丹佛大学的天文学家才意识到不对劲。那年冬天，当地一名登山运动员正好在埃文斯山训练，为攀登珠穆朗玛峰做准备，他拍到的照片以及后来的调查结果显示，大风将罩着望远镜的 22 英尺高的圆顶吹裂了（丹佛大学花了多年时间在讨论更换圆顶和处理承包商问题上，后来由于缺乏足够的支持，只能拆除圆顶室，移走望远镜，故事惨淡收尾）。

即使是温和的风，有时也会成为隐患。阿帕奇天文台坐落在新墨西哥州南部平原的萨克拉门托山脉中，距离白沙国家公园仅 20

① Sarah Tuttle，美国天文学家、天体物理学家，建造了世界上第一个纤维馈电的紫外线摄谱仪。——编者注

英里，那里尽是连绵不绝的白色沙丘。大风会将美丽的石膏白沙吹入圆顶，划伤精心研磨过的望远镜镜面。加那利群岛的望远镜也曾遇到类似的问题，即一种名叫“卡里玛”(Calima) 的雾霾天气，那是从东边吹来的强风，会将撒哈拉沙漠的沙尘吹到距离摩洛哥海岸100 英里的加那利群岛上空。

在崇山峻岭上，恶劣的冬季天气和强烈的暴风雪也十分凶险。当突如其来的暴风雪呼啸而至，天文学家如果不及时下山，就会被困在山顶上。如果有冰雪堆积在圆顶上方，圆顶便无法开启，甚至会构成隐患，因为一旦打开结冰的圆顶，碎裂的冰块可能掉进室内，砸中望远镜的镜面。阿帕奇天文台的操作员坎迪斯·格雷(Candace Gray) 回忆道，他曾在暴风雪中旋转 3.5 米望远镜的圆顶，利用旋转产生的风慢慢吹落积雪。安·博斯加德的除雪方法更接地气，她告诉我她曾跟几个同事一起骑着全地形车，到莫纳克亚山顶上的 88 英寸（约 2.2 米）望远镜所在地，带着铁锹和冰镐爬上圆顶，清理上面的积雪。

既然建在世界之巅，免不了要承受暴风雨的一大风险：雷击。在山峰上建高楼，基本上是在主动邀请雷电来劈它，我有好几位同事曾亲眼看到闪电击中天文台宿舍或其他辅助性建筑，就连著名的威尔逊山修道院也被闪电袭击过。伊丽莎白·格里芬回忆说，在一个风雨交加的夜晚，她正在修道院里吃晚饭，一道闪电突然从天而降，将附近的一棵杉树劈成两半，接着化作一道弧形的光，登堂入室，贯穿食堂，震碎所有窗玻璃。

一天晚上，基特峰上雷电交加，戴夫·席尔瓦（Dave Silva）正在 2.4 米望远镜处进行观测，一道闪电“啪”地击中圆顶，光是这一下就把他吓得魂飞魄散（圆顶被闪电击中并不是什么新鲜事，但是每个亲身经历过的人都说，闪电击中圆顶时会发出震耳欲聋的巨响），更要命的是圆顶室还停电了。戴夫跑到圆顶室的电气柜前，用力拉开柜门，一团浓烟喷涌而出，瞬间将他吞没。被浓烟迷惑的他笃定地想着火了，便火急火燎地跑去搬救兵，几个坐在山顶附近喝咖啡的夜班工作人员一听说着火了，全都欣然起身前去救火，打发百无聊赖的夜晚。后来才发现，圆顶室并没有起火，只不过电气柜里 18 英寸长的电线全烧光了，只余几缕黑烟残留于世。

1976 年的一个傍晚，鲁迪·施尔德[①] 在亚利桑那州的霍普金斯山（Mount Hopkins）上观测，一场暴风雨即将来袭，山上只余两人留守着。一个同事打来电话，问鲁迪能不能帮个忙，将一栋建筑与主电网断开连接，否则万一它被闪电击中，会导致整个电力系统过载。未雨绸缪总是好的，鲁迪当然乐意帮忙。一想到暴风雨还在 3 英里以外的地方，一时半会儿到不了，他便放心地往隔离开关柜走去。然而，那天晚上造访霍普金斯山的闪电没有击中任何建筑，也没有击中与主电网相连的任何电力设备，而是击中了他。

鲁迪的同事等了很久都没有收到他的回音，一种不祥的预感涌上心头，便给山上的另一人打电话。经过一番搜寻后，他在隔离开关柜里发现了一副遗落的眼镜和一个手电筒，而鲁迪则不省人事地躺在地板上，靴子掉到了三米外。

幸运的是，当时山上正好来了一个曾是美国空警的观测者，而且懂得急救知识。他摸了摸鲁迪的手腕，发现他的脉搏微弱且不规

① Rudy Schild（1940— ），美国天体物理学家，是“磁层永坍缩体”（MECOs，一种代替黑洞的理论模型）的支持者。——编者注

则地跳动着，赶紧拿来山上存放的氧气瓶给他输氧。林业局派了一架直升机过来，在狂风暴雨中逆行，突破重重浓雾，紧急降落在山顶上能找到的唯一一块开阔平地上，旋翼与山壁之间只有不到两米的间隙。鲁迪被送到附近的医院后，医生们处理了他腿脚部的烧伤，没过几天就放他回去工作了。他在自己的网站上记录了这次事迹，还调皮地写道："天文台的工作人员在接下来的几天里一直密切关注我，但是没人发现我的智商有任何下滑，尽管我有时偷偷地装傻。"[5]

风、雪和闪电都会对望远镜造成破坏，不过山火才是天文台最大的噩梦。许多望远镜架设在气候干燥的山区，那里几乎是山火的温床。天文台一般建在山顶或山顶附近，那里依然有不少树木和灌木丛，极易发生火灾。加利福尼亚州南部和亚利桑那州的山火曾经危及山上的许多天文台，包括帕洛玛山天文台（山上的天文学家曾挤在 200 英寸望远镜的圆顶室内，只要山火一逼近，就会坐直升机撤离），还有梵蒂冈先进技术望远镜（Vatican Advanced Technology Telescope, VATT）。

山火给澳大利亚天文学带来的损失尤为惨重。斯特朗洛山天文台（Mount Stromlo Observatory, MSO）是一个多产的天文台，拥有不少历史悠久的望远镜，有些从 19 世纪就开始服务于天文事业，还有许多先进的现代设施，却在 2003 年的堪培拉山林大火中毁于一旦。在那场大火中，斯特朗洛山天文台痛失五架望远镜，还有工作室、行政楼、宿舍楼。后来，澳大利亚艺术家蒂姆·韦瑟雷尔（Tim Wetherell）受托，用望远镜的残骸创作了雕塑作品《天文学家》（*The Astronomer*），现矗立在澳大利亚国家科技馆外。2013 年，新南威尔士州沃伦本格国家公园遭遇山林大火侵袭，赛丁泉天文台（Siding Spring Observatory, SSO）的所有人员被迫撤离，十多架望远镜则滞留在山上。大火烧毁了山上的建筑，不过望远镜幸免于难，很快又重新投入使用。

除了荒漠山地的暴风雨和烈火威胁之外，望远镜大多架设在地震频发的断层线上①，比如加利福尼亚、夏威夷、智利等，它们都位于环太平洋地震带上，对那里的天文台而言，地震已经是家常便饭了。

每个去过智利的观测者都会经历一两次小地震。望远镜有一个小怪癖，那就是它对地震极其敏感：观测员需要精调细校，才能最终固定好望远镜的指向，之后要尽可能地保持静止，即使最轻微的震动，也会反映到望远镜的视野中，造成明显的图像抖动。曾有一次，我记得自己正坐在望远镜前，却突然听到操作员惊呼："哦！地震要来了。"一两秒钟后，整座楼轻颤了几下，短暂却明显。接着，那颗用来引导望远镜的亮星，已经从他眼皮底下溜走了，消失在电脑屏幕上的监控窗口外。望远镜敏感得令人难以置信，只要一有风吹草动，目标天体就会跑出视野，这是它受到外界干扰的第一迹象。不过，望远镜的鲁棒性②极强，足以抵抗这类干扰的影响。地面一停止颤动，那颗亮星就重新回到相机的视野中心，大家也若无其事地恢复观测。话说回来，在观测员需要爬进主焦笼进行观测的年代，有几位加州的天文学家回忆道，他们曾在观测过程中突遇地震，被困在主焦笼里好几个小时。乔治·沃勒斯坦告诉我，消防

---

① 地震研究专用词，断层面与地面的交线称断层线。

② 指系统在异常与危险境况下的生存能力。

队是离加州最近的抗震救援人员，本着科学的原则，他们通常会先被派去抢救山上最大的望远镜。

在某些地方，火山也会跑来掺和一脚。莫纳克亚山上的望远镜偶尔会受到一种叫“vog”的浓雾侵袭，由“volcano”（火山）和“smog”（烟雾）两个单词组合而成。夏威夷火山国家公园内的火山裂缝有时会喷发出大量二氧化硫，与空气中的水蒸气结合生成弱酸性雾，导致望远镜对环境湿度的耐受性降低。2018 年 5 月，夏威夷最活跃的基拉韦厄火山发生大规模喷发，正好被莫纳克亚山上的网络摄像头拍摄到。幸运的是，大风将这次火山喷发产生的火山灰吹离了莫纳克亚山，尽管火山烟雾多少会影响望远镜的湿度耐受性，但是基本上还是能按原计划进行观测活动。

莫纳克亚山距离夏威夷火山国家公园不到 30 英里，你肯定会想当然地认为，那里的天文学家一定有着史上最惊心动魄的天文观测故事，毕竟他们隔壁就是火山口。事实上，如果真要评“最佳火山观测故事”，这个殊荣非道格·盖斯勒（Doug Geisler）莫属。

道格是华盛顿大学的研究生。1980 年 5 月 17 日，他在华盛顿州中部的马那斯塔斯山脊天文台（Manastash Ridge Observatory）度过了一个美妙的夜晚。那是他为博士论文采集数据的第一个夜晚，当时他独自一人留在山上，观测银河系中已存在亿万年的恒星。第二天破晓时，他结束了观测，像往常一样关闭望远镜，合上盖子，接着就返回附近的宿舍，好好睡一觉，晚上再来一次硕果累累的观测之夜。

大约早晨八点半，远方传来一阵低沉的轰鸣声或隆隆声，将才睡着几个小时的道格吵醒。他看了看四周，发现毫无异样，便又睡了过去。在梦中，他梦见了世界末日。

几个小时后，他再次醒来，准备迎接天文学家一天当中的“早晨”——在正午时分悠闲地吃早餐，接着在晴空万里的山上度过一个安静的下午。但是，这次醒来的他立马注意到四周有些不对劲：房间里漆黑一片，没有一丝光线透过窗帘缝隙钻进屋里来。这让他很惊讶，不知是自己不小心一觉睡到了晚上，还是外面突然就乌云密布了。他低头看了一眼手表，指针指向的是正午，便决定起身去外面瞧瞧。

宿舍的门被推开了，露出外面的景象——无边的黑暗遮盖住本该艳阳高照的天空，空气中弥漫着刺鼻浓烈的硫黄气味，即使打着手电筒的光，也看不清 3 米以外的地方。和往常一样，这是一个温暖、寂静、无风的日子……唯独不见日光。道格脑中冒出的第一个念头是，不会是发生了核袭击之类的史诗级灾难吧？他猜对了一半。

那天早晨，马那斯塔斯山脊以西 90 英里的圣海伦斯火山（Mount St. Helens）突然喷发，将超过 15 英里高的火山灰柱送入空中，成为美国历史上最具破坏性的火山喷发事件。道格早些时候听到的闷响，很可能来自威力相当于 26 兆吨 TNT 炸药的初始爆炸，或炽热的岩浆令附近的水体瞬间汽化产生的二次爆炸。火山爆发后的几小时里，盛行风将大部分火山灰吹向东边，遮蔽了道格所在天文台的上空。

那天，身为一个专业素养极高的观测者，道格雷打不动地填写夜间观测日志，记录望远镜当晚的使用情况，包括因天气或技术原因损失的观测时间，以及温度、云层、天空状况等细节。通常情况下，天文学家会时不时翻阅日志，帮助自己回忆某天夜晚的细节，天文台的工作人员也会时不时翻阅这些记录，追踪任何潜在的问题。那晚，道格在山上留下的日志成为一段传奇：

> 损失时间：6小时
>
> 原因：火山喷发（这理由是不是酷毙了？）
>
> 天空状况：又黑又臭
>
> 我是此次核战争的唯一幸存者。我还记得自己听到“轰——”的一声巨响，接着就赶紧跑去打开收音机，大多数电台居然还在播放音乐。我心想，都世界末日了，这些人怎么还在放靡靡之音？终于，我听到雅基马县的KATS摇滚乐电台说，圣海伦斯火山吹响了它的“号角”，这让我松了一大口气。到了中午2点左右，天文台上空依然漆黑一片。到了傍晚，能见度才达到0.5英里。我盖上了望远镜和其他光学仪器。一些细小的灰烬从天窗的缝隙钻了进来，我想它们应该构不成威胁。每次观测时，大家都巴不得天空全黑。今天倒是黑得彻底，却观测不了，造化弄人哪！[6]

火山和闪电是地球使用的一些较为极端的手段，提醒我们是在一颗极不稳定的活跃星球上工作。在观察天体的过程中，天文学家们很容易沉浸在宇宙科学之中，因而忘记了地球其实和我们观测的对象一样也在宇宙中不断地运动着，火山喷发和电闪雷鸣只是它的地质和天气中再普通不过的一部分，甚至忘记了它是我们与其他众多生灵共享的家园。

我们在天文台站的许多同伴基本上不会伤人，比如经常在人类的地盘出没的松鼠、狐狸、浣熊及小鸟，有时也会有一些不常见的动物造访，大多数天文学家如果有幸见到它们，也是第一次见到。在亚利桑那州南部，一些长鼻浣熊偶尔会路过天文台。它们是浣熊的远房亲戚，和家猫差不多大小，拖着一条环形纹的大尾巴，鼻子高高地往上翘，看上去一脸淘气，有一两只曾悄无声息地溜进圆顶室，在镜面上留下一串沾满灰尘的脚印。智利的天文台经常会有原驼（大羊驼的近亲）和猫头鹰来访。在猫头鹰眼里，天文台用于监测天空状况的全天空成像仪，即那种带着鱼眼镜头的小圆塔，成为它们寻找猎物的绝佳盘踞点。天文学家会时不时地看一眼成像仪传回的图像，检查当下的云层情况，有时他们会从屏幕上看到一只猫头鹰毛茸茸的大屁股，或是它好奇地盯着镜头看的大脸。

许多天文台的老手会用幸灾乐祸的语气，提醒第一次到智利的观测者小心狼蛛。它们是安第斯山脉的高地沙漠的原住民，拥有看似庞大笨拙的身躯，却可以灵活地爬到任何犄角旮旯。成年狼蛛有手掌般大小，通体覆盖着厚实浓密的灰黑色毛发，毛茸茸的长腿大张着，是每个蜘蛛恐惧症患者最可怕的噩梦。它们在智利比较常见，经常出现在天文台阴冷黑暗的角落或缝隙里，尤其到了夜里更为活跃。它们无处不在的身影意味着，许多天文学家曾在黑暗中浑然不知地握住栖息在楼梯栏杆上的狼蛛，上完厕所回到控制室后猛地发现一只狼蛛横躺在座椅上，最后在宿舍里对着一只栖息在墙壁上的狼蛛彻夜难眠。

第一次去智利之前，我从很多人口中听说了太多关于狼蛛的传闻，多到让我怀疑那是他们随口胡诌的谣言，为了吓唬女孩子故意夸大其词。结果一到智利，就遇到了人生中的第一只狼蛛，明目张胆地坐在我宿舍的门把手上。我当然不敢伸手去赶它，就在我们僵持不下时，它突然“唰”地跳下门把手（我也向后跳到两米外），飞快地遁入沙漠。

事实上，狼蛛是相当害羞胆小的生物，而且十分脆弱，很容易受到伤害。大多数智利天文台的常客即使不能跟这些八条腿的原住民和平共处，至少可以提心吊胆地与它们保持着无限期休战的状态，毕竟它们只在控制室的角落里出没，即使受到惊吓，也只会仓皇而逃，不会跳脚咬人。尽管如此，也不能让初来乍到的人降低警惕。

跟大得吓人的狼蛛相比，米勒飞蛾显得可爱多了，但是对美国西部的天文台而言，这些无孔不入的飞蛾才是让人恨得牙痒痒的祸害。有一天晚上，一群天文学家被一只英勇无畏的飞蛾耍得团团转，他们明明已经将望远镜指向一颗最明亮的星星，在望远镜的视野里却什么也没看到，后来才发现有一只飞蛾栖息在探测器上，正对着望远镜的焦点。成群结队的飞蛾会霸占天文台黑暗狭窄的空间，堵住电子设备、电机或传动结构，有时逼得操作员不得不亲自钻进望远镜里，将它们赶走或清理掉。多年来，饱受折磨的天文台工作人员和天文学家尝试了各种驱蛾方法——声波、气枪、手电筒、荧光灯、薰衣草油、咒骂——最终，许多天文台一致选择了被戏称为“飞蛾制造机”的方法。它只需要三样东西：一盏灯、一台风扇、一个大型垃圾桶，到了飞蛾活动的高峰期，几天内垃圾桶就能装满飞蛾的尸体，是一个简单但很有效的组合。不光是飞蛾，瓢虫也会捣乱。每年夏天伊始，大量瓢虫大规模迁徙，越过美国西南部，抵达高耸的山峰，密密麻麻地爬满墙头，染红整座建筑的外墙，颇有闹虫灾的感觉。

跟蝎子相比，这些虫子根本不算什么。在美国西南部和澳大利亚的天文台，蝎子确实会威胁到天文学家的安全。新来的观测者会被告诫要小心“褐色的小虫子”，每天都要甩一甩毛巾，抖一抖靴子，睡前翻一翻枕头和被子，才敢钻进被窝里。有一天晚上，莎拉·塔特尔正在基特峰上观测，突然觉得小腿痒痒的，很快就意识到有东西爬进了她的裤管。她迅速思考对策，用手抱住膝盖跺了跺脚，那只蝎子蜇了她一下，然后掉到地毯上。一阵剧烈的疼痛从腿部传来，她赶紧打电话给驻扎在山上的急救员。幸运的是，莎拉没有出现过敏反应，只吃了点止痛药，冰敷伤口，休息一下就好了。接下来的几个晚上，她和同事又发现了几只蝎子，因此在剩下的时间里，他们一直抱着脚坐在椅子上，或者把裤脚塞进袜子里。这段经历后来成为基特峰上人人津津乐道的故事。几年后，莎拉再次来到基特峰，一边吃饭，一边听着天文台里的人绘声绘色地说，有一个倒霉的女人曾被一只蝎子爬上裤腿（到了我初次造访基特峰的时候，这个故事已经变成了那个女人“后来被直升机送到图森市中心去抢救”），是不是很惨？

蝎子和昆虫有着无孔不入的超能力，体型更大的生物却对天文台敬而远之，不过要是有人故意引诱它们，那就另当别论了。在某个美丽的夏夜，基特峰上有人突发奇想，打开一扇门，想让清新的山风吹进来，结果却引来了一只臭气熏天的臭鼬。当天文台的人发现它时，它已经深入控制室内部，无法轻易吓跑它（此处省略很多难以启齿的原因）。发现它的科学家们计上心头，在地板上撒了些面包屑，从大厅一路撒到门口，铺成一条臭鼬的专用步道。事实证明，臭鼬很喜欢吃面包屑。在面包屑的指引下，它乖乖地朝门口走去，眼看着离敞开的门口越来越近胜利在望时，它却突然停下脚步，与另一只憨厚地沿着外头的面包屑一路吃过来的臭鼬面面相觑。

说到“千万不要忘记关门”的惨痛教训，没有人比阿帕奇天文台的观测者更有发言权。该天文台的所有望远镜统一由控制中心大楼控制，每台望远镜有自己专属的控制室，此外还增设休息室和茶水间，分布在一条长长的走廊上，走廊尽头是一扇通往室外的门。在一个美好的早晨，控制中心已经基本人去楼空，那扇门兀自敞开着。靠近走廊尽头是 3.5 米望远镜的控制室，与走廊之间没有门板阻隔，畅通无阻。最后一个疲惫的望远镜操作员正站在那间控制室里，愉快地呼吸着早晨的新鲜空气。结束了一晚的工作后，准备离开的他转身踏入走廊，却撞见迎面而来的一只黑熊。

大多数大型动物一般会离天文台远远的，不过偶尔也会跑来露个脸。黑熊在美国本土的山区很常见，与天文台相安无事地共存着，互不打扰。天文台不仅会给来这里的天文学家发手电筒，还会告诫他们不要招惹黑熊。同样地，在澳大利亚的一些天文台，如果你半夜用手电筒往外面照，可能会照到一排袋鼠眨着好奇的大眼回视你。在智利，有好几个观测者曾摸黑在天文台四周走动，结果差点迎头撞上野驴，故事的结局大致是，一个尖叫的天文学家和一头受惊的野驴各自仓皇地往相反的方向逃进夜色里。

幸运的是，阿帕奇天文台的黑熊历险记也同样以有惊无险的方式收尾：操作员和黑熊同时被对方吓得惊慌失措，黑熊幸运地找到路跑回了大自然，观测者则躲进了最近的有门的控制室。

如果让我们挑选天文学家最喜爱的天文台动物，很可能是兔鼠。兔鼠是毛丝鼠的亲戚，却长得像聪明的兔爷爷，有着耸立的耳朵，卷曲的长尾巴，惺忪的眼睛，长长的胡须。多年来，这些小家伙经常出现在智利的各大天文台，而且有一个独特的小癖好，成功引起了天文学家的注意：它们似乎喜欢看日落。

当天文学家聚在山顶上观看太阳落山时，通常会在山坡上看到一两只兔鼠（据说这里以前兔鼠很多，后来食堂开始将厨余垃圾扔给安第斯山脉的狐狸吃，导致该地区的捕食者种群数量迅速增加，被捕食者种群数量急剧减少）。它们总会出现在那里，一动不动地坐着，目不斜视地望着地平线上缓缓下沉的夕阳。

天文学家与不知在沉思什么的动物分享山顶和日落，这不失为一种有趣的对比。欣赏完日落后，大多数天文学家的思绪会飘到光年之外，而兔鼠也许会转身去吃草或苔藓。霍华德·邦德回忆说，有一天傍晚，他坐在托洛洛山上，一只兔鼠安静地坐在他脚边，和他一起看日落，直到天黑。他说："在浩瀚的宇宙中，有两个生物正在欣赏落日……它也许与我们无关……但它就在那里。"[7] 从宇宙的角度来看，天文学家和兔鼠只是两个渺小的生物，坐在山头上，看着自己的母星旋转。

第五章

子弹造成的伤害非常小

去上班的路上，皮特·切斯特纳特（Pete Chestnut）发现望远镜不见了。

皮特是绿岸天文台300英尺射电望远镜的操作员，该天文台处在美国西弗吉尼亚州国家无线电静默区的中心地带，那里是全世界无线电波最少的地方。无线电波是人眼无法看到的波长最长的电磁波，为了将该区域的无线电波降到最少，那里严格限制人们使用过多技术。直到今天，绿岸天文台方圆20英里以内的人仍然不能使用手机或无线网络，平时只能开柴油动力的车辆，因为汽油发动机点火产生的火花放电会对射电望远镜造成电火花干扰。

绿岸的300英尺射电望远镜建成于1961年，是当时世界上最大的望远镜，肩负着收集、反射与汇聚波长最长的射电波[①]的使命，外观看上去与它的大哥（光学望远镜）几乎毫无相似之处。光学望

① 射电波实际上是无线电波的一部分。地球大气层吸收了来自宇宙的大部分电磁波，只有可见光和部分无线电波可以穿透大气层抵达地面，天文学将这部分无线电波称为射电波。

远镜全都配备着精抛细磨的主镜，安逸地栖息在圆顶之下，而射电望远镜更像一个巨无霸版本的抛物面卫星或通信天线，或者说是由白色金属网制成的大圆盘。这个巨无霸有二十三层楼高、600 吨重，却可以在像皮特那样受过专业训练的操作员指挥下，灵活地转动它的大脑袋，精确无误地对准目标天体。它曾观察到新生恒星的诞生地，在发现暗物质的过程中功不可没，勤恳地巡视天空，记录射电天体清单。洁白的外观，庞大的身躯，让它成为当地一大地标。任何人沿着 28 号公路向北行驶，都能看见它耸立在一座农场背后的山丘上，时隐时现。

但是皮特却没看见。1988 年 11 月 16 日那天，他被排到白天的班次，去维护 300 英尺望远镜。那天早晨，他照常行驶在上班的必经之路上。那条路他走了不下千百遍，早已不会再好奇地盯着四周看。当他心无旁骛地往前方行驶时，有一个奇怪的画面一直滞留在他的脑海里。过了好一会儿，他才反应过来，这一路上似乎少了什么。他很确定：那台望远镜不见了。但这怎么可能呢？

事实是，世界无奇不有。

前几天，几位操作员和机械师说，曾听见那台望远镜偶尔发出“咣当”或“刮擦”的异响，但是这种巨型金属器物每天都会哼哧几声，因此没人觉得那些声音有什么奇怪的。11 月 15 日那晚，望远镜按部就班地工作着，继续执行其具有里程碑意义的巡天任务，勤恳地拍摄新数据。第二天，它被安排做一些例行检查维护，需要操作员和机械师亲自爬上圆盘，更换收集特定波长的射电波接收机。

绿岸 300 英尺望远镜那晚发生的故事被收录到《绿岸寻趣：绿

岸射电天文台的首个 40 年》(*But It Was Fun: The First Forty Years of Radio Astronomy at Green Bank*）里，这本书汇集了过去几十年里与绿岸有关的科研论文和奇闻逸事。格雷·蒙克（Greg Monk）是当晚值班的操作员，也是唯一一个在 300 英尺望远镜附近活动的人类，就坐在那口大锅正下方的控制室里。在一次对夜空的例行扫描中，坐在控制台前的他站起身来，往大厅走去，打算去厨房拿点吃的。

这时，就如他在《绿岸寻趣》中描述的，头顶上突然传来一声巨响，然后是“低沉的隆隆声，仿佛一台高空喷气式飞机飞过上空，接着是剧烈的撞击声”[8]，不知什么东西击穿了天花板，劈头盖脸地砸下来。天花板上的瓷砖和灯具哗啦啦地跌落到地上，整座建筑的灯光瞬间熄灭，铺天盖地的灰尘涌入大厅。

格雷迅速冲回到望远镜的控制台前，按下紧急停止按钮，然后跑出大楼，跳上卡车，想去求救。他开着车在停车场里转了一圈，车灯照亮了掉落在地上的瓦砾碎片，他顾不上自身安危，只想立即赶往 140 英尺（约 42.6 米）望远镜处，那是天文台里一架较小的射电望远镜，他知道那里有其他工作人员。当他驱车杀出瓦砾碎片的重围时，车子后窗“哗啦”一声碎了。后来，有人在他的车后座上找到了一颗大螺栓，有着“和 300 英尺望远镜一模一样的涂装颜色”[9]。

在返回的路上，车上多了两个人，一个是 140 英尺望远镜的操作主管乔治·利普塔克（George Liptak），另一个是操作员哈罗德·克里斯特（Harold Crist）。车灯照亮了前方的“修罗场”——包括圆盘和机架在内，整个望远镜完全坍塌，变成一堆废铜烂铁。乔治·利普塔克形容它“像一朵因腐朽而塌陷的蘑菇”[10]，哈罗德·克里斯特觉得它是“一艘散架或倾覆的轮船”[11]，一个才刚赶到的天文学家罗恩·马达莱纳（Ron Maddalena）说：“我从来不知道原来钢铁可以弯曲成这样，它们更像是遇热软化的焦糖，而不是坚硬的钢铁。”[12]

消息传开之后，所有人的反应几乎如出一辙。一听说望远镜倒了，每个工作人员都不敢相信（倒下来了？望远镜怎么可能会倒！）。他们带着隐隐不安的心情赶到现场，亲眼看见望远镜的残骸后，整个人如遭雷击，目瞪口呆，过了好半晌，才缓过神来，在心中默哀。每个现场目击者都看得出来，那架望远镜已经彻底没救了。尽管如此，当晚工作人员还是做了些力所能及之事，一边对室内的电子器件加强防护（屋顶被砸出不少口子，而且可能会下雨），一边在心中感叹这应该是史上最严重的天文台事故。有几根巨大的悬梁击穿了旁边的建筑，还好没砸到人，算是不幸中的万幸。

第二天早上，皮特·切斯特纳特一边开车，一边因为没看见望远镜的身影而暗自疑惑。早晨八点，他抵达天文台，看见的却是一地白色残骸，这才知道他为之效力的那架望远镜是真的从世上消失了。与此同时，望远镜坍塌的消息疯传开来，迅速成为全国头条新闻。在《绿岸寻趣》一书中，皮特说他当时正打算买房子，前一天刚向银行递交了贷款申请。他和其他呆若木鸡的同事站在一起，一动不动地盯着那堆白色残骸，一直到早上九点银行开门，他才开车往山上去，停在一座天文台建筑边上，拨通了银行的电话。

“请先暂缓贷款，”他告诉对方，“我可能要失业了。”[13]

接下来是紧锣密鼓的事故调查、施工图纸审计、安全检查，审核望远镜直到坍塌那刻记录下的所有数据，总共产生了一份长达112页的报告。这次灾难性的结构损坏最终被追溯到一个因应力超限而失效的角撑板，它是望远镜主支撑桁架的一个关键部件。调查得出的结论是，这次事故不是人为的过失：天文台一直严格遵守标准的维修保养和操作程序，而且之前并未出现任何足以预示此次坍塌的结构损坏，也没有特殊的理由认为其他射电望远镜可能存在类似的风险。

总而言之，虽然难以置信，但它确实就这么毫无预兆地倒下了。

当人们感慨一架望远镜好端端地怎么就坏了时，轰然倒地的绿岸300英尺射电望远镜是迄今最举世震惊的例子。虽然没有人因此受伤，但让人们深刻地认识到，我们可以建造和操作庞大且复杂的设备，它也可以一不小心毁于一旦。

天文望远镜代表着光学和工程能力的巅峰，它们是和房子一样大的科学仪器，能够经受住山顶严酷环境的摧残，还能以难以想象的精度转动，完美地追踪地球的每一个细小移动。

它们的镜面或圆盘必须完美地弯曲到符合数学计算的程度，才能以小到惊人的误差汇聚收集到的光线，满足物理学对精度的极致要求：为了让望远镜准确地反射和聚焦特定波段的光，它的面形误差必须控制在它所聚焦的光线波长的5%以内。对于光学望远镜而言，这相当于它的镜面误差要低于20纳米，比人类的一根头发丝还要细数千倍。在这个尺度上，即使看似微不足道的曲率误差，也能让我们采集到的数据与事实差之千里。哈勃空间望远镜曾带着有

坍塌前后的 300 英尺绿岸射电望远镜

图片来源：理查德·波卡斯、NRAO/AUI/NSF

缺陷的主反射镜被发射到太空，那面镜子后来被戏称为“失焦镜”。这次出师不利的原因是它的 8 英寸主镜稍微平了一点，与理想曲面之间的差距大约为 1 英寸的万分之一。最后，在一次维修任务中，宇航员为它安装了光学校正系统，才改正了球面像差。

镜面是望远镜最常出现故障的地方，这点并不让人意外，但并不是常人以为的原因，即它们是易碎的大玻璃。没错，它们确实是玻璃，但是大多数望远镜的镜面由数吨重的硅酸硼玻璃制成，与老式玻璃烤盘用的是相同的耐热防碎材料。诚然，它们并非坚不可摧，杰伊·伊莱亚斯（Jay Elias）是少数亲身体会到这一点的倒霉鬼之一。一天下午，杰伊坐在威尔逊山天文台的食堂里，身边是另外两名天文学家，乔治·普雷斯顿和安妮拉·萨金特[1]。他一边吃着一天当中的第一顿饭，一边听乔治问大家昨晚过得好不好。前一天

① Anneila Sargent（1942—），苏格兰裔美国天文学家，小行星 18244 安妮拉是为了纪念她而命名的。——编者注

夜里，杰伊一直在山上较小的一架 24 英寸望远镜处观测。听到乔治的问题，他有点难以启齿地说："呃……可能，不太好吧。"[14] 同桌的人好奇地追问怎么了，他才接着说，因为支撑板没有拧紧的缘故，昨晚副镜从望远镜里掉了下来。同餐桌的人大吃一惊，赶紧问镜子有没有摔碎。

他想了一下，说："嗯，摔碎了一部分。"[15]

另一个例子是我和昴星团望远镜的故事。那天晚上，望远镜传来机械故障的警报，镜面随时可能坠落。幸运的是，白班工作人员说对了，电脑发出的是虚假警报，我只要"关机重启"，问题就会迎刃而解。万一 400 磅重的副镜真的失去支撑，从二十多米的高空坠落，肯定会摔得粉碎，很可能还会在水泥地面上永远留下一个"到此一游"的凹痕。

不过，它们面临的最大威胁不是摔落，而是镜面劳损。一碰到风沙雪雨的天气，圆顶室就关得紧紧的，害怕它们伤到精心抛磨的镜面。即使天文台采取了最高戒备，不让它们受到任何一丝伤害，他们需要定期将大多数现代望远镜的镜面拆卸下来，去膜、清洗、抛光、重新镀铝，即给它们重新涂上一层很薄的银膜或铝膜，让表面焕然如新，抵御普通的刮擦磨损。有些天文台拥有自己的镀膜设备，有些则每隔几年就会闭馆一阵子，将镜面运到其他地方养护。只要巨大的镜面一离开镜筒，不管是移动一厘米还是一万米，所有人都会从头到尾提心吊胆的，祈祷这些祖宗不要有任何磕碰。

谈到镜面劳损，天气是最大的凶手，却不是唯一的凶手。一天晚上，昴星团望远镜主焦点处的一台相机突然咔嚓一声，裂开一条小缝，相机中使用的亮橙色冷却液（由水和乙二醇混合而成，跟汽车防冻液一样）顺着裂缝蜿蜒而下，流到了望远镜的底部，其他几台相机和主镜也跟着遭殃。亮橙色的液体溅在一尘不染的镜面上，一开始看上去很瘆人，好在没有流到圆顶室以外的地方，而且不具有腐蚀性。另一个天文学家可就没这么走运了，因为他碰到的是从平衡、支撑副镜的内管中渗漏出来的水银。当他在圆顶内的地毯上发现一滴水银时，这一滴不起眼的水银却迅速引发了一场大清理、大调查（还惊动了职业安全和健康管理局的人前来视察）。不过，真正的惊喜还在后头。后来，有人爬进去仔细检查镜面，发现水银似乎不太待见铝膜，落在镜面上的水银溶解了大片铝膜。

和其他多部件组装而成的设备一样，望远镜也很容易出现故障，比如一个角撑板就能让 300 英寸射电望远镜轰然倒塌，它也许是史上最令人震惊的例子，但绝不是孤例。许多微小的故障并不会造成长期的损害，却会推迟或取消一个晚上的观测。在我早期的观测生涯中，曾在托洛洛山上遇到快门故障，要从两小时车程以外的拉塞雷纳临时调一个替换件过来。我记得我和搭档在托洛洛山的圆顶外站了好几个小时，一边欣赏着绚烂的星空，一边盯着山下看。远方有一辆车子，载着快门组件，打着孤独的车灯，从拉塞雷纳出发，蜿蜒蛇行，慢慢朝我们靠近。

可移动的圆顶也一样脆弱，在开启、关闭或旋转的过程中，任何错误都会阻碍观测。如果圆顶出现故障，大多数观测者不会就此离去，而是选择继续等待，希望问题能够迅速得到解决，多少抢回一点宝贵的观测时间，这跟他们对待坏天气的策略是一样的。但是，有些故障不是几个小时就能修好的。

迈克尔·布朗[①]回忆起一个晚上，他和同事来到莫纳克亚山的山顶，准备用凯克望远镜进行观测。凯克望远镜的观测室设在威美亚（Waimea），一个离海平面更近的小镇，靠近夏威夷大岛的北端。在那里，天文学家可以做到远程观测，通过视频连线莫纳克亚山上的操作员和望远镜。轮到迈克使用凯克望远镜的前一天傍晚（在这之前他刚用别的望远镜完成一连串的观测），他将头探进控制室的门，打算跟同事们打声招呼，正好听到视频那头的山峰传来巨大的撞击声。

原来，望远镜上方的蚌式圆顶出现严重故障，天窗整块掉落到地板上，电线和电子元件被砸得四处乱飞。幸运的是，它没有砸到望远镜的镜面，但是白班工作人员全被吓坏了，赶紧冲去修复圆顶。这显然是一次巨大的机械故障，迈克被告知他和团队可能无法如期观测，因为他们现在连圆顶都合不上，所有人都投入到修复天窗上，没时间为他准备明晚的观测。

因为长时间的观测，迈克和他的团队早已疲惫不堪，迫不及待想回家。他们欣然接受了这个消息，即使这意味着精心准备的观测计划就此夭折。他们改签了当天的机票，开车沿着大岛西海岸行驶，一个小时后到了可纳镇，去机场归还租来的车，然后到镇上去吃最爱的比萨，再去小酒吧里畅饮。通常只有到了观测的尾声，天文学家才会喝酒庆祝，因为大家普遍认为，使用望远镜前不宜饮酒。

几个小时后，他们结束“借酒浇愁”，打车回到机场，开始办

① Michael Brown（1965— ），美国天文学家。他的团队发现了许多海王星外天体(TNOs)，包括矮行星厄里斯(Eris)，最初被认为比冥王星还大，这引发了关于行星定义的争论。迈克尔·布朗也因将冥王星降级为矮行星，而被称为“杀死冥王星”的人。——编者注

理值机手续。这时，迈克的手机上突然弹出一条短信，是负责维护凯克望远镜的工作人员发来的。他们最终的结论是，当天下午不可能修好天窗，便决定先将这个问题放一放，着手准备当晚的观测，邀请迈克和他的团队当晚回来观测。震惊之余，他们虽然喝得晕乎乎的，却也知道绝不能放过任何一丝观测的机会，便又叫了一辆出租车赶回威美亚，在一个小时的路途中吹风醒酒，然后通宵观测，最终拿到了宝贵的数据。

不过，有时一个故障就能干净利落地终结一个观测之夜。某个晚上，一个天文学家在托洛洛山上，用 4 米望远镜进行观测，令他惊讶的是，视宁度（图像质量）正在迅速变差。望远镜上方的空气确实出现轻微的闪晃，导致图像质量下降，但是真正让他困惑的是，之前天空一直很纯净，视宁度一般不会下降得这么快。奇怪的是，望远镜拍摄到的图像质量波动太大了，仿佛从美丽清冽的冬夜瞬间切换到了炎热的柏油路或其他热源上。

当他走下楼，打算把头伸出门外，瞧瞧是不是天上来了一只喷火龙时，真正的热源却自己暴露了：望远镜的外墙着火了。

有一台望远镜仪器发生了泄漏，乙二醇从墙体中汩汩地冒出来，内部线路上的火花点燃了易燃的液体和墙壁。这位观测者淡定地拿起灭火器，将火扑灭了。他的同事怀疑，要不是天文台管理人员后来介入，要求停止一切工作，对望远镜进行检查，他很可能已经回去楼上，继续若无其事地观测，毕竟他成功搞定了视宁度变差的问题。

为了让望远镜重新运转，天文学家们绞尽脑汁、用尽手段，激发出一堆创意十足的解决方案。

有时，为了缓解技术问题，或者替代坏掉的部件，他们会发挥自己的聪明才智，就地取材，变废为宝。某些勇于创新的观测者曾将晚上要吃的三明治的塑料袋改造成分光仪，将一对剃须刀片改造成可调节的摄谱仪零件，将梯子、重物或自己当秤砣一样吊在望远镜支架后方，借助重力势能去转动望远镜。

当望远镜太大时，有时你可能需要一些别的权宜之计。

镜面大有两个主要的优点：它不仅给你更大的面积收集光线，还能给你更清晰的图像。在天文学上，镜面大意味着集光能力强，能让我们看到更远更暗的天体，但偶尔也会成为甜蜜的负担。你可以试着想象一下，如果我们用一面巨大的 8 米镜拍摄一颗贼亮的天体，会出现什么问题？这就像将手机摄像头正对着正午的太阳：你会得到一张惨白的照片。天文学上使用的 CCD 极其精密敏感，如果将它们对着强烈的光源，任其过度曝光或饱和，它们的芯片会被灼伤，留下无法消除的残影，就像你直视一道强光后，闭上眼仍感觉有光斑残留在视野中。

这意味着，有些天文学家（比如本书作者和她研究银河系亮星的导师）偶尔会垂涎大望远镜的清晰度，但又不想“火力全开”地使用它全部的集光能力。碰到这种情况，他们偶尔会在一块大圆形泡沫板上戳个洞，人为地缩小望远镜的有效孔径，既能清楚地观测到亮星，又不会有过曝的风险。不过，天文台的安全操作手册不会教你如何像攀岩一样爬上望远镜，也不会教你如何自制小工具，因此一个好的天文学家需要具备一点即兴发挥的能力（我一辈子都不会忘记，自己曾带着一大块泡沫板，还有一些胶带，手忙脚乱地爬上望远镜。为了攀住它光滑的表面，我光脚爬上支撑结构，借力向上蹬，一边摸索着往哪儿贴胶带才不会粘到镜子上，一边想着万一搞砸了，我会不会被直接扔下山去。幸运的是，我们成功了）。

在其他时候，天文学家什么也做不了，天文台给什么，他们就用什么。这种情况下，经验的优势就显现出来了。有一天晚上，维拉·鲁宾在基特峰上观测，望远镜突然卡住不动，还能继续观测和拍摄，只是无法转动，也无法望向别的天区。碰到这种情况，许多观测者可能已经放弃了，但是维拉并没有，而是随机应变，迅速调整目标，观测正好从头顶正上方经过的天体，就这么成功地观测了一晚。

面对不听使唤的望远镜，不少人机智地想到了聪明绝顶的权宜之计，但是人为因素导致的故障也不在少数。

仔细一想，天文台的人偶尔出点岔子也不足为奇，毕竟他们经常要跑到荒山野岭，通宵达旦地操作无比精密的仪器，在严重缺觉或缺氧的状态下，指望这些人依靠所剩不多的脑力，还有一鼓作气的决心，解决棘手的技术问题，获得完美的数据，未免太过苛刻。即使是最资深严谨的天文学家，也无法时刻保持清醒的头脑，做望远镜最好的守护者。你很难找到不曾差点或真的弄坏望远镜的观测者，发生在别人身上的前车之鉴，以及对弄坏望远镜的恐惧，足以吓坏每个初次使用望远镜的年轻观测者。

在我人生中的第一个观测之夜，我和菲尔·马西坐在基特峰上的控制室里，既渴望能亲自用一用望远镜，又生怕把它弄坏了。菲尔一边指导我观测，一边给我讲了他在智利托洛洛山的故事。有一年，他申请到托洛洛山上的 36 英寸望远镜，那时 CCD 才刚开始应用，轮到他使用望远镜时,CCD 正好出了故障，打断了当晚的观测。当天晚上，同一座山上的 4 米望远镜也出了问题，工作人员全被调走了，优先抢修那个大家伙，较小的 36 英寸望远镜只能眼巴巴地等着。面对毫不配合的 CCD，菲尔很肯定是电子元件的问题。这时，他看到两条电线从相机里垂下来，一条的末端是插头，另一条的末端是插座，想到插头似乎天生应该插在插座上，便决定放手一试，也许将它们连起来就好了。

不幸的是，这不但没解决问题，反而导致 CCD 接地。两条电线的短暂相连导致短路，烧毁了整个 CCD 探测器，瞬间将它从一个先进的成像系统变成一块昂贵的砖头，菲尔顿时大窘。

故事到这里还没完。第二天傍晚，菲尔坐在山顶，一边看日落，一边想着昨晚的事，感觉自己的职业生涯也许到头了。这时，一个工作人员来到他身边，自发地讲述他与一个价值 5 万美元的像管之间的故事。一天晚上，他将像管侧放在实验室里的一张桌子上，转身离开了一会儿。那管子在桌上滚了几下，“啪嗒”一声掉到地上，碎了。菲尔一边听着对方的悲惨遭遇，一边点了点头，既感到同病相怜，也听出了对方的善意。

那名工作人员显然没有因此丢掉饭碗，菲尔也没有因此断送自己的学术生涯，而是长久地在天文界发光发热，并出于同样的善意，将他的故事说给初来基特峰的我听。万一在控制室里不小心手滑，一些无法替代的重要部件可能会被弄坏。光是想到这个可能性，新来的观测者就会被吓得手足无措。当这类不幸的事发生时，没人高兴得起来（菲尔烧毁 CCD 的故事很快就传到了他导师那里，他一结束观测回到学校，就被劈头盖脸骂了一顿），但是事后与他人（尤其是畏首畏尾的年轻科学家）分享，既是让他们吸取前人的教训，也是在无声地安慰他们：使用望远镜时，一定要特别小心，格外专注，但是也别过分紧张，意外难免会发生，不光是你，任何人都可能会碰到。

为了写这本书，我曾采访一些同事，问他们有没有最喜欢的观测故事，而且是从别人那里听来的二手、三手或五手故事。我不是想听他们详细地讲述故事的经过，也不是想听他们说自己亲自证实过的故事，而是想听那些如传说般流传于天文界的故事，相当于天文界的奇谈怪闻，因为太过传奇而在天文学家之间代代相传。

到目前为止，我最常听到的回答是："你听说过那个望远镜被枪击的故事吗？"

在枪击案发生后的 50 年里，它一直为人津津乐道，并在口口相传的过程中，被后人掺进各种元素。不管故事内容如何变更，有几点基本事实是大家都认同的，而且很容易就能被证实。

事件发生在 1970 年 2 月 5 日的得克萨斯州（每个听到这个故事的得州人都会立即声明，真正的枪手不是得克萨斯州本地人，他当时刚从俄亥俄州搬过来），受害者是麦克唐纳天文台（McDonald Observatory）的 107 英寸（约 2.7 米）望远镜，坐落在得克萨斯州西部一个偏僻的角落，当时刚投入使用不到一年。在后人复述的版本中，最主要的争议点在于，案发时间是无人观测的白天，还是有人观测的夜晚。不过，只要快速翻阅当年的事故记录，就会发现它发生在一个观测的夜晚，而且临近午夜。

枪手的真实身份在不同版本里也不一样（这取决于故事的讲述

者是谁)，有的说是一个疯狂的天文学家，有的说是一个怀才不遇的研究生……在某一个特别戏剧性的版本里，他是一个被爱人抛弃的男人，因为爱人有外遇，便想报复社会。事实上，根据其主管的描述，枪手是天文台新招的员工，当晚他喝醉了，情绪失控。不管令他失控的深层原因是什么，结果大家都知道了：他拎着一把 9 毫米口径的手枪，狠了心想弄死那架 107 英寸望远镜。他走到望远镜底下，用枪指着操作员，命令对方将望远镜降下来，降到他能看到镜面为止。然后，他朝着主镜开了七枪。

那面镜子由近四吨重的熔融硅酸盐玻璃制成，厚度超过 1 英尺。与他想要的结果相反，那几颗子弹既没有打碎主镜，也没有打坏望远镜，而是在玻璃上凿出几个小孔，发出几声钝响，最后像飞镖盘上的飞镖一样，死死地卡在齐整的小弹孔里，不动了。

他对这个结果大感不满，将枪扔到一边，抡起锤子就要去砸镜子，幸好天文台的人及时将他制伏，还报了警。当然，那晚的混乱并没有就此收场。警长赶到天文台后，把头伸进镜筒里看了看，迅速评估完望远镜的受损情况，惊恐万状地汇报道，镜子被打坏了——镜面中央破了好大一个洞！那个引起恐慌的"洞"其实是大多数主镜中央都会有的开孔，经由副镜反射的光束会穿过那个孔洞，汇聚至卡塞格林焦点，成像于主镜后面（我一直想不通的是，枪手拿的是 9 毫米手枪，又不是火箭筒，警长大人怎么会觉得那个完美的大圆孔是手枪打出来的？）。得州望远镜遭受重创的消息迅速传了开来，还上了全国晚间新闻。沃尔特·克朗凯特[①] 在电视上

① Walter Cronkite（1916—2009），美国著名新闻主播，被称为"美国主持人之父"。

面色凝重地报道这次灾难性的重创，旁边配了一张倒着放的望远镜图片，而且图片里的望远镜甚至不是主人公自己。

这个消息震惊了整个天文界，大家以为那架漂亮的新望远镜真的香消玉殒了。麦克唐纳天文台台长哈兰·史密斯[①]赶紧对外发布此次事故的总结报告，强调望远镜其实并无大碍："镜面受到了子弹和几次锤击的伤害，留下了半径 3~5 厘米的小坑，但是伤害微乎其微，仅损失约 1% 的集光力……第二天晚上，望远镜便重新投入使用，拍下它这一年里拍到的最好的图像之一。"[16]

人们开玩笑说，这场灾难的最终结果是，那架望远镜的集光能力从"107 英寸"降级到"106 英寸"。直到今天，镜面上的弹孔依然清晰可见。

就算你不会在天文台被人用枪指着头，但是那里依然有其他危险存在。望远镜大多架设在偏远地区，海拔高，道路崎岖，往往要驱车数小时，才能找到一个医疗机构。此外，那里尽是重型设备，还有脆弱疲惫的人类。

光是海拔高这一点就挺危险的。在海拔数千英尺的地方，天文学家经常要与稀薄的空气做斗争，一边从事高难度的科研工作，一边忍受着高原反应的折磨，比如偏头痛、头晕、疲劳、判断力下降。在高海拔环境下，不少观测者曾突然间想不起自己背得滚瓜烂熟的物理学概念，有人笔耕不辍地写了许多观测笔记，到了平原后却发现满纸都是不着边际的胡言乱语。

---

① Harlan J. Smith（1924— 1991），美国天文学家，和多里特·霍夫莱特（Dorrit Hofflei）共同观察到类星体光学变异性的人。——编者注

昴星团望远镜坐落于莫纳克亚山上海拔 4 000 多米的地方。在那里的观测期间，我很幸运地不曾出现严重的高原反应。观测室里常年备着血氧监测仪，我和同事经常在夜里将它们夹在手指头上玩，好奇地看着血氧饱和度一点一点往下掉（事实上，我们觉得这很好玩，说明正在经历伴随轻微缺氧出现的眩晕症状）。莫纳克亚天文台是世界上海拔最高的天文台之一，特别重视观测者在高海拔地区的身体健康。它将宿舍建在 2 700 多米的地方，一个体感较为舒服的高度。人们到了山上之后，需要先在宿舍歇一个晚上，适应了高山环境以后，才可以继续向上走，去望远镜处工作。大多数圆顶室备有氧气瓶和呼吸面罩，任何人出现严重的高原反应，都可以拿来使用。缺氧会影响人的视力，让人更难看清微小或昏暗的物体，比如山顶上空的繁星。有几个人曾告诉我，氧气瓶还有一个非官方指定的妙用：顶着缺氧的脑袋瓜子走到圆顶室外，抬头看着"天淡星稀"的夜空，深吸一口瓶子里的氧气后，你会立马看到星河在眼前瞬间绽现。

另外，天文台一般建在山巅，要开车好几小时才能到达最近的医院，一旦遇到重大医疗突发事件，除了火速赶回文明社会，就没有别的选择。演员艾伦·艾尔达（Alan Alda）曾为拍摄 PBS 节目《美国科学前沿》（*Scientific American Frontiers*）前去探访智利的拉斯坎帕纳斯天文台，介绍天文台的日常工作，并采访那里的天文学家。在山顶上，他突然遭遇奇痛无比的绞窄性肠梗阻，需要立即动手术。最后，他不得不坐上救护车，慌慌张张地被带下山，送去拉塞雷纳的医院。这个故事后来被他写进了《永远不要喂撑你的狗：还有其他生活教会我的事》（*Never Have Your Dog Stuffed: And Other*

Things I've Learned）里。

不过，智利阿塔卡马沙漠（Atacama Desert）的天文观测站拥有十分齐全的设施，足以处理医疗突发事件，部分原因在于智利北部不乏危险的人类活动，有些活动区域甚至比山顶更难以到达，骇人听闻的圣何塞铜矿坍塌事故就发生在该地区。2010 年，阿塔卡马沙漠中一处名为圣何塞的铜矿发生塌方事故，33 名矿工被困地下 69 天。智利法律规定，在偏远地区作业的单位必须派专业医务人员驻扎在附近，响应突发情况。有一位天文学家回忆道，在还没有控制室的年代，有一位同事曾在托洛洛山上的圆顶室内工作，由于观测得太过投入，他无意识地取下高空平台上防止坠落的安全链，结果失足踩空，背朝地摔到水泥地上。其他同事都很担心，坚持让他去看医生，他便去了。接诊的是一个老人，坐在凳子上不停地抽烟，叫他在医疗室里"走两步让我瞧瞧"。走了几步后，医生当场宣布他没事（也许是瞎猫碰到死耗子，不过他确实没事），还说自己在矿上行医四十载，治疗过无数摔伤的病患，只需看一眼他走路的姿势，就知道他伤势不重。

"摔倒"是这个行业的潜在职业危害，在主焦笼年代尤为高发。那时，爬上爬下对天文学家而言是家常便饭，他们经常要手脚并用地爬上梯子，进入主焦笼或观测平台。那些曾黑灯瞎火地在卡塞格林焦点平台或圆顶室内天桥上走动的天文学家，有不少倒霉地从高处摔落，要么断了腿，要么闪了腰。当他们被抬上担架，准备送去就医时，几乎每个人都会悲壮地叮嘱自己的同伴——曝光尚未成功，同志仍需努力！虽然痛不欲生，却还想着不能损失任何一秒时间。

漆黑的圆顶室也是个祸害：有天文学家兴奋地从暖房冲进伸手不见五指的圆顶室，一头撞上望远镜的配重或由混凝土制成的机架，轻则淤青，重则脑震荡，甚至当场昏死过去。在天文学家需要手动引导望远镜的年代，圆顶室的寒冷低温也曾制造过不少问题。在长曝光拍摄中，不止一位天文学家将眼睛凑到目镜上，眼皮几乎贴着玻璃镜面，结果泪珠滴落到目镜上，将娇嫩的眼周皮肤与金属表面冻在了一起。

一名观测者曾机智地拧开目镜，将它带到附近更温暖的房间里，冷静地等它解冻，最后一块皮也没少，成功解救了自己的眼皮，若无其事地回去继续工作。

以上故事往往出自有过类似尴尬经历的观测者之口，他们也曾不小心在天文台弄伤自己，经常带着一丝揶揄的笑意讲述这些故事，听的人可能觉得很有趣，甚至将它们当作好笑的滑稽戏看，很容易就联想到这样的画面：晕头转向的科学家疲惫地在圆顶室里跑来跑去，时不时撞到某个设备突出来的部分，像天文台版本的情景喜剧《活宝三人组》(*The Three Stooges*)。然而，现实远比听上去的严重多了。

表面上看，它们是一次性的偶发事件。事实上，每次有人受伤都是在提醒我们，有时观测者的处境十分危险。为了避免受伤，天文台制定了安全行为规范，建立了结伴制的观测制度，但是这些措施无法改变一个事实：在巨大的可转动建筑物内，各种精密的重型设备呼呼地运转着，只有接受过专业训练的人员才能操作它们，而满腔激情的天文学家却摸黑在这样危险的环境中工作着。

马克·阿伦森（Marc Aaronson）的故事，最能让人体会到这个残酷的事实。

他是亚利桑那大学的天文学家，致力于研究天文学上存在已久且激动人心的问题：哈勃常数值。1929 年，爱德文·哈勃首次提出哈勃常数，它是一个单一的数字（速度与距离的比值）[1]，被放入一个看似简单的等式中，用于描述宇宙的膨胀速度。测量哈勃常数值异常艰难，需要先找到一个可靠的方法，完美测定我们与数十亿光年之外的星系的确切距离。结果，这个数值成了近一个世纪以来天文学家争论最激烈的主题之一（各家得到的数值都不一样，主要在 50~100 之间波动，近年来被缩小到 65~75）。

20 世纪 80 年代，马克已经站在这个领域的最前沿，成为发表和讨论哈勃常数新研究的主要会议的常客，是一名前途无量的年轻天文学家，也是一名技术精湛、热情洋溢的观测者，在加州理工学院就读本科期间，就积累了大型望远镜的使用经验。到了三十六岁时，他已经获得了几个著名的研究奖项，包括亚利桑那大学的乔治·范·比斯布鲁克奖（George Van Biesbroeck Award）、哈佛大学的巴特·博克奖（Bart Bok Prize）、美国天文学协会的牛顿·莱西·皮尔斯奖（Newton Lacy Pierce Prize），表彰他在观测天文学方面的杰出成就。

1987 年 4 月 30 日晚，马克与一名学生在基特峰上，用 4 米望远镜测量与遥远星系的距离，缩小哈勃常数测定值的误差。夜晚刚开始时，他请求转动望远镜和圆顶，指向一个新的星系，接着匆忙

① 具体指星系退行速度与星系到观察者的距离之间的比值。

走上栈桥，查看天空状况。

和大多数望远镜一样，4 米望远镜的建筑主体为高大的圆柱形结构，顶部为半圆壳体的圆顶。当望远镜在所指向的天体之间移动时，整个圆顶会随着望远镜一起转动，天窗的开口方向与望远镜的指向始终保持一致。通往圆顶外部的栈桥正好位于圆顶可转动部分的下方，墙壁上留了一个门槛到膝盖高度的门，连接栈桥和圆顶内部。巨大的圆顶天窗有几个部位低到足以打到这个小门，因此圆顶内专门设计了一个双重联锁系统，防止它在电机驱动圆顶旋转的过程中被打开。然而，谁也没有考虑到的是，当电机关闭时，整个圆顶并不会立即停止旋转。它重达 500 多吨，以每秒将近 1 英尺的速度转动；电机关闭后，它还会默默滑动几英尺，最后才归于静止。

当天晚上，马克和他的学生来到栈桥门口，准备到外面去。电机一停，马克就打开通往外部栈桥的门，浑然不知圆顶此时还在转动。就在他一脚跨出门的刹那，旋转而来的天窗“砰”地撞上门，将它强行关上，被推出门外的马克当场丧命。

马克的死讯传来，令整个天文界为之震惊，悲恸不已。在这次可怕的事故中，一个正值事业巅峰的英才意外陨落，令这个领域从此失去了一位伟大的挚友，一个才华横溢的同事。为了纪念他，两个月后的“宇宙大尺度结构”学术研讨会在匈牙利召开。在一篇总结了马克的主要成果和最终研究的论文中（这是将他追认为主要作者的几篇论文之一），他的同事艾德·奥舍夫斯基（Ed Olszewski）写道：“马克·阿伦森总有数不尽的奇思妙想，还有让它们结出硕果的科研实力，我们需要更多像他那样的科学家。”[17]

事故发生后，许多天文台修改了安全规范和保护系统，山峰上的望远镜也接受了全面的安全审计。今天，4 米望远镜的圆顶增设了三重联锁系统，亚利桑那大学每年都会以马克的名义颁发“马克·阿伦森纪念讲座奖”（Marc Aaronson Memorial Lectureship），授予那些“在观测天文学上的杰出贡献令世人更加了解这个宇宙”[18]的个人。

第六章

一座属于自己的山

“能请你帮我找一下这里的观测者吗？”

我从电脑屏幕前抬起头来，一头雾水地看着发问的人，不确定这句话是什么意思，也不确定他问的是不是我。这里是位于威美亚的远程观测室，天文学家可以在此处远程使用凯克望远镜。现在，观测室里只有我一人，因此这位刚走进来的先生极有可能问的是我，而我正好是他想找的观测者。这晚，为了我的博士论文，我正忙着进行新一轮观测，一边灵活地调整望远镜的角度，避开夜空中松散的絮状云团，一边还要对付一台不听话的红外光谱仪，临时调整观测目标。

一些神秘的大质量恒星会在濒死之际释放出大量伽马射线，我今晚的首要目标就是产生伽马射线暴的星系。但是，今晚它们离我似乎格外遥远，远到不断膨胀的宇宙正以光速将其从我眼前拽远。根据广义相对论，当遥远的星系以极快的速度离地球远去时，它们发出的光会被拉伸，这就是所谓的红移现象，即电磁波的多普勒效应。多普勒效应是一个很常见的现象：当一辆鸣笛的汽车朝你迎面而来，你会听到喇叭声越来越高；当它离你远去，听到的声音则越来越低。这是因为相对于观察者，声波受到了压缩与拉伸——当汽车向你驶近时，声波被缩短、频率变高，听着更尖锐；当汽车逐渐驶远时，声波被拉长、频率变低，听着更低沉。

同样的现象也发生在我想观测的星系上，只不过是以接近光的速度在发生。就拿声波来讲，短波听着更高，长波听着更低；到了电磁波（即光波）这里，短波看着更蓝，长波看着更红。膨胀的宇宙拽着星系以光速远离我们，无情地拉长它们发出的光束。如果观测者能飞到其中一座星系上，仅凭肉眼就能看见它发出的光。当观测者远在光年之外时，那些原本可见的光会被急剧拉长，最终以红外光的形式来到观测者所在的地球，由于它们的波长太长了，超出可见光波段，只有配备红外光观测仪的望远镜才能探测到。

那就是我当晚想要捕捉的光。根据我多年的经验，我能感觉得到手上这台红外光谱仪性能不太稳定。因为那些捣乱的云团，我已经损失了太多时间，无法观测完所有目标。为了充分利用剩下的时间，我正争分夺秒地调整计划。但是，我应该先瞄准那些最亮、最容易找到的目标呢，还是优先考虑那些更暗、更远、更让人期待的星系？为了做出明智的取舍，我需要重新计算每个星系会在什么时刻出现在最佳的观测位置，决定哪些星系可以推迟到一个月后再观测，并立即处理当晚传输回来的数据，确保红外光谱仪没有掉链子。

是的，我是观测者，而且我很忙，这不是明摆着的吗？

“我就是，干吗？”过于专注的我不小心暴露了“粗鲁的新英格兰人”的本性，好在我依然记得要抬头微笑，没有把最后一丝礼貌都给丢了。说话的是一个中年男子，似乎也是天文学家，背着一只笔记本电脑包，穿着印有另一个天文台名字的汗衫，斜挎着一个装得鼓鼓的帆布包，里面应该是晚上要吃的夜宵。他也许是第一次来凯克望远镜的观测室，也许是顺路来跟同事打声招呼，也许只是想来询问望远镜、天文台或当晚天气的情况。如果他属于最后一种人，那么观测者确实是他最应该找的对象。

那人顿了一顿，说："不，我说的是负责人。"

那个人……依然是我。我低头看了一眼曝光时间还剩多少，接着在电脑上敲了几行命令，继续处理我的数据。"你是指？"我以为他想说的是天文台的员工，比如后勤人员或维修人员。

他开始变得有点不耐烦了。"现在是谁在使用望远镜？"

"哦，是我。我叫艾米莉，是夏……"

"不，我指的是和你一起来的 PI 是谁？我在排班表上没看到他的名字……"

啊，原来如此。

"PI"是"Principal Investigator"的缩写，即主研究员，在学术圈里是牵头申请科研资金或望远镜的人，也是被正式授予科研资金或望远镜使用权的人。能够成为凯克望远镜的主研究员，意味着要有一定的知识、经验及资历。我的来访者显然不觉得我是一个 PI。

这倒也奇怪，我是观测室里唯一的一个大活人，如此明显地坐在主电脑屏幕的正前方，身旁的桌面上散落着几张星空图，还摆着一台笔记本电脑，一个 4 英寸的大活页夹，里面是我为了博士论文所要研究的每个星系的完整档案。那个男人刚走进来时，我正在用电话会议系统与山上的操作员通话，告诉他们我下一步要观测的目标是什么。我看上去不像 PI，难道像前台？

虽然心里这么吐槽着，但我知道自己看起来像什么，这点自知之明还是有的。当时是我读博士的第四年，也是最后一年（以研究生的年限来看，我已经是资深的学姐了），正值 25 岁。为了舒服且温暖地度过一个漫长的观测之夜，我穿了一条宽松的法兰绒睡裤，一件印有卡通企鹅的长袖汗衫，一顶羊毛条纹帽，还梳着马尾麻花辫。我以前一直是精灵短发的造型，读博时突然心血来潮，决定将头发留长，并发誓只要一天不拿到博士学位，就一天不剪头发。到了读博的第四年，我的头发已经长到可以让朋友教我怎么编辫子了。所以，这晚的我才会绑着麻花辫出现在观测室里。此外，我身边放着一袋鱼形奶酪饼干，还有一袋 M&M’s 花生酱巧克力果，是我观测时习惯吃的零食。我还踢掉了鞋子，盘腿坐在一张对矮子不太友好的办公椅上，袜子是亮黄色的，上面全是笑脸图案。一言以蔽之，我看起来像个小女孩。

确实没有 PI 的样子。

“我就是 PI，艾米莉 · 莱维斯克，夏威夷大学的博士生。”

“哦。”他朝我点了下头，抿了抿嘴。

“我是明晚的观测者。”说到这儿，他停顿了一下。

我耐心地等他继续往下说。当两个天文学家的对话进行到这里时，他们往往会开始互相寒暄，比如问对方在研究什么，今晚望远镜状态如何，天气还好吗。

“我是加州理工学院的，我们在研究……”他拖着长长的尾音，拖着拖着就没有下文了，生硬地掉转话头，“总之，我有一个问题，想请教……算了，我自己去找人吧。”

他转身往外走，走到一半又折回来了。“今晚还顺利吗？”

“还不错！起初有一点云，从昨晚就开始积聚的雾后来散了，所以圆顶整晚都开着。视宁度很不错，而且越来越好……”

“不错。我先走了，回头再聊。”

我继续埋头工作。曝光完成后，我让操作员移动望远镜，再次检查云层状况，然后开始下一次曝光，并调出刚拍摄好的数据。就在忙碌的同时，我的心中始终有一丝疑惑，无法散去。我突然想，我是不是应该把鞋子穿上，去换一条牛仔裤，或者把麻花辫藏进帽子里？我的言行举止真的像一个专业的天文学家吗？这是一个 PI 该有的样子吗？

如果我是个男人，今晚的对话还会发生吗？

让我心烦的正是这种隐晦的态度。没人会举着明晃晃的牌子，告诉你“我正在歧视你的性别”，但是刚才那个人的言行举止，确实有性别歧视的嫌疑。当然，我也可以想出许多其他理由，为他刚才的行为辩护。比如，虽然他是主动挑起话头的人，而且明显想找人说话，但是他可能比较害羞，或者不太会说话；也许是我太年轻了，让人难以相信一个 25 岁的年轻女天文学家真的可以操作世界上最大的望远镜之一；也许是我的年龄太具有欺骗性，才会让他觉得我不是主研究员，不过话说回来，麻省理工学院曾有一名年轻的男教授被大家誉为“超级天才”，怎么就没人在意他的年龄呢？也许是因为我的衣服上印着卡通企鹅的图案，一点学者气息也没有，虽然我认识的很多男的（准确地说是教授）会穿着超级马里奥或忍者神龟的衣服去天文台，但是从来没人因此被质疑主研究员的身份；也许是我一直像个孩子一样盘腿坐在椅子上，看上去“憨态可掬”，那是因为我的身高只有 1.58 米，观测室里的椅子对我来说都太高了，一坐上去，脚就悬空，我只好盘起腿来，好让自己在这 10 个小时的夜晚里坐得舒服点；也许是我的鱼形奶酪饼干看上去太幼稚了，不像成熟的大人会吃的零食？也许是我的袜子傻里傻气的？如果我是个男的，他还会不肯相信我是主研究员吗？但是这些真的重要吗？

当我告诉别人学的是什么专业、读的是什么学校时，经常有陌生人好奇地问我，身为一名女科学家，在一个男性主导的领域会不会很难立足？我总是不假思索地回答，“不会”。这是真心话。

也许是辫子的缘故吧。

如果时间倒退到 50 年前，碰到同样的情况，我根本不会纠结于这到底算不算性别歧视，答案必然是肯定的。

直到 20 世纪 60 年代，被戏称为“修道院”的加州威尔逊山和帕洛玛山天文台的宿舍仍不允许女性入住，并禁止她们申请使用望远镜或担任主研究员（此处请容我小咳两声）。和当时的许多其他科学领域一样，尽管女性以极大的热情和激情投入天文学的教研工作中，只有男性才可以在望远镜前工作的观念却依然盛行。可想而知，天文台的规定虽然道路变得更崎岖了一些，却无法完全阻挡女性接近望远镜的脚步，芭芭拉·切里·史瓦西就是一个很好的例子。她的丈夫马丁是一个杰出的天文学家，而她是对望远镜了如指掌的女人。天文台总是将望远镜时间分配到马丁名下，但是芭芭拉才是幕后真正的观测者。

玛格丽特·伯比奇也以同样的方式开始她的观测生涯。1955

年，威尔逊山天文台开始将望远镜时间分配给她的丈夫杰弗里·伯比奇[①]，一个杰出的理论天体物理学家。不过，不止一个同行曾开玩笑地揭杰弗里的老底，说他根本分不清望远镜的头和尾。夫妻两人的情况在山上已是一个公开的秘密：杰弗里负责申请望远镜的使用权，玛格丽特则以他的“助手”身份进行观测，从事突破性的研究。在与杰弗里、威廉·福勒（William Fowler）、弗雷德·霍伊尔（Fred Hoyle）联合发表的一篇论文中，她提出除了最轻的化学元素外，所有元素都合成于恒星内部。总而言之，她就是那句名言“我们都是星辰的产物”（We are made of star stuff）得以诞生的幕后功臣之一。观测期间，伯比奇夫妇被迫住在天文台大院的一个小木屋里，只因天文台不允许身为女性的玛格丽特住在修道院里。

1966年，安·博斯加德是第一位以自己的名义获准使用威尔逊山100英寸望远镜的女性，但她依然被贬到小木屋去。大约在同一时期，伊丽莎白·格里芬与她当时的丈夫罗杰·格里芬[②]也来到了威尔逊山天文台。两人能够成功从英国的剑桥大学来到美国的威尔逊山天文台，本身就是一个壮举：她和罗杰都是天文学家，只是研究领域不同，英国研究委员会允许罗杰申请经费，却不允许她申请经费。考虑到这是一次漫长且昂贵的差旅，罗杰在申请中要求为两人的威尔逊山之行提供足够的资金。校方领导就这一点争论了好几个星期，甚至还请示了皇家天文学家（英国授予皇家格林尼治天文台台长的头衔），询问是否应该批准罗杰的经费申请，为两位科学家

---

① Geoffrey Burbidge（1925—2010），英国天文学家、理论天体物理学家。伯比奇最著名的是他的另一种宇宙学“稳态理论”，它与大爆炸理论相矛盾。根据伯比奇的观点，宇宙是振荡的，因此在无限的时间里会周期性地膨胀和收缩。——编者注

② Roger Griffin（1935—2021），英国观测天文学家。——编者注

提供差旅资金。皇家天文学家回信了，主旨大意是：“我能理解格里芬博士为什么要去，但是他的夫人也要跟着去是为什么呢？”[19] 尽管受到了行政程序上的挑战，格里芬夫妇最终还是力排众议，拿到了前往威尔逊山的经费。但是，山上一下子来了两个女人，对天文台里管事的天体物理学家而言，是一个让人无比头疼的后勤挑战，因为他们不允许女性入住修道院。

由于严苛的住宿政策，这些勇敢迈向望远镜的第一批女性观测者碰到了额外的阻挠。住在温馨可爱的小木屋里，而不是听上去很清苦的修道院，你可能会以为这反而是件好事。事实上，威尔逊山上的小木屋很简陋，虽然通了电，却没有自来水，也没有浴缸或淋浴间，只有一口绰号叫“老达德利”的柴火炉。到了冬天，屋子里冷如冰窟。结束漫长的冬夜观测后，安和伊丽莎白两人回到屋子里，还得苦哈哈地伺候“老达德利”，给它生火添柴，让房间暖和起来，否则就会冷得睡不着觉。而男人们一回到有暖气的修道院，可以倒头就睡，无忧无虑地一觉睡到自然醒。此外，小木屋位于回音岬附近，白天有不少游客和徒步者会跑来这里，兴奋地对着大海喊话，扰得观测者不得安眠。

洗手间是另一个常年困扰天文台管理人员的问题，妇女该去哪儿如厕呢？帕洛玛山上有一个引人争议的禁令：女性不可以在200英寸望远镜的圆顶室内观测，原因是那里没有女士专用的洗手间（试问，当男士们整晚守在主焦笼里，身边只有倒完干冰的保温杯，没有男士专用的马桶，他们可曾为此犯难过？）。同样的大惊小怪还蔓延到宿舍区，当安妮拉·萨金特和吉尔·克纳普（Jill Knapp）成为第一批入住威尔逊山修道院的女性时，天文台的管理人员一想到那些可怜的女性将被迫与男天文学家共用浴室，就焦虑不已。尽管她们两位都是已婚女士，另一半也都是天文学家，却无法阻止天文台的人瞎操心。正如安妮拉所揶揄的："我们早就被迫与男天文学家共用浴室了。"[20]

1965 年，维拉·鲁宾成为第一位使用加州最大的望远镜——帕洛玛山 200 英寸望远镜的女性。那一年，这座天文台已经开始向女性开放修道院，只是还有一些小问题没解决。在一个多云的夜晚，她被带去参观 200 英寸望远镜的场地，还参观了"著名的厕所"：一个小单间，门上贴着一个醒目（甚至有些多此一举）的男士标志。2011 年，在写给《天文学和天体物理学年鉴》(*Annual Review of Astronomy and Astrophysics*) 的个人职业生涯回忆录《神奇的旅程》(*An Interesting Voyage*) 中，她提到自己是如何三两下搞定厕所危机的："隔天去观测时，我画了一个穿着裙子的女人，将它贴在门板上。"[21]

1967 年，维拉开始研究旋涡星系的运动，获得了观测天文学史上最不可思议的发现之一。当时的天文学家预测，旋涡星系纤细的外缘旋臂会以更慢的速度旋转，而接近核心的区域则旋转得更快。他们的推测是有道理的：任何人都能清楚地看到，这些星系的质量——恒星、尘埃、气体——明显聚集在中心，万有引力定律决定了，任何物体离稠密的质量中心越远，受到的引力就越小，旋转得也越慢。

维拉本以为她能从观测中证实这些预测，却得到了一个截然相反的惊喜：旋涡星系外围的旋转速度一点也不慢。相反，处于星系边缘的气体和恒星似乎与靠近中心的气体旋转得一样快。她观测了几十个星系，每个都表现出与万有引力相悖的奇怪行为。为之困惑了数月之后，维拉最终意识到，如果每个旋涡星系里除了看得见的恒星、气体及尘埃之外，还存在着某些看不见的物质，那么所有反常之处就完全说得通了。于是，她的观测结果成为最先证明暗物质存在的观测证据。

今天，我们虽然依旧不知道暗物质是什么，但是至少知道了它们是存在的。在维拉做出这个重大发现之后，暗物质成为了天文学家解释宇宙历史和演化的关键，新的观测结果不断涌现出来，证明了宇宙中存在大量的不可见物质。这一发现催生了全新的物理学分支学科，也为维拉赢得了各大天文学奖项（诺贝尔物理学奖除外，该奖项长期以来存在着巨大的盲点，看不见女性科研工作者的突破性研究）。在她研究暗物质的大部分岁月里，所在的天文台始终只有她一名女性的身影。

几年后，维拉与同事黛德丽·汉特[①]一起到拉斯坎帕纳斯天文台观测。某天夜里，她突然发现山上全是女天文学家。为了庆祝这件大事，她将所有人叫到同一间控制室里，拍照留念。在威尔逊山上，伊丽莎白·格里芬也曾有过相似的夜晚。当她和同事珍·缪勒[②]使用 100 英寸望远镜进行观测时，担任夜间助手的也是位女同胞，她们同时意识到山上只有她们三人，于是，这晚的威尔逊山天文台成了女人的天下。这两个夜晚都发生在 1984 年，正是我出生的那一年。

---

① Deidre Hunter，美国天文学家，致力于研究微小的不规则星系的起源、演化、恒星的产生以及形成的形状。——编者注

② Jean Mueller（1950— ），美国天文学家，帕洛马天文台第一位使用望远镜的女性，并在那里发现了彗星、小行星和大量超新星。——编者注

20 世纪 90 年代，美国兴起“女孩力量”（Girl power）的文化潮流，我就是在这股“女孩要为自己做主”的风潮中长大的。家人和老师总是对我说，我应该勇敢地追求自己的目标，不要受性别的束缚。我的男朋友戴夫一直是我坚实的后盾，让我看到了伴侣的支持有多重要；小时候，我曾看过许多关于职业女性的电影，但是它们从来不曾仔细刻画这一点。戴夫总是向我传达一个明确的信号，我们在这段感情里是平等的，我们会支持和重视对方的工作，永不停止追求更远大的梦想。

刚进入这个领域时，我一直相信性别与天文学无关。

当我第一次听到安、维拉以及她们同时代人的故事时，总会条件反射地认为那是十分遥远的年代。在大学甚至研究生期间，每当我听到“女性不得入住宿舍也不能使用望远镜”的故事时，脑海中总会浮现一幅泛黄的画面（男士戴着怀表、女士穿着爱德华时期的黑色长裙），像是《绿山墙的安妮》（*Anne of Green Gables*）与妇女参政论者[①]纪录片的奇怪结合体，因为那确实是女性有很多事情都不能做的年代。在那个遥远的年代，如果一个人身为女性，她就这也不能做，那也不能做。但我却忘了，那些女天文学家的故事其实就发生在 20 世纪 60 年代，一个彩色照片和牛仔裤盛行的时代，一个嬉皮士和黑人民权运动风起云涌的时代，她们中的很多人甚至比我祖母还要小。故事中的女天文学家我几乎全见过，安·博斯加德更是我在夏威夷大学遇到的第一个研究导师。

① 妇女参政论者是妇女参政运动成员的总称，指 19 世纪末 20 世纪初提倡扩大女性在公共选举中选举权利组织的成员，特别指妇女社会政治联盟成员等英国的激进分子。

1965 年，维拉·鲁宾成为帕洛玛山天文台的第一位女性主研究员；1984 年，天文台迎来第一个全是女天文学家的观测之夜。1984 年之后，你很难说时代变化的步伐究竟是加快了，或是变慢了，还是维持原样。当然，今天的天文学界是大为不同了。美国物理学会的数据显示，在 2017 年授予的 186 个天文学博士学位中，女性占了 40%；[22] 然而在其他方面，女性参与度的改善仍明显缺乏。在这 186 个天文学博士学位中，女性虽然占了 40%，但是西班牙裔女性只占 4%，黑人女性只占 2%。[23] 2007 年，尼尔森多样性调查发现，在美国排名前 40 的天文系中，只有 1% 的教授（不分男女）是黑人，1% 的教授是西班牙裔。多亏了各种多样性项目，比如以美国第一位黑人天文学家命名的哈佛大学班纳克研究所，在目前的天文学本科生和研究生队伍中，女性和少数族裔的比例正在上升，但是数量依然少得可怜。此外，目前并没有数据显示他们当中有多少人是专门从事天文观测的（与理论天体物理学或其他子学科相比），尽管有色人种天文学家的观测历史其实非常丰富。哈维·华盛顿·班克斯（Harvey Washington Banks）是 1961 年第一位获得天文学博士学位的非裔美国人，专攻领域为光谱测量与精确轨道测量，在他之后出现了更多黑人天文学家：1962 年的本杰明·富兰克林·皮瑞（Benjamin Franklin Peery）、1979 年的吉博尔·巴斯里（Gibor Basri）、1982 年的芭芭拉·威廉姆斯（Barbara Williams），她是第一个获得天文学博士学位的美国黑人女性。和许多观测者一样，有一些声名远扬的黑人天文学家是因为物理学或工程学才接触到望远镜，其中包括：小亚瑟·沃克（Arthur Bertram Cuthbert Walker II），美国火箭基 X 射线天文学的先驱；乔治·卡鲁瑟斯

（George Carruthers），紫外天文学之父，发明了能够探测紫外线的相机和摄谱仪。

最显著的变化也许是天文界逐渐不再需要以激进的方式要求平等与包容，包括在观测领域和望远镜的分配上。哈勃空间望远镜的协调机构最近决定，在每年的观测提案评审中改用双匿名制度，因为一项内部调查发现，由女性牵头的提案的通过率一直低于男性牵头的提案。自从隐去提案人的姓名后，性别之间的百分比差异消失了。

虽然过去了几十年，当我和女同事来到山顶上或观测室里时，依然很难看到其他女性的身影。我们已经习以为常了，很少对此感

2000 年 1 月，凯瑟琳・格曼尼、黛德丽・汉特、维拉・鲁宾三人
在基特峰国家天文台 4 米望远镜的控制室里，
和黛德丽所说的 1984 年的照片一样，这张照片也是应维拉的要求拍摄的，
以此纪念控制室里同时出现三名女天文学家。

图片来源：约翰・葛拉斯比

到诧异。我能很轻易地回忆起在哪次观测中，整个食堂里只有我一个女的，却不像黛德丽或伊丽莎白那样，能够幸运地碰到山上全是女同胞的盛况。原因之一是我们这个圈子很小，在统计学上吃了基数小的亏，还有就是目前高级天文职位中的男女比例依然悬殊，是几十年前天文领域人口结构遗留下来的历史问题了。1984 年那个全是女性观测者的夜晚，在统计学上也是一次奇妙的巧合，因此在同一时期有一个流传甚广的笑话，说是拉斯坎帕纳斯天文台的“每棵树后面都躲着一个女人”（其实那里的山顶上光秃秃的，一棵树也没有）。

和其他地方一样，天文台或多或少也有性别或种族歧视的问题。我采访过的几位女性告诉我，她们曾在望远镜的观测室里受到骚扰或猥亵。有些人描述了山上的一些情况，虽不构成正面或直接的骚扰，却让女性感到极其不舒服。有两位女天文学家说，她们曾在一个天文台里碰到一个爱看黄片的操作员。他会在望远镜移动的空隙，打开笔记本电脑，毫不掩饰地观看黄片，以此作为深夜的消遣。当她们分别向我讲述这段遭遇时，并不知道对方也在同一个天文台碰到同样的事。还有人提到光学车间或维修区里曾挂着裸女日历或《花花公子》的封面海报（有几位男士说他们也曾看到过，并当场反对这种做法）。

一些女天文学家还分享了在山上观测时发生的让人啼笑皆非的故事，导火线是妇女需要被保护的观念。在适度的情况下，这其实是一种正当的观念，任何一个正直的人都希望保证女同事的安全，但是一旦超过合理的限度，就会给人一种高人一等的感觉。2010 年，我的一位同事来到基特峰上的一台小望远镜前，准备开始她荣升主研究员的第一个观测夜，却接到一名男天文学家的电话，要求她立即停止观测，只因对方认为一个女人独自在望远镜边上是不安全的。两人为此僵持不下，望远镜就这么闲置着，电话那头的人坚持她必须在男性的陪同下才可以继续工作。有人曾在怀孕期间上山观测，男同事们如临大敌，坚决要求她随身携带对讲机，不允许她搬任何东西，虽然她身体并无任何不适。

达拉·诺曼（Dara Norman）是研究以超大质量黑洞为中心的遥远星系的观测天文学家，我问她是否曾受到种族问题的影响。她回忆说，有一次她刚抵达智利的天文台，台里的工作人员十分惊讶，显然没想到从美国来的天文学家会是一个女黑人。约翰·约翰逊（John Johnson）主要研究系外行星（位于太阳系以外围绕其他恒星公转的行星），他也曾有过相似的经历。身为全美为数不多的二十几名黑人天文学家的一员，他经常会在天文台碰到表情各异的天文学家或工作人员，从微微诧异到面露疑色，仿佛在说“老兄，你没走错地方吧”，什么反应都有（有色人种的科学家和学者无论走到哪里都会碰到这类反应，他们基本上已经免疫了）。

尽管有一些不太愉快的遭遇，但是几乎每个人都很珍惜在望远镜前的时光，这给了他们完全不一样的体验，让他们短暂地逃离日常生活中的歧视问题。山上经常会出现各种技术问题和混乱场面，每个环节都可能会出错，有过相同经历的人很容易惺惺相惜，建立起革命般的友谊。通常情况下，来到同一座山上的观测者会形成一个志同道合的小集体，相互建立起深厚的友谊，全身心地投入到共同热爱的事业中，没人会在意对方的性别或种族。

即使是过去在天文台受到侵犯的女性，也会毫不犹豫地说这不是天文台的错，而是那些做出性骚扰行为的男人的错，也是那些对此睁一只眼、闭一只眼的人的错。身为科学家，她们依然热爱天文观测，依然将望远镜视为此生最向往的工作圣地。

许多女性提到了一个令人愉悦的事实，那就是在观测时，她们不再觉得自己是班上唯一的女学生，天文系里唯一的女教授，或男人堆里的独行侠，而是山巅上一个打破性别边界的人，身边陪伴着三两个正好也在那里的同事，白天沉浸在天文学的美梦中，夜晚与傲慢的天气和仪器做斗争。身为一个女观测者，一个从事天文学的女性，这是最能引起我共鸣的地方。望远镜所在之处宛如与世无争的仙境，你可以一个人惬意地行走在夜色中，以科学家的视角窥视宇宙的奥秘，以普通人的视角将星空的美尽收眼底。女作家弗吉尼亚·伍尔芙曾说，一个女人如果要写小说，一定要有一间属于自己的房间。如果一个女天文学家拥有一座属于自己的山，那么在一个大晴夜里，在一架望远镜前，你能想象她会收获多少激动人心的发现吗？

人们可能会将科研想象成一个不受世俗打扰的世界，在科学家们追求科学真理的道路上，探索宇宙之类的崇高理想足以让他们漠视那些看似微不足道的世俗之扰，比如性别、种族或其他人际冲突，但是事实恰恰相反。对于身处其中的无数科学家而言，它们并非微不足道。以集体的力量去解决它们，正是我们身为科学家与公民的重要职责。争议和冲突也在天文学史上长期占据着一席之地。

当人们想到“天文学史上的争议”时，他们很容易将焦点放在历史上的意识形态之争：伽利略与教会的冲突、宇宙年龄与宗教创世神话的冲突、UFO 相信者与怀疑者的激烈争论。关于 UFO，即不明飞行物，我想补充几句：我至今夜观星象十五载，从来没有目击过 UFO。我问过无数天文学家，他们观察到的全宇宙最奇怪的东西是什么，以及最不可思议的经历是什么，从来没有人告诉我是 UFO。话虽如此，即使是最专业的天文学家偶尔也会大惊小怪的，被一切疑似 UFO 的东西吓一跳，比如耀眼的金星晕环，正好路过的卫星，灰蒙蒙的天鹅肚子……

望远镜让我们窥见了令人震惊的宇宙面貌，认识到人类的无知渺小，却也引起了激烈的科学辩论（比如哈勃常数的精确值，冥王星的行星地位，以及其他天文学家可以争辩到天荒地老的话题）。不过，过去几十年里，天文界有一些最激烈的争论并非针对科学本身，而是天文台。

从 20 世纪 80 年代开始，从激进环保主义者、狩猎游客到圣卡洛斯的阿帕奇部落代表，许多团体组织都对在亚利桑那州的格雷厄姆山（Mount Graham）上建望远镜提出强烈抗议，并诉诸法律行动。20 世纪 90 年代初，南美洲的一座天文台因为触犯了智利独裁者奥古斯托·皮诺切特（Augusto Pinochet）的某项最高法令，收到多起诉讼，官司缠身。2015 年，抗议者封锁了莫纳克亚山的进山道路，不让施工设备到达山顶，阻挠新望远镜破土动工。当这些抗议活动的报道出现在电视新闻或网络上时，大多数人乍一看，可能会有些困惑，望远镜有什么好抗议的呢？

当你转换视角，将视线放在望远镜的建造地时，就能瞬间理解这些争议的本质。首先，要找到一处好的天文台址异常艰难。随着人类不断突破望远镜技术的极限，为最先进的望远镜找到一个能够与其能力相匹配的地址变得越来越重要，这样的地址在地球上并不多，而且它们本身暗藏着许多“雷区”。亚利桑那州立大学的教授莉安德拉·斯旺纳（Leandra Swanner）在她 2013 年的博士论文中详细地剖析了这些争议，论文题目是《争议之山：战后美国天文学山地争夺的形成与概述》（*Mountains of Controversy: Narrative and the Making of Contested Landscapes in Postwar American Astronomy*）。

围绕着望远镜的口水战或争议大多分为三类。第一类涉及自然环境的破坏。天文台全都建在未经开发的原始山区，虽然它们对环境的影响远远小于其他开发项目，比如酒店或滑雪胜地，但是毕竟是大型施工项目，需要炸山开路、运输大型设备进场、平整场地、浇灌水泥、搭建大型结构，机械轰鸣，车来人往。

第二类关乎土地权属，这种事情一旦处理不当，很容易变得极其棘手。想在某地建造望远镜，必须获得在该地建设的许可，将该土地划拨用于天文观测用途。想确定谁才是这片土地的合法所有者，谁有权颁发建设许可，听起来很容易，做起来却很难。

第三类牵扯到文化问题，天文台所在的山顶在当地土著居民心中往往具有某种独特的精神和文化象征。只有远离喧嚣明亮的城市，天文台才能更好地观测天文现象。因此，他们很容易被偏远的山峰吸引，跑过去勘察一番，发现杳无人迹，便兴奋地宣称它是无人居住的荒山，得来全不费工夫。然而，有些山峰虽然无人居住，却可能是某些土著世世代代的精神家园，他们有义务守护好那片净土，不让它受到外界的打扰。

20 世纪 80 年代初，亚利桑那州的格雷厄姆山被选为新天文台的地址。最初的构想是在这座拥有良好大气条件的山上建造由十几台望远镜组成的宏观阵列，后来却发现这座山不仅是适合松鼠（确切地说是格雷厄姆山红松鼠，1987 年被列为濒危松鼠亚种）繁育的风水宝地，也是一个非常受欢迎的自然休闲区。结果，环保主义者和当地的狩猎俱乐部达成统一战线，反对在那里建观象台站。

双方陷入多年的法律纠纷，冲突的基调也演变成强烈的敌意：环保激进分子砸毁天文台的设备（就连与格雷厄姆山新建设项目无关的天文台也惨遭波及），砍断电线，派人横躺在道路上，不让施工设备进场。一位天文台的支持者收到了死亡威胁，还有一位收到了放着一只死松鼠的包裹。1988 年，受够了争议和延期的天文台支持者寻求亚利桑那州参议员以及华盛顿顶级游说公司的帮助，通过国会强行推动了一项附加条款，允许他们在不满足《美国濒危物种保护法》(Endangered Species Act）条款的情况下开始施工，结果引起众怒，格雷厄姆山也因此成为全国关注的焦点。

1991 年，一个由圣卡洛斯的阿帕奇部落成员成立的非营利组织提起了一项诉讼，称格雷厄姆山是阿帕奇印第安人的圣山，要求停止在那里建造望远镜，否则就是对其宗教圣地和祖先墓地的亵渎。1992 年，法官驳回了这一诉讼请求，但反对之声依然高涨。当时，争论的焦点包括了生态环境问题、一座圣山的价值与命运，以及越来越偏激的情绪。斯旺纳在《争议之山》中概括道，一些激进分子认为天文台是“文化灭绝的象征”。[24]

新闻媒体并未如实报道任何一方的观点。从媒体的角度看，如果巧妙地简化该事件，将其刻画成一只只无助的小松鼠，试图阻止贪婪的推土机，不让它们为毒害环境的庞大望远镜开山辟路，将会是一个牵动人心的热点话题，赚足眼球。他们还兴高采烈地报道一些疯狂的松鼠抗议活动（例如地球优先[①]成员打扮成望远镜和松鼠，跑到天文台的听证会现场表演小品，扰乱听证会秩序）。虽然有些报道如实地反映了阿帕奇印第安人的反对意见，但是大多数报道倾向于将复杂多样的抗议活动简化为“松鼠与望远镜之争”。[25]

今天，格雷厄姆山成为了一个具有代表性的天文台址，山上的红松鼠也繁衍得很好。生物学家每年都会进行一次红松鼠普查，在格雷厄姆山观测的天文学家必须充分知晓红松鼠保护规定，并签署不会杀死、伤害或捉弄红松鼠的保证书。天文台曾提议向阿帕奇部落提供天文学科普和大学教育资助，却被部落里的一些人描述为公然的贿赂，并予以拒绝。

格雷厄姆山是一个经典的例子，说明望远镜可能与环境保护、土地权属、文化异议三大问题牵扯不休，夏威夷大岛上的莫纳克亚天文台则是另一个沉重的例子。

莫纳克亚山是一座休眠火山，形成于 100 万年前，是夏威夷热点火山链的一部分。如果从位于海底的山脚开始计算，它的实际高度超过 1 万米，比珠穆朗玛峰还要高。它的高坡为高山苔原带，那里完全没有植被，只看得见暗红色的火山锥，依偎着如棉花般柔软的白云，栖息于湛蓝纯净的天空之下。

高耸入云的山峰，清冽干爽的空气，明净湛蓝的天空，让莫纳克亚山成为天文学的圣山。从发现彗星和小行星，到捕捉宇宙另一

① Earth First，1979 年在美国西南部兴起的一个激进环境主义团体，简称“EF!”。

端的光，莫纳克亚山上的望远镜为每一个天文学子领域贡献了最前沿的数据，一个夜晚就能捕捉十几个研究项目热切期盼的数据，获得在地球上其他地方不可能得到的发现。

像其他夏威夷火山一样，莫纳克亚山也是夏威夷宗教[①]中的一座圣山。在夏威夷语里，“莫纳克亚”(Mauna Kea) 是“白色山峰”的意思，因其顶部被白雪覆盖而得名。它被认为是波利阿胡 (Poli’ahu) 的家，夏威夷神话中的雪之女神。在当地土著的信仰中，它是连接着夏威夷群岛与天堂的“脐带”。

夏威夷人民与宇宙有着源远流长的文化联结。除了其他东西之外，传统的夏威夷人和波利尼西亚向导还依靠星空寻找航向，经过一代又一代航海员的口口相授，汇聚成百科全书式的渊博知识。波利尼西亚探险家仅靠星星的指引，就能横渡数千英里的太平洋。

自 1970 年山上第一架望远镜投入运行以来，那里的天文活动一直备受争议，反对者提出了各种质疑，包括望远镜会破坏当地的生态环境和文化活动，以及破坏大岛居民眼中的风景（岛上大部分地方都可以看到点缀在山顶上的银白色圆顶，人们早期的担忧是这会破坏当地美丽的风景线）。1983 年的发展规划与环境影响声明限定了从 1983 年至 2000 年的建设规划，最多只允许建造 13 架望远镜。不过到 2003 年，才达到了这个上限。

2009 年，莫纳克亚山被选为 30 米望远镜（Thirty Meter Telescope, TMT）的建造地。

TMT 是为数不多的几个特大望远镜（Extremely Large Telescope,

---

① 夏威夷土著的原有宗教，波利尼西亚宗教的一支。

ELT，指镜面直径超过 20 米的望远镜）之一，是由众多天文研究机构组成的国际合作项目。2009 年，该项目选择了在地球上最佳的台址莫纳克亚山开工建设。一旦建成，TMT 将成为北半球最大的望远镜，全世界第二大望远镜，让同样位于莫纳克亚山的 10 米凯克望远镜相形见绌。它将产生比哈勃空间望远镜清晰度高 12 倍的图像，帮助天文学家探寻宇宙的起源，洞悉黑洞的奥秘，寻找可能存在智慧生命的遥远行星，回答其他多年未解的谜题。在莫纳克亚山上建造 TMT，将进一步巩固夏威夷的世界天文研究领导者的地位。

反对者对 TMT 项目发出强烈抗议，认为它明显违反了 1983 年承诺的 13 架望远镜的上限，千方百计阻止它破土开工。对 TMT 施工许可的法律质疑足以使施工进程延后数年。

2014 年，夏威夷大学同意拆除天文台三架现有的望远镜，将总数降到 13 架以内，以遵守 1983 年的约定。TMT 团队承诺投入数百万美元，用于促进当地就业和理工科教育，还将给圆顶建筑涂上特殊涂料，使其反射天空和大地的颜色，尽可能不引人注目，并建在北坡海拔较低的高原上，大岛上 86% 的地方都看不到它。建设单位已经仔细勘察过望远镜的地址，确认附近没有墓葬或其他文物。施工期间，监管人员将驻守现场，一旦发现任何新的遗迹或文物，有权立即叫停施工。有了详尽的建设计划之后，包括法律纠纷也得到妥善解决，TMT 项目终于拿到建设许可，将于 2015 年开工。

然而，2015 年 4 月，大批抗议者上山，封锁了通往山顶的道路，阻止施工设备到达 TMT 现场。抗议者举着标语，谴责他们眼中所看到的亵渎圣山的行为，并挂上夏威夷州旗（有的正着挂，有的倒着挂[①]，暗示着这场反 TMT 运动掺杂着夏威夷主权运动的元素)。31 名抗议者因阻碍交通被捕，迫于抗议的规模和激烈程度，夏威夷州长下令暂缓施工。当施工车队在六月试图返回时，抗议者已经在道路上和 TMT 施工点搭建了几座“阿胡”(ahu)——夏威夷原住民用石头堆砌而成的神龛，并以此为借口，反对他们在神灵的土地上施工(其中一座被推土机推倒了，其他建在道路上的神龛最终由抗议者自行拆除)。同一天，一条埋设在地下的光缆被人恶意破坏，那是连接莫纳克亚天文台与山下网络的光缆。

对 TMT 的抵制迅速蔓延到社交媒体上。主演了《权力的游戏》和《海王》的演员杰森·莫摩亚(Jason Momoa)是夏威夷原住民的后裔，他听说了抗议活动，便在 Instagram 上分享了一张自拍，袒露的胸前写着“我们与莫纳克亚山同在”(WE ARE MAUNA KEA)。很快，其他演员纷纷效仿，#WeAreMaunaKea 成为一个流行标签。高调的社交媒体留言将莫纳克亚山的抗议活动送上全国头条。就像格雷厄姆山的纠纷被媒体简化为“松鼠与望远镜之争”一样，2015 年的莫纳克亚山抗议活动很快就被简化为“科学与宗教之争”，这种以偏概全的说法对争议双方都没有好处。

在风风火火的抗议行动和媒体风暴之后，2015 年 8 月，夏威夷最高法院受理了一起反对 TMT 建设许可的案件。法院最终以许可发放过快为由，在听证会还未结束的情况下，宣布该许可无效。直到年底，TMT 项目依然未能开工。

---

① 倒立的夏威夷州旗意味着夏威夷人的国家陷入危难之中，是夏威夷主权运动的主要标志。

时隔四年，我询问了许多同行对 TMT 的看法。有趣的是，这是唯一经常被我的采访对象拒绝谈论的话题，说明它是多么沉重，多么令人不安。

一些天文学家抱怨说，那些抗议者已经偏激到听不进任何道理。经过多年的法律裁决，以及 TMT 团队的一再让步，TMT 反对者始终不肯罢休，让人无比受挫。时不时有人散播望远镜会破坏莫纳克亚山生态系统的谣言，比如有人说望远镜会钻入山体七层楼那么深，污染地下水。TMT 和环境影响评估早已辟谣，证明这是无稽之谈。有些反对者将 TMT 描述为一个占地 5 英亩的庞然大物，事实上这 5 英亩的总占地面积不仅包含 TMT，还包含圆顶室、辅助性建筑、沙石停车场、施工期间临时征用的任何区域。在网上，有一则流言经常被转载，说 TMT 将采用核动力。诸如此类的谣言难以被完全平息，一些天文学家觉得最好的做法是不予理会，我们只要坐等法律上的胜利。

2015 年正好在莫纳克亚山和夏威夷大岛工作的塞恩·柯里[①]却不这么认为。他是 TMT 的忠实拥趸，并坚定不移地相信天文学家应该与那些愿意倾听的人交流，向他们证明 TMT 并非其所想的那么邪恶。在闹得最凶的时候，他曾与参加抗议的人交谈，发现很多人其实很乐意与天文学家交谈。大多数人会问他关于 TMT 的问题，并欣然接受他的回答，比如天文台设施不会污染附近水源，30 米望远镜对夏威夷的天文学研究是锦上添花的好事。他的感觉是，许多抗议者发自内心地想要保护莫纳克亚山，他们加入抗议的出发点是

---

① Thayne Currie，美国天体物理学家，主要研究太阳系外行星直接成像技术。——编者注

好的。因此，他真心认为，认真倾听对方的声音、耐心沟通、各退一步，才是唯一的出路。

塞恩和几个同事在希洛农贸市场摆了一年的地摊，向路人分发科普信息传单。他们与 TMT 没有任何关系，却自掏腰包印制传单，每周轮流看管摊位，早上 7 点就到摊位上，即使有人担心他们会碰到愤怒的抗议者，受到对方的打击报复，他们也毫不退缩。相反地，他们在农贸市场里接触到的人大多渴望得到关于望远镜的准确信息，并乐于直接与天文学家对话。许多与他们交谈过的人后来都转而支持 TMT 项目，有些人则坚守原本的立场，但这并不妨碍对话的进行。

今天，塞恩仍然相信对话才是唯一的出路。不管是 TMT 的支持者还是反对者，他一如既往地号召双方倾听风暴中心的声音，即夏威夷大岛的居民与真正了解 TMT 的人，客观地思考 TMT 能为当地社区带来什么。他指出，虽然有小部分抗议者是坚定的强硬派，只接受取消 TMT 的结果（或者不在莫纳克亚山上建任何望远镜），但是大部分人认为值得倾听，愿意让步。

他严厉批评的对象不是那些与他对话的抗议者，而是那些与夏威夷大岛或当地社区毫无瓜葛，却选择站到了 TMT 对立面的天文学家。“我觉得他们要么是人云亦云，要么就是一个伪君子。”他指的是那些抨击支持 TMT 的夏威夷原住民的天文学家，那些认为 TMT 支持者都是种族主义者的天文学家。[26] 在本就无比复杂的局势中，不知就里的人跟风发表不准确的观点，只会破坏来之不易的对话。

确实有天文学家反对 TMT，约翰 · 约翰逊是其中之一，他曾在夏威夷大学担任博士后研究员，还曾到莫纳克亚山用凯克望远镜观测系外行星。我问他是什么原因促使其反对TMT，他提到了种族矛盾和夏威夷的历史。约翰认为，人们最主要的抗议点是夏威夷原住民被夺走的圣地，即使夏威夷已经被美国兼并多年，许多夏威夷土著心中的耻辱感不曾减少半分。有人说他为了研究，也曾使用莫纳克亚山上的望远镜，这似乎与他的观点自相矛盾。对此，他不予理会。在他眼中，他有义务维护抗议者要求停止在山上建望远镜的权利——面对文明社会的不断侵蚀，这是他们最后的负隅顽抗——而不是保持沉默，成为种族压迫的同谋。“无论TMT能带来什么伟大的发现，都无法与民族尊严相提并论。”[27]

约翰和塞恩只在一点上达成一致：说到底，人们抗议的并不是望远镜。

2018年年底，TMT项目递交了一份长达345页的报告，最终拿到了新的建设许可，虽然附加了更多条件。到了2019年年中，TMT项目终于摆脱长达四年的法律斗争，以第二次到夏威夷最高法院出庭告终。

除了先前承诺的在TMT投入使用之前移除三架现有的望远镜，夏威夷大学还承诺将额外移除两架望远镜，其中一架前不久才参与过联合黑洞观测，首次直接拍摄到黑洞的真容①。TMT项目同意采取零废物管理政策，将所有废弃物运出山外，减少对环境的影响。

① 为了观测黑洞，天文学家动用了遍布全球的八台望远镜，组成了“事件视界望远镜”（Event Horizon Telescope，EHT），莫纳克亚山上的麦克斯韦望远镜（JCMT）和亚米波阵列望远镜（SMA）正是其中一部分。被拍摄到的黑洞最终被命名为“Powehi”，在夏威夷语里意为“无限创造的黑暗之源”。

TMT 将为所有员工安排强制性的文化保护与自然资源培训，还将每年出资 100 万美元，支持大岛的社区福利计划。多亏了塞恩和大岛上其他天文学家的努力，公众对 TMT 的支持度有所提高。即使夏威夷最高法院已经做出了最终裁决，塞恩依然坚持在各个社区里号召与反对者进行持续的对话。主管单位颁发新的建设许可后，施工开始时间定于 2019 年 7 月 15 日。

那一天，数百名抗议者再次封锁了通往山顶的道路。2019 年的抗议活动虽然仍以宗教权利和环境问题为由，却出现了大量倒着拿的夏威夷州旗，人们高举标语，呼喊口号，声称夏威夷不是美国的一个州，而是一个被美国非法占领了一个多世纪的主权国家。抗议活动批评 TMT 是殖民主义和白人至上的象征，并试图阻止 TMT 建设，将其视为夏威夷原住民行使民族自决权的标志。到了抗议的第三天，33 名夏威夷原住民长者因阻塞道路被短暂逮捕。就在他们一个接一个被警察押走时，更多的妇女站到了他们的位置上，代替他们充当路障，没人敢逮捕她们。抗议持续了数月，道路也堵塞了数月。

道路被封锁后不久，眼看着前路坎坷，局势不明，山上的天文台疏散了所有望远镜的工作人员。在与抗议者谈判、商定限制通行措施之前，山上的观测活动中断了四个星期——这是莫纳克亚天文台有史以来闲置最久的一次。

这座山和 TMT 仍旧前途未卜。

在所有针对 TMT 的抗议活动中，没有任何标语或口号是冲着天文学来的。抗议者不曾谴责望远镜是邪恶的力量，不曾抨击某些被恶意曲解的天文研究项目，不曾因为天文学家研究的是天文学而辱骂他们。

他们究竟在抗议什么？也许是因为环保、文化、宗教、主权，也许只是想为无法反抗的山出一份力，答案因人而异。许多抗议者走上街头，是因为以上种种因素，而不是因为 TMT。现在的问题似乎变成了，TMT 和其他处境相同的望远镜将连带着沦为这场斗争的牺牲品，还是将与其批评者共存，抱着对自然与人文的尊重，尘埃落定？

在写这本书的过程中，我采访了许多天文学家，几乎每个人都会用浪漫和近乎虔诚的语气，赞叹他们在天文台山上看到的稀世美景。为了工作，我们都曾长途跋涉到天文台，夜以继日地处理二进制数据，与小毛病不断的电脑和仪器斗智斗勇。尽管如此，我们不曾忽视身边令人心动的美景，不曾忘记去看那些淳朴的山野，唯美的夕阳，壮阔的天空。没有人认为这些珍贵的地方来得理所当然。

这是一个无比重视人类居住的星球、踏足的山峰、仰望的星空的民族，我只希望我们能够找到方法，尊重每个民族的人文，分享我们对山峰的热爱，还有对宇宙的求知欲。没有那些山峰，天文研究将难以为继。它们是一扇窗，一扇人类可以攀登的窗。于是，我们登上它的窗台，窥见宇宙的一角。

第七章

干草车和飓风

大三刚结束的暑假，我来到新墨西哥州的美国国家射电天文台（National Radio Astronomy Observatory, NRAO），为甚大天线阵（Very Large Array, VLA）当导游。多年来，我读了许多关于 VLA 的书，看了许多 VLA 的照片，现在终于有机会一睹“芳容”。这个夏天，我有了一个新身份——NRAO 计算中心的学生研究者。为了做好这份暑期工作，我前不久刚搬到索科洛镇（Socorro）。这天早晨，我从索科洛出发，开车到 VLA。刚到岗的第一天，我穿了一条中规中矩的牛仔裤，一件印有“NRAO”的汗衫，还有模有样地穿上钢头靴，准备好带游客参观天文台基地，整个人兴奋得不得了。天文台还给我发了一个收发两用的无线电对讲机，一台闪电探测仪（如果附近的高原上空开始雷鸣电闪，它就会发出警报，提醒我将参观者带回安全的游客中心）。我将对讲机和探测仪夹在腰带上，把上衣下摆塞进牛仔裤里，沉浸在科学家的傻乐里，开心得飘飘然。

刚到 NRAO 不久，我就迎来了人生中的第一个旅行团，为此我做了大量功课，准备了很多关于 VLA 的介绍。它由 27 台天线组成（还有备用的第 28 台，如果有任何天线在维修中，它就可以补上），每台天线都是一个射电望远镜，呈 Y 字形浩浩荡荡地排列在圣阿古斯丁平原上。每一台银白色的天线（翻出口袋里的小抄看）高 94 英尺（约 28.6 米），重 230 吨，铝质碟形镜面的直径为 83 英尺（约 25 米），足以装下一个棒球场。每台天线架设在铁轨上，可以通过移动改变 Y 字形阵列的大小和望远镜的组合模式。VLA 有 A、B、C、D 四种排布模式：A 模式最宽，每臂长可达 13 英里；D 模式最紧凑，因此更上镜，更容易拍到全景，它的绰号就叫“超时空接触阵列”，因为它就是在那部电影里亮相的阵列。能够变换排列方式很重要，因为每台天线捕获的无线电数据最终将汇聚到中央计算大楼进行组合，这个过程叫（再瞅一眼小抄）“干涉测量”(interferometry)，这样它们就能组合成一个虚拟的大型望远镜，综合口径相当于整个阵列的总和。在 A 排布模式中，整个阵列可以组合成一台直径等效于 22 英里的望远镜！

我将小抄塞回口袋里，信誓旦旦地想，我准备好了！虽然地处偏远，不少游客还是会不远千里地跑来这里，有业余天文爱好者，有业余无线电爱好者，甚至还有不少参观完 UFO 之都后顺路过来的猎奇的游客。这个 UFO 之都就是新墨西哥州的罗斯维尔市[①]，外星人阴谋论者的“圣地”。身为望远镜的导游，游客会问我们的通常是望远镜的基本常识，还有它们研究的天体是什么。对于这类问题，我早已有所准备。

---

① 1947 年，罗斯维尔市发生飞碟坠毁事件，美国军方宣称坠落物为实验性高空气球的残骸。

不过，我也有自己的疑问。作为暑期研究项目的一部分，我和几位同学将有机会使用 VLA。天文台专门预留了几个小时给我们，我想将这些时间用于观测几颗红超巨星。我知道红超巨星会剥离一些外层的物质，在膨胀和冷却的过程中，这些物质将始终包围着它，似一层尘埃壳包裹着内核。有时，尘埃壳中会产生一种叫“脉泽”(maser) 的现象，使分子在特定微波波段的受激辐射放大，具有明亮致密的特点，具体成因依然为谜。我一直很想解开脉泽形成的秘密，也许它能让我们更清楚地知道恒星如何走向生命的尽头。有了这些射电望远镜，我将有机会亲自观测它们，虽然我们有一整个暑假的时间去学习怎么使用射电望远镜，但是我想有个好的开始。另外，我之前上过吉姆·艾略特的观测课，参与过菲尔·马西的暑期研究项目，亲自使用过光学望远镜，也算是有点经验的，射电望远镜用起来应该差不多吧？

我找到了现场的一位天文学家，对方很乐意陪我聊几句。我想了想，决定先问他最近在观测什么，这是一个比较适合开场的话题。

“你们在观测什么？”

“哦，我们现在正在对一颗原恒星附近的‘水’做相位校准。”

我微微歪着脑袋，点了点头，假装听懂了。

“嗯……它有多亮？”

“大约 4 开尔文。”

我……什么？开尔文难道不是温度单位吗，还能用于表示亮度？我的头歪得更厉害了。

“呃……观测进行得怎么样？”

“接收机中心速度是 −30 千米 / 秒，但是如果原恒星低于 1 毫央/波束……”

对话开始朝着阿伯特和科斯特洛[1]的短剧方向发展。他口中的那些名词，拆开来我都认识，组合在一起就不知所云了。我的脑袋已经歪得不像是“思考的人类”，而是“困惑的雪纳瑞犬”。老实说，跟雪纳瑞比，我此时的理解能力也好不到哪儿去。

那位观测者依旧兴奋地聊着他的科学，噼里啪啦地说了好多术语，虽然我也是天文学家，却像在听一个完全不同的领域。我用尽最大的定力站在原地，努力听他说天书，却隐约有点心慌胃疼的感觉。难道因为波长更长，世界就从此大不同了吗？没错，就是非常不同（可喜的是，那个夏天快结束的时候，经过十个星期的研究，还有恶补射电天文学的基础知识，我已经可以跟射电天文学家一起侃侃而谈了）。

“其实我们正准备切换目标，去……”对方还在不停地往下说，这句话却一直停留在我的脑海中。刹那间，先前被我忽视的一个关键信息浮上了脑海：VLA 现在正在观测天体。从理智上讲，我其实是知道这一点的，只是反应慢了许多拍，过了好久才意识到我身旁的天线正在勤劳地捕捉数据，收集来自恒星和星系的射电波。在太阳的强光下，只能看见可见光的人眼无法观察到射电源发出的光线，但是射电望远镜却可以，因为对它而言，太阳光相对暗些。当我走出计算中心，去接待我的一个旅行团时，我决定将这个信息作为要点，传递给游客。我们不仅是在参观天文仪器，也是在见证科学的发生。这就是射电天文学的神奇世界。

---

① 由喜剧演员巴德·阿伯特（Bud Abbott）和卢·科斯特洛（Lou Costello）组成的美国喜剧二人组，20 世纪 40 年代和 50 年代初期最受欢迎的喜剧团队。

射电望远镜，如 VLA 或西弗吉尼亚州绿岸那架英年早逝的 300 英尺望远镜，乍一看并不像“正常”的望远镜——由闪亮的玻璃镜面构成，小心地安置在圆顶室内，到了晚上才会探出天窗，凝视星空。射电望远镜大多没有圆顶，只有弧形的抛物面，这是唯一像望远镜的地方，但看着不像一面光滑闪亮的反射镜面，更像巨大的金属圆盘。

我们之所以看不出来它们是望远镜，是因为我们是在用人眼打量它们。射电望远镜的工作频段为电磁波谱的远端，捕捉波长以毫米、厘米甚至米为单位计算的光束，远远超出人眼所能观察到的狭窄波段。对于这么长的波长，射电望远镜的表面称得上是无比闪亮的，它的金属面板会反射从天空倾泻而下的射电波，并以与传统主镜相同的工作方式，将它们汇聚到探测器上。

新墨西哥州的甚大天线阵（便于拍摄的 D 排布模式）

图片来源：亚历克斯·萨维洛、NRAO/AUI/NSF

探测波长这么长的射电波，更易于运用干涉测量技术，将VLA的所有射电望远镜加起来，发挥单一望远镜的作用。在干涉测量中，位于不同地点的望远镜——它们之间可以相隔几英尺或一整个大陆——就像一块虚拟镜面上的不同闪光点。天文学家可以将这些望远镜指向同一个天体，分别记录每台望远镜捕获的射电数据，接着将数据传输到同一个地方，通过算法重建并合成单一图像。这是一项复杂的技术，而波长较长的数据更容易组合，因此干涉测量技术尤其适合射电天文学。

成效也很显著。望远镜之间的距离越大，虚拟镜面的口径就越大，最终成像也越清晰，尽管这面虚拟的“大镜子”大部分地方是空的（VLA天线被架设在铁轨上移动，是因为这样可以变换阵列尺寸，调整虚拟镜面口径）。2017年，全世界的射电望远镜获得了干涉测量史上的一次大胜利——亚利桑那、夏威夷、墨西哥、智利、西班牙、南极的射电望远镜集结起来，形成口径等效于地球直径的虚拟望远镜，观测距离地球5 300万光年之外的星系中心，组合所有观测数据后，得到了人类有史以来的第一张黑洞照片，一个相当于太阳质量65亿倍的黑洞。2019年4月，这项成果一经发布，立即登上全球各大媒体的头条。

即使只有一台射电望远镜，它也能带领我们进入一个神奇且强大的波长范围，探索科学的新领域。具备了射电波观测能力，我们可以研究木星的磁场，新星的诞生地，以及正在日益衰弱的宇宙背景辐射，即宇宙大爆炸的“余烬”。

它还能给我们带来一些外观惊艳的天文台。VLA在电影《超时空接触》中扮演了重要的角色，并出现在各种音乐短片和电视广告中。另一个在《超时空接触》中出现的射电望远镜是阿雷西博，一个 1 000 英尺（约 300 米）的巨型天线，建在波多黎各[①] 西北部一个天然的深坑内。虽然它依地势而建，无法移动反射盘，但这不影响它发挥一个望远镜应有的功能，因为盘面上方近 500 英尺处悬挂着一个由三条钢缆支撑的接收机，通过改变接收机的位置，就能观测从头顶经过的射电源。詹姆斯·邦德的粉丝可能会觉得它眼熟，虽然不一定知道它是什么：在《007 之黄金眼》中，阿雷西博射电望远镜“扮演”隐匿在湖泊底下的秘密天线，被电影中的反派用于控制虚构的卫星。在影片的高潮部分，邦德（皮尔斯·布鲁斯南饰演）和反派（肖恩·宾饰演）在危险的接收机平台上打斗，最后反派坠亡（这一幕将阿雷西博望远镜送上“肖恩·宾在电影中的死法大全”榜单[②]）。

射电天文学研究的是长波的一端，这意味着除了干涉测量和黑洞成像的壮举之外，射电望远镜还能做许多光学望远镜难以企及的事。

正如我在 VLA 当导游的第一天所意识到的，即使在白天，射电望远镜也能观测，而且它不怕日晒，不惧乌云，不畏雨淋，甚至不忌风吹，除非风力太强，猛烈摇晃天线，干扰信号质量。

下雪也不足为虑，只要不是大暴雪。碰到雨雪或大雪天，许多射电望远镜依然可以欢快地观测天体，唯一的困扰是积雪。当层层白雪堆积在盘面时，积雪会压弯天线的抛物面，或者压迫到电机。

---

① 位于拉丁美洲西印度群岛中的美国属地。

② Seam Beam（1959— ），英国演员，出演过许多著名电影、电视剧，饰演的角色经常在电影中死掉，因而“死”出了名，被影迷戏称为“便当帝”。

说到积雪，每个射电天文台都有自己的除雪妙招。绿岸射电望远镜基地曾短暂地研究过在天线底下生火除雪的可行性（遇热融化的雪水沿着盘面滴下，迅速浇灭了底下的火。嗯，这的确是天体物理学家想出来的好方法）。绿岸还尝试动用劳斯莱斯喷气发动机，借助其喷出的高温气流，吹除300英尺射电望远镜上的积雪。VLA有一个专用的“倒雪”命令，能够控制27台天线的角度，让它们同时向下倾斜到最大限度，用物理的方式倾倒盘里的积雪，接着旋转到迎风的方向，靠风吹落残雪，最后对着太阳，靠阳光融化结冰的顽固积雪。其他天文台则采取了技术含量更低的方法，即某些同事所说的“研究生拿着扫帚爬上去扫雪”的方法。

如果有人拿扫帚或喷气式发动机对准镜面，光学望远镜的工程师估计会掐死那个人，射电望远镜的工程师则会笑脸相迎。前面提到过，望远镜反射面的面形误差必须控制在聚集的光波波长的5%以内，因此反射短波光的镜面必须近乎完美，将误差控制在纳米级别，观测无线电波的镜面却容许大至几毫米的误差。几毫米听上去可能不大，但这意味着只要有高人指点，你真的可以爬上天线，在它的面板上行走。在VLA的那个夏天，我最难忘的回忆之一是在旁人的指导下，安全地走上天线（诀窍是将脚踩在面板单元之间的接缝上，往上爬的时候不要离盘体唇缘太近）。后来，我甚至将我父母、菲尔及他的家人也拐到了天线上面去。在澳大利亚的帕克斯天文台（Parkes Observatory），天文学家会坐在天线的盘缘，随它旋转到半空。他们管这叫“坐干草车”（hayride）①。

① 美国秋季农场庆祝丰收的传统活动，人们乘坐由拖拉机或马车拉动的堆满干草的大车游玩。

在飓风“玛利亚”[1]期间，尽管它来势汹汹，多亏了坚守在岗位上的天文学家和工作人员，阿雷西博射电望远镜在大部分时间里依然能够正常工作。所有人躲在天文台里，安然无恙地度过了风速每小时 155 英里的飓风。飓风过境，道路上的障碍物被清理干净后，天文台成了临时救灾中心，为当地居民供应水和其他基本物资，现场的直升机停机坪也被联邦紧急事务管理署征用，成为救灾物资中转站。不幸的是，望远镜未能毫发无损地度过飓风。它的线形馈源(一个 96 英尺长的射电信号接收机，外观像一个长管状的天梯）被狂风撕断，坠落到碟形盘面上，砸出了好几个洞。阿雷西博的圆盘高高地架在地面上，底下可以容行人或车辆通行。从远处看，或从空中俯拍时，像是一面织得密不透风的网状圆盘，实际上它的表面布满接缝，阳光可以透过缝隙，照射到底下的土壤，长出厚厚的绿色植被。飓风过后，圆盘底下被洪水淹没了。后来，工作人员借了某位天文学家的皮艇，划到圆盘底下，检查盘面受损情况。

不过，射电望远镜也有躲不掉的烦恼，只是表现形式略为不同罢了。和其他地方的天文台一样，爱恶作剧的小动物也会给射电天文台制造不小的麻烦，而且手段更为奇特。

射电望远镜最著名的“害虫”是小鸟，或者说是它们可能留下的任何东西。1964 年，物理学家阿诺·彭齐亚斯（Arno Penzias）和罗伯特·威尔逊（Robert Wilson）正在使用极其敏感的射电天线，努力想要消除顽固地存在于数据中的嗞嗞声。一开始，他们怀疑噪声来自在天线上或附近筑巢的鸽子，而它们排出的鸟粪（阿诺非常

[1] 起源于大西洋的热带气旋。——编者注

文雅地称其为“白色电介质”）是个大祸害，因为它可以传输电信号，干扰天线的探测器。阿诺和罗伯特清理了鸟粪，希望背景噪声能够就此消失。坏消息是，嗞嗞声依然存在；好消息是，噪声最终被证明是宇宙微波背景（cosmic microwave background），是宇宙大爆炸遗留下来的电磁波，这一发现让两位物理学家获得了诺贝尔奖。

尽管如此，让鸟群远离射电望远镜一直是天文台的重点工作。为了驱赶鸟类，让它们的粪便远离望远镜，天文台安装了尖尖的长钉，GORE-TEX 防护罩（对无线电而言它就是一件透明衣），甚至还祭出能够迷惑敌人的声波。在与鸟儿斗智斗勇的工作上，英国的焦德雷耳班克天文台（Jodrell Bank）意外地成为翘楚，大功臣居然是一对野生游隼。它们看中了那里最大的射电望远镜，在它的支撑塔上安家落户。有了这对游隼镇守在塔上，其他小型鸟类从此不敢靠近半步。

阿雷西博对鸟类的反击更具戏剧性，尽管是无意的。它的发射机、接收机和其他光学元件被罩在一个半球状的大圆顶内，悬吊在庞大的主圆盘上方，圆顶底部是开放的。鸟儿似乎总喜欢飞进圆顶里，下场往往不太好。如果它们在望远镜工作期间，很不巧地飞到光学元件之间，基本上会瞬间被微波烤熟。大多数射电望远镜不会有这个问题，因为它们的光学元件一般不会放在开放的大圆顶中，不过悲剧偶尔也会发生：加州的一个射电天文台曾在错误的时间开启发射机，电死了一群正好飞过的蜜蜂。

在研究射电波段上非常明亮的近邻星系时，诺伯特·巴特尔（Norbert Bartel）和他的团队曾短暂丢失加州一台射电望远镜的数据。在随后发表的研究论文中，诺伯特平静但不失幽默地解释，信号丢失是“由于一条红色游蛇爬上了天文台的（33000 伏）高压线。然而……我们不认为它（游蛇）应该对数据丢失负责。相反地，我们认为一只无能的红尾鵟应该负起主要的责任，它在附近的输电铁塔上搭了一个有缺陷的巢，后来那巢从塔上掉了下去，不仅雏鸟掉到了地上，食物也哗啦啦地全倒了出来，包括一只林鼠，一只更格卢鼠，还有好几条蛇，以上述红色游蛇居多。”[28] 在一堆不同寻常的研究报告中，这份“一只鸟不小心将一条蛇扔到了电线上”的报告绝对是最奇葩的。

阿雷西博天文台也有大量流浪猫出没。可想而知，它们会被吸引到有人喂养的地方。当流浪猫的数量趋于失控时，一些天文学家开始收养小猫，并悄悄将它们送给美国本土的同事。天文学家的“猫贩子”网络迅速扩大，触角延伸到周边的射电天文台。在图森的一栋天文楼里，时不时会出现动物的叫声，听着像老鼠。工作人员四处寻找叫声的来源，有人掀起一片天花板的瓷砖，结果掉出两只小猫来。它们很快就有了自己的名字，一只叫“福波斯”(Phobos，火卫一的名字)，另一只叫“得摩斯”(Deimos，火卫二的名字)。今天，天文台的猫在推特上有了自己的官方账号，名字叫 @ObservatoryCats。该账号还筹集资金，救助波多黎各岛上受飓风玛利亚影响的动物，并持续跟踪从天文台出去的猫。

虽然偶尔会有鸟屎干扰或者蜜蜂被烤焦的糟心事发生，但是人们很容易会认为在无线电天文台生活很轻松，因为任何天气都能观测，还能像玩丛林攀爬架一样爬上天线，有时甚至有可爱的小猫从天而降。

但是一说到噪声，事情可就没那么轻松了。正如射电望远镜对“闪亮”镜面的要求与常人最初的理解完全不同一样，它对“黑暗”也有自己一套奇怪的标准。假如你能看见无线电波，那么无论身处何地，都会看到一片混乱交错的奇怪信号。当我写到这一段时，我正坐在市中心的一家咖啡馆里。假如我能看见各种波长的无线电波，就会发现无线网络如云雾般笼罩四周，手机无休止地发出短促的信号，店里的微波炉偶尔发出闪烁的强光，以及窗外驶过的汽车内燃机火花塞产生的电火花流。

射电望远镜需要最大限度地屏蔽上述污染光源。国家和国际组织已经出台相关法规，限制个人或机构（比如广播电台、军事通信等）使用射电波段，使它保持最原始干净的状态，相关研究才能不受人为信号干扰。尽管有了这些努力，射电望远镜依然需要建在偏远的地方，而且越偏远越好。VLA 所处的平原几乎四面环山，可以屏蔽附近人口密集区的无线电干扰。许多光学望远镜所在的山顶也会安装一两架射电望远镜，因为那些高山足够偏远，早已证明是得天独厚的优良台址。基特峰有一架 12 米的射电望远镜，还有一台甚长基线阵（Very Long Baseline Array，VLBA，等效于美国国土大小的射电干涉仪，共包括十台分布在美国各地的天线）的天线；格雷厄姆山有一架 SMT 亚毫米波望远镜；莫纳克亚天文台有一架口径 15 米的亚毫米波射电望远镜（另一台甚长基线阵天线），还有 SMA 亚毫米波射电望远镜阵（由八台天线组成的干涉仪）。

不过，有些天文台对“偏远”的追求更为极端。还记得绿岸天文台（以及它那架英年早逝的 300 英尺射电望远镜）所在之处——西弗吉尼亚州的国家无线电静默区吗？在最靠近望远镜的区域，禁止当地居民使用无线网络、手机及微波炉，出门只能开柴油车。这么做的回报十分显著：这个地方成为了射电天文学的天堂，继 300 英尺望远镜倒塌之后，西弗吉尼亚州参议员罗伯特·卡莱尔·伯德提出更换望远镜的倡议，通过国会推动拨款，在绿岸建造了一个新的巨型射电望远镜。口径 100 米的罗伯特· C .伯德绿岸望远镜（Robert C. Byrd Green Bank Telescope, GBT）是当前世界上最大的可转向射电望远镜，至今仍用于天文观测。

禁止居民在射电望远镜附近使用手机，这种要求看似极端，但是射电天文研究极易受到杂散信号的干扰，而且将它们与来自宇宙的微弱信号分离开来并非易事。

口径 210 英尺（约 64 米）的帕克斯射电望远镜坐落在乡下的一个牧羊农场里，位于澳大利亚悉尼以西约 225 英里的地方。它是南半球最大的望远镜，1969 年接收并向全世界直播阿波罗 11 号登月的画面，从此一战成名。它还绘制了银河系氢气分布图，发现了成千上万的新星系。

多年来，帕克斯持续探测到某些奇怪的闪烁信号，它们被统称为“佩利冬”(peryton）—— 一种西方传说中的生物，长着半鸟半鹿的身体，在阳光中投下人形的影子，看上去是一种生物，实际上却是另一种。在望远镜采集到的数据中，“佩利冬”表现为短促的无线电波。多年来，它们几乎在各个方位都被探测到过，但是只在工作日出现。宇宙一般不关心人类什么时候上班，因此大家一致认为它们不可能来自深空，而是来自附近地面的某个噪声源，但是没人愿意花功夫去查清它们的来源。

2012年，当还是学生的艾米莉·佩特罗夫①开始使用望远镜进行研究时，帕克斯天文台的“佩利冬”已经是人尽皆知的怪现象。这令她尤其头疼，因为她要研究的是真正来自深空的短促猛烈的无线电波爆发，一种被称为“快速射电暴”(fast radio bursts)的奇怪信号，也许源于某种未知的天文现象。当艾米莉开始研究那些明亮的射电闪光时，它们四周充斥着许多怀疑的声音：万一快速射电暴只是另一个未被识破但明显来源于地球的“佩利冬”呢？

这是个合理的质疑，以前也曾有过类似的争议。1976年，还在念研究生的约瑟琳·贝尔·伯奈尔（Jocelyn Bell Burnell）遭受到了类似的质疑。她从英国剑桥的射电望远镜数据中发现了一种神秘的信号——重复发出的射电脉冲，几乎达到每秒钟一次，像一台完美的时钟，以惊人的规律反复出现，不同于天文学家在夜空中观测到的任何天体。因为这一连串精确规律的脉冲，约瑟琳与她的同事开玩笑地将前四个脉冲源命名为LGM-1、LGM-2、LGM-3、LGM-4，“LGM”是英文“小绿人”(Little Green Men)的缩写②。

约瑟琳知道来自地面的干扰可能会被误认为来自宇宙的射电脉冲，因此她一直小心翼翼地关注着这些脉冲源在夜空的移动轨迹。很快，她就意识到它们确实来自宇宙。她观察了第一个信号好几个月，发现它与其他星辰一起在傍晚升起，并在地球自转时，随着整个星空同步运动。约瑟琳发现的正是脉冲星（pulsar），是恒星死亡后残留的快速旋转的核心，沿着磁极方向发射明亮的无线电波，犹

① Emily Petroff，天体物理学博士，主要研究快速射电暴。——编者注

② 起初约瑟琳以为它们是地外文明发出的信号，便给它们起了“小绿人”的代号，因为人们想象中的外星人是身材矮小、发出绿色光的类人生物。

如灯塔的光束，刺破黑暗的宇宙。最慢的脉冲星每分钟可以发出几个射电脉冲，最快的一秒钟内可发出数百个脉冲，比蜂鸟拍打翅膀的速度还快。这一发现得到了诺贝尔奖的认可（委员会没有将该奖颁给她，而是给了她的论文导师和另一位同事），约瑟琳仍然继续着漫长而杰出的研究生涯。而科学突破奖委员会将“2018年基础物理学特别突破奖”(2018 Special Breakthrough Prize in Fundamental Physics）授予她，以表彰约瑟琳在基础物理学领域的突破性贡献。

说回到2014年的帕克斯天文台，当时艾米莉·佩特罗夫打算研究射电天文学的最新难题——快速射电暴，并决定她的第一个挑战是解开“佩利冬”之谜。她发明了一种在数据中快速定位“佩利冬”的技术，在两个月里迅速收集了几十个样本。这些样本给了她和研究小组第一条线索：它们几乎都出现在午餐时间左右。

接着，她在天文台发起一项实验，动员了所有工作人员。她的研究小组会将望远镜对准先前探测到“佩利冬”的方向，接着请工作人员迅速冲到邻近的行政大楼，做任何可能产生“佩利冬”的行为，比如打开或关闭房门，测试磁性锁，插拔电脑的插头，运行任何他们能想到的设备。最终，研究小组几乎在同一时间探测到“佩利冬”，并打电话问工作人员刚才做了什么：有人在现场用手机拍照吗？附近有人在施工吗？工作人员不停地尝试各种行为，但“佩利冬”始终不为所动，总是随机出现。

当工作人员检查最近安装的无线电干扰检测仪，发现“佩利冬”总是与电子设备产生的短促无线电波同时发生时，他们终于找到了下一个突破口。望远镜没有检测到这个信号是有理由的：观测早已被电子信号支配的波长并没有任何科学价值。艾米莉的小组研究了新数据，识别了电子信号的来源。越来越多的证据指向两个明显的罪魁祸首：帕克斯天文台厨房里的两台微波炉。

工作人员又重新投入行动。他们将望远镜对准厨房的方向，接着以各种方法折腾两台微波炉，有时什么东西也不放，有时往里面放一杯水或午餐，加热时长从几秒钟到几分钟不等，却依然无法随心所欲地产生“佩利冬”。最后，有人灵光一现，想到了如果他们抛弃科学家的严谨思维，不要那么规矩地使用微波炉，而是像某个急着想吃午饭的工作人员呢？在测试中，如果他们不等微波炉运行结束，而是像许多心急的用户那样，还剩几秒就打开门，强迫微波炉停止工作，结果会如何？

测试成功了。他们匆忙地打开微波炉三次，“佩利冬”也清晰地出现三次。当测试结果出来时，艾米莉才刚结束一场面试，坐在飞回澳大利亚的飞机上。在新加坡机场转机时，她通过邮件收到了这个消息，并利用后半程 4 个小时的飞行，写出了总结这一发现的论文，将帕克斯天文台现场所有工作人员列为共同作者。

今天，人们已经知道了“佩利冬”的真面目，艾米莉和其他专家也仍在研究真正的快速射电暴。我们知道它们具有极高的能量，来自银河系外的射电天文现象，还知道它们不是微波炉产生的，但其真实的起源仍然是一个悬而未解的科学谜题。

帕克斯受到了微波干扰，其他射电望远镜则可能面临别的干扰，比如：无线网络、手机信号。绿岸望远镜将自己隔离在一个没有无线电的世外桃源，避免了杂散信号的干扰。射电望远镜面临的挑战，只不过是一个大问题的局部表现：地球并不是天文研究的理想之地。不管是人为信号扰乱了射电天线，还是光污染源照亮了天文台周围的黑暗夜空，抑或是水蒸气和大气湍流扰乱了望远镜捕获到的光线，这些只是天文学家在地球表面观测宇宙面临的一部分挑战。将所有望远镜送上太空，让它们加入哈勃空间望远镜的行列，这个想法听上去很美好，但是从经济上和后勤上来说是不切实际的。在天文学家眼中，地基观测仍然是一个经济可行、灵活方便的选项，尤其是当我们变得越来越有创造力，或者说当我们扩大了对“地基”的定义时。

第八章

欲上青天览日月

独角兽不高兴了。

SOFIA 望远镜的“心情风向标”独角兽就坐在仪表台上。它是一个圆滚滚的毛绒玩偶，长得很讨喜，可以翻面，露出里外不同的两种表情，由仪器科学家负责“操作”。当一切进行得很顺利时，它会露出光滑的白毛，活泼的笑脸；当事情不太顺利时，比如今晚，它会露出忧郁的蓝毛，一双不满的大眼，眉毛失望地挤到一块儿。

不管它是常驻 SOFIA 的首席心情官，还是有人临时起意放上去的，独角兽却是一个能让我衡量今晚能否飞行的标准。目前还没有确切的消息传来，但是情况看上去并不乐观，我们恐怕会因为设备问题或天气原因，失去这个宝贵的观测之夜。一个冷却装置出了问题，如果找不到解决方法，今晚就无法观测了。外面也出奇地冷：现在是 2019 年 2 月，虽然这里是南加州，气温却骤降到接近冰点。如果这架飞机有任何部位开始结冰，那么今晚也就到此结束了。

夜晚开始前，大家一边在房间里走来走去，一边等待官方的通知，虽然有些焦躁，但基本保持着观测者一贯听天由命的心态：我们能做的只有等待。大家三五成群地扎堆聊天，有人打开手机查看天气预报，有人晃悠到仪表台那儿，看独角兽的表情，有人打开原本要留到半夜才吃的夜宵。在紧张的等待中，大家终于等到了通知。

今晚停飞。

故障的冷却系统，迫近的冷气团，提前吃完的夜宵，天文学家早已对意外习以为常，但是我们翘首以盼的这台望远镜却不是寻常之物。此时，我们一行大约 20 人在平流层红外天文台（Stratospheric Observatory for Infrared Astronomy, SOFIA）上，它由一架波音 747-SP 喷气客机改装而成，后部运载一台口径 2.7 米的望远镜。若能顺利起航，飞机将飞入 7300 多米的平流层，升起左后侧一个 4 米宽的伸缩门，露出舱内望远镜的脸来。当电磁波经过地球的大气层时，水分子会吸收或散射某些波长的光，使其无法抵达地面。在远离大气中 99% 的水蒸气的高空，SOFIA 望远镜能够观测到地面望远镜无法捕捉到的波段。它有自己独享的“敞篷舱”，其他人——飞行员、任务指挥主管、望远镜操作员、仪器操作员、安全技术员、像我这样的观测者——则和它同乘一架飞机，在加压客舱里操控它。

望远镜舱的冷却系统发生了严重故障。SOFIA 能够稳如磐石地在乱流中观测，得益于全球最大的滚珠轴承，它的直径是 1.2 米，密封在望远镜的基架内，同时注入大量润滑油，让望远镜能够稳稳地“悬浮”在轴承上方。滚珠轴承会因摩擦生热，如果没有冷却剂为润滑油降温，望远镜就无法“悬浮”在轴承上。最终，它会变得跟普通人一样，在乱流中随飞机颠簸，视野也随之晃动，拍下的图像将因抖动模糊而毫无用处。

如果是在风平浪静的夜晚，机组人员也许会让 SOFIA 再在地面多停留一会儿，迅速解决冷却问题，而不是这么早就宣布取消任务。可惜，今晚我们还碰到了天气问题。尽管这里是向来阳光明媚的帕姆代尔（Palmdale），位于加州洛杉矶的北部，今晚却遭遇了罕见的风暴和寒流，飞机的机翼随时可能结冰。一般的商用飞机可以喷洒除冰液，SOFIA 却不能这么做。只要你坐过刚除完冰的飞机，就会看到喷洒在飞机外部的黏稠的霓虹色液体。在飞行的前几个小时里，液滴会不停往后飘。如果对 SOFIA 喷洒这样的液体，飞行过程中一旦出现倒流，就会在舱门开启时，流进望远镜所在的机舱内。因此，只要机翼一有结冰的迹象，SOFIA 就必须立即返回地面。

前一天晚上，SOFIA 也因诡异的天气停飞。我人生中的第一次飞行观测，就因为可能遇到极端乱流而被迫取消。当大型飞机和大型望远镜结合在一起，有些人可能觉得这加大了风险和复杂性，但是其实这类异常天气和故障很罕见，连续碰到两次的概率与中彩票头奖一样低。这事接连落到我头上，纯属运气不好。当我伤心地走下飞机，回到附近的飞机库时，我开始怀疑自己是受天气诅咒的倒霉天文学家之一，只要有我在，SOFIA 就注定无法起飞。这也许是我人生中与望远镜同航的唯一机会，却这么白白地被浪费掉了。

近年来，地基望远镜面临的一个关键挑战是如何摆脱“碍手碍脚”的地球大气层。

大气湍流导致的星光闪烁，是观星者眼中的美景，天文学家眼中的钉子，视宁度不佳的源头。自适应光学系统的诞生是减少星体

飞行中望远镜舱开启着的平流层红外天文台（SOFIA）

图片来源：NASA/吉姆·罗斯

闪烁的一大贡献，它将一个磁体系统置于极薄的变形镜后面，向高层大气发射激光，激发大气中的钠原子发光，形成明亮的光点，相当于一颗人造的假星。通过将这颗假星与理论上应该得到的完美激光导星相比，就能测量出大气畸变，用磁体系统校正镜面形状，实时补偿大气扰动的影响，从而获得无比绚丽的图像，清晰到仿佛没有大气层的阻挡。

这个聪明的做法可以让装载自适应光学系统的地基望远镜拍摄到比哈勃等空间望远镜还要清晰的图像。大气层提供人类呼吸所需的氧气，却也给天文学制造了不少难题。自适应光学系统只解决了

我是右边穿连帽外套的女生
第一次登上 SOFIA 参观该天文台
左上角可以看到密封的望远镜舱

图片来源：大卫·皮特曼

其中一个难题，却没有解决另一个。

大气层除了扰乱最终到达地面的光波之外，还将大量光波挡在外面。大多数从外太空直奔地球而来的光波，因为波长太长或太短，都被大气层打了回去。人眼虽然看不见它们，但如果能用望远镜捕捉它们，将是无价之宝。波长不同，阻挡物也不同。高层大气会阻隔能量极高、波长极短的伽马射线和 X 射线。臭氧层能够阻隔大部分紫外线，只有少量紫外线会成为漏网之鱼（但也足以晒伤人的皮肤）。一些红外线能通过大气层，但是大气中的水蒸气和二氧化碳等分子会阻隔较长的红外线。早在我们打开射电波（亚毫米波段或更长的波段）的大门之前，它们就已经穿过大气层，抵达地面。

在地球上确实也可以观测到光谱两端的光波，特别是红外波段和亚毫米波附近的光波，但是需要尽可能远离水汽。光是高海拔或干燥的大气，就足以极大地改善望远镜的工作条件，更好地观测这类光波。

阿塔卡马沙漠是全世界除了极地之外最干燥的地方，这也是为什么智利会成为天文观测的绝佳之地。智利的光学天文台主要建在安第斯山脉的中部和北部高山，射电天文台则建在阿塔卡马沙漠的高地上，比如阿塔卡马大型毫米波阵（Atacama Large Millimeter Array, ALMA），由 66 台天线组成的射电干涉阵，海拔 5 059 米。它第一次探测到从年轻恒星周围诞生的行星——孕育于由气体和尘埃组成的巨大圆盘（被称为“原恒星盘”），最终形成类似于太阳系的行星系统；还探测到 130 亿光年之外相撞的古老星系，它们距离地球如此遥远，以至于 ALMA 探测到的光束是两个星系在宇宙不到 10 亿岁时发出的余晖。ALMA 还加入口径等径于地球的望远镜阵列，拍摄了人类历史上的第一张黑洞照片。

然而，在这些望远镜的现场活动，十分挑战人类生理极限。技术人员到天线现场或进入辅助性设施工作时，必须使用便携式氧气补充器。ALMA 天文台建筑内铺设有输送氧气的管道。员工睡觉的地方在海拔 2 896 米处的操作保障设施里。ALMA 的海拔已经很高了，却还只是在大气层的底部。要想看到显著的收益，我们必须向更高处去，飞上万丈高空。

20 世纪 60 年代，天文学家就萌生了将望远镜搬上天空的想法。早些时期，NASA 曾将一架里尔喷气机改造成机载天文台，携带一台口径12英寸（约30厘米）的望远镜，安置在飞机的客舱里，正对着机翼前方一个密封的圆孔，透过它凝视天空。飞机会飞上15 240米的高空，天文学家戴着飞行头盔和氧气面罩，在飞机内部操作望远镜，观测太阳系行星、新生恒星及其他星系中心的黑洞。

大型望远镜早期的飞天之路一波三折。1965年，NASA改装了一架康维尔990客机，命名为“伽利略1号”，顶部安装观星窗，用于观测日食和飞掠地球的彗星。NASA对“伽利略1号”寄予厚望，希望它能成为一个多用的科研飞机，上观天文，下观地理，比如野生动物空中调查。1973年，“伽利略1号”结束试飞，准备返回加州的莫菲特机场，却在下降着陆时，与一架美国海军P-3“猎户座”海上巡逻机在空中相撞。“伽利略1号”上共11名机组人员，无人生还；P-3“猎户座”上有6名空军人员，仅一人幸存。后来，NASA又改装了一架康维尔990，命名为“伽利略2号”，用它观测了几年。1985年，伽利略2号在马奇空军基地起飞滑跑时，两个前轮突然爆裂，机身失控滑出跑道，瞬间被火焰吞噬。神奇的是，火势虽然凶猛，却无人伤亡。

柯伊伯机载天文台是NASA在机载天文学领域取得的第一次大胜利。它的名字来源于行星科学家杰拉德·柯伊伯[①]，机载天文学的先驱，曾使用里尔喷气机上的望远镜进行观测。它是一架改装过的C-141A“运输星”[②]，有着与SOFIA设计相似的伸缩门和密封舱，运载一台口径36英寸（约91厘米）的望远镜，用于长波红外观测。

① Gerard Kuiper（1905—1973），荷裔美籍的天文学家，现代行星科学之父。他发现了天卫五和海卫二，也是柯伊伯带假说的提出人之一，为了纪念柯伊伯的发现，这个区域被命名为“柯伊伯带”。——编者注

② 美国空军主力战略运输机之一，由美国洛克希德公司研制。

它能够飞上万米高空，最高可达 13 716 米，从 20 世纪 70 年代开始投身天文事业，直到 1995 年才功成身退。

柯伊伯机载天文台拥有许多重要发现，包括首次观测到冥王星的大气层和天王星的光环。如果这听着很耳熟，那是有原因的：主持这些观测任务的正是我的老师，麻省理工学院观测天文学教授吉姆·艾略特。没错，天文学家的世界就是这么小。

在吉姆的课上，我第一次听到机载天文学的故事，并对怎么在飞机上观测天体产生了一些不切实际的想象。当吉姆说到从敞开的飞机舱门后面用望远镜观测星空时，我很自然地联想到我曾见过的望远镜（我父亲的小星特朗望远镜）和飞机（我那时的飞行经验包括两次跨国旅行以及在电视机上看过几次“空军一号”[①]），并在脑海中将它们拼凑起来，最终产生了一个清奇的画面：飞机后部的舱门洞开，强风灌进来，吹得人嘴都歪了，吉姆和几位天文学家佝偻着背，逆风而行，挣扎着摆好一台望远镜，将它指向舱门外的天际（我当时应该还想象他们要么紧紧抓着把手之类的东西，要么被安全绳绑住，才没被大风吹出去）。事实上，无论是柯伊伯天文台还是 SOFIA，望远镜都被安置在一个独立密闭的舱室里，与客舱和加压舱完全隔绝开来。每次上天观测，机组人员都会同行，在氧气充足的机舱内监视和操作各种仪器，不会有人像只狗一样，坐在副驾驶座上兴奋地探出头吹风，跑到开启的望远镜舱里去操作它。知道真相的我，眼泪差点掉下来。

后来，SOFIA 接过柯伊伯机载天文台的衣钵，成为 NASA 新

① 美国总统的专机。

一代空中观测主力，硬件也得到极大的提升（一架波音 747-SP、一台口径 2.7 米的望远镜），从 2010 年开始执行观测任务，单次飞行时长约 10 小时，大部分时间从帕姆代尔基地启航，到了每年的六月和七月，它会转移到部署在新西兰克赖斯特彻奇的海外基地，利用那里漫长的冬夜，观测南半球的天空。自投入使用以来，它绘制了银河系磁场图，观测到新生恒星的诞生过程，还找到了木卫二（Europa，欧罗巴）水羽流喷射的证据。

飞机改装意味着 SOFIA 是试验型飞机，需要遵守一系列额外的安全规范。

当我第一次申请飞行观测，并收到一沓要填写的表格时，我才真正意识到坐上 SOFIA，会是一次别开生面的飞行，一次不同寻常的观测。那些表格包括《乘客名单》要求填写的个人信息，一份详细的医疗状况确认书，还有一封职业安全与健康管理局（Occupational Safety And Health Administration, OSHA）强制下发的告知书，知会我 SOFIA 的乘客将会暴露在“危险的噪声环境”中。SOFIA 卸除了商用飞机有助于吸收噪声的大部分标准内饰，因此飞行过程中机舱内的声音会很大，长期暴露在高强度噪声的环境中，可能会对听力造成损害，因此所有乘客必须戴上耳塞，用耳机进行机上无线电通信。SOFIA 除了要求我填写表格，还通知我要携带杯盖能够用锁扣锁住的杯子，以免飞机遭遇湍流时，热咖啡或茶叶洒出来；提醒我虽然飞机上很冷，但是应避免穿化纤类服装到飞机上，因为化纤面料容易摩擦产生静电，导致起火隐患，危险性较大；最后还要求我提前一天到达帕姆代尔，参加 SOFIA 紧急逃生培训，其他天文台显然不会作此要求。

紧急逃生培训通常既刺激，又带了一点惊悚的成分，总是伴随着这样的开场白：“本航班从未发生以下严重事故或紧急情况，但是万一飞机降落后翻扣并着火，以下是您应做的几项措施。”除了常规的安全须知外（如何穿救生衣、戴氧气面罩），我还学习了如何在飞机落水时迅速部署充气滑梯，将它当救生筏用，并发现滑梯里原来藏着“生存工具”，里面有一个急救包，一个紧急定位信标，一把小刀，一支钓鱼竿，以及教你怎么钓鱼的指南。此外，我还观看了一个教学视频，指导乘客如何通过机舱前部地板上的暗门（“此应急出口仅在飞机降落翻扣时使用”）或者驾驶舱的窗口（你需要爬出窗口，抓住救生绳，从 747 头顶一路滑到地面）逃出生天。在飞行期间的大部分时间里，每个乘客都可以在飞机上自由走动，同时要求所有人随身携带应急供氧设备（EPOS），它的外包装是一个小帆布包，拆开并展开后，是一个可以包住全脸的氧气面罩，当机舱起火或冒烟时，能用它应急供氧。包装上印有使用说明，其中一条是“请正常呼吸”。嗯，受教了。

SOFIA 每次执行飞行观测任务时，都会在登机前召开任务简报会，地点在 NASA 飞机库的会议室里，每个参加飞行任务的人必须出席。简报会由飞行任务主管主持，介绍乘客名单、飞行路线、天气状况、飞机当前状态、望远镜和其他仪器的最新情况，并简要介绍当晚观测天体的背景。后来，有飞行员告诉我，他们最喜欢的就是天文科普环节。SOFIA 的呼号是“NASA747”，经过多年的夜间飞行，许多空管员已经认得它了。夜深人静时，当它潜行在安静的空域里，有些空管员偶尔会呼叫它，问它今晚观测什么。飞行员总是很乐于回应，说“银河系中心”之类的地方。

我的第一次 SOFIA 飞行却止于任务简报会。会议一开始，任务主管就宣布取消飞行，原因是发生“重大气象事件”，严重程度被官方判定为“极度乱流”(可能导致乘客受伤或飞机受损)。后来，我听说 SOFIA 前一周也由于同样的原因停飞过一次。那天晚上，一架飞行路线与 SOFIA 相似的商用飞机遭遇了严重乱流，许多乘客下机后被直接送往医院。虽然每个人都渴望飞行，但也知道停飞才是此时最明智的决定，毕竟人命关天。

飞行取消后，我利用多出来的空闲时间，与 SOFIA 的飞行员交流，他们以前大多是商用飞机的驾驶员或试飞员。我很好奇驾驶一架运载着望远镜并且舱门大开的飞机是什么感觉。每个飞行员都发誓说，SOFIA 的飞行方式与普通客机大同小异，望远镜舱门是它最独特之处，设计得如此出色，让人在飞行过程中完全感觉不到舱门的启闭，也不会因乱流而晃动。飞机后部的望远镜有 17 吨重，为了保持机身平衡，计算机机架被放置在飞机前部，包括钢板也被固定在前舱地板上。

飞行员们提到，最大的不同之处是 SOFIA 对时间和飞行路线的把控要求极其精确。将望远镜搬上飞机后，如何控制它的指向便成了一个很有趣的问题。就像乘客透过飞机窗户往外看一样，SOFIA 望远镜的视野很大程度上取决于飞机的朝向。这意味着飞行员要根据望远镜的观测计划和时长制定每晚的飞行路线，有时会产生一些看上去奇形怪状的飞行轨迹，比如“之”字形、三角形、菱形。飞行时刻也要掌握得很精确：飞行员必须严格按照计划好的时刻表飞行，精确到几分钟以内。这意味着他们不仅要密切关注风向、飞机重量及飞行高度，还要时刻与空管员保持通信，确保与商业航班安全地共用空域。尽管在天上要“眼观六路，耳听八方”，多亏了细致入微的规划，还有技术高超的飞行员，大多数时候 SOFIA 都能完美地执行飞行计划。

因为上述原因，天文学家需要在起飞前给出深思熟虑的观测计划，并得到官方的批准，反而减少了他们在飞机上的工作量。天文学家确实是获得 SOFIA 飞行时间的人，他们还提供了观测计划与目标，用于规划飞行路线与时刻表，但当飞机起飞后，他们基本上就退居二线了。虽然他们偶尔可以将多余的一两分钟时间分配给某一个天体，或者调整一下仪器的设置，对数据做一些细小的改善，但是整个飞行计划是无法更改的，他们在现场能做的调整非常有限。此外，SOFIA 望远镜操作员扮演着与其他天文台望远镜操作员十分相似的角色，只是工作环境更复杂些（哪怕是住在地震带上，大多数地基望远镜的操作员也不用如此频繁地承受乱流或颠簸之苦）。

完整的 SOFIA 飞行阵容通常包括两名飞行员、一名在驾驶舱内负责飞机操作的飞行工程师、任务主管、安全技术员、望远镜操作员、仪器科学家，几名来访的天文学家。在我二月份的飞行中，飞机上共有 20 人，艾米莉·贝文斯（Emily Bevins）是其中一名望远镜操作员。经过两天的基地参观、逃生培训及简报会后，她对 SOFIA 的比喻引起了我的共鸣，完美地概括了与其他天文台截然不同的经历。她说：“这就像一场交响音乐会。”多个乐器组精心排练，贡献出自己最完美的演奏，最终交织在一起，奏出一支恢宏和谐的乐曲。身为一个在交响乐团里浸淫多年的小提琴手，这个比喻在我听来无比贴切，甚至与一些地基天文台形成有趣的反差。如果SOFIA是交响乐团，那么地基天文台就相当于业余摇滚乐队，那里的员工犹如路演工作人员，费力地拖着笨重的音响，用胶带粘住不怎么稳的麦克风，时不时有人突然冒出来，随意调整调音控制台的旋钮，或者在夜晚开始前测试一下设备。

发生“重大气象事件”之后的第二个晚上，简报会现场的气氛明显活跃了许多。二十几个人挤在一间会议室里，热切盼望着飞机能够顺利起飞，空气中充斥着紧张的气氛，我也不由得多了几分焦虑。为了这次飞行，我又等了一天，在众人皆醒的时间里睡了一觉。今天，加州沙漠的上空笼罩着厚厚的寒冷云层，偶尔下几滴雨雪，甚至洒一些冰雹；SOFIA要穿过这些云层，不知得承受多大的乱流。听了艾米莉“交响乐团”的比喻后，我开始循环听拉威尔(Ravel)的《波莱罗舞曲》(*Boléro*)，神经却一直绷得紧紧的。

起初，事情看起来很有希望。如果说SOFIA是一部交响乐，那么飞行任务主管无疑扮演着指挥家的角色，熟悉每个人的演奏部分，将所有人凝聚成一个统一的整体，确保演奏的成功。我们的任务主管在汇报中说，天气仍然很糟糕，但不到绝对危险的地步，今晚依然有望登机，并进入平流层。一想到能够顺利成行，所有人都兴奋不已，简报会一结束就迅速清场，一边抓起大衣、背包和夜宵，一边急匆匆地往外赶。我跟着人群走上机坪，激动得不禁轻颤，学着周围的人拿好耳塞，穿上反光背心（这是横穿滑行道的安全防护措施），大步流星地朝飞机走去。

上了飞机后，大家各自分散开来，将背包塞到座椅底下，把夜宵放进专用的冰箱里。几台冰箱，几台小微波炉，加上几只咖啡壶，组成了飞机上的小茶水间。机舱内的温度明显比较低，大多数人依然穿着外套，分头去查看望远镜和仪器工作台，欣赏安装着红外相机的望远镜舱后部，并在飞机上走来走去，等着是否起飞的最后通知。

这就是那个冷却系统故障、机翼可能结冰、独角兽闷闷不乐的夜晚。当任务主管下达最终决定，即连续第二晚飞行取消时，我和所有人一样，都知道这是正确的决定，却抑制不住内心的失望。我以记者和作家的身份，努力了数月才终于得到批准，希望借此次飞行，为本书积累机载天文学的亲身体验。SOFIA 的工作人员给予了我极大的帮助，但我知道这次机会没了就是没了，他们很难再将我塞到别的航班里。我想，天文观测的两大克星——天气和设备——终结了我唯一的 SOFIA 飞行机会。

SOFIA 已经做得相当出色了，它能够飞上万米高空，避开地球大部分水蒸气，捕获到较长波长的红外光。要是能飞得更高，结果当然更好。

哈勃和其他空间望远镜被送上地球的运行轨道，突破了机载天文台的高度局限，但是如何将一个完整的天文台送上轨道很快就成了一个既贵又难的命题。望远镜本身就是一项复杂的工程，当它与重量限制和发射能力结合在一起，甚至要设计出不需人为干预就能远程独立运转的系统，因此一下子就跃升为一项庞大的太空工程。要制造出与地基望远镜相同数量和大小的空间望远镜是不现实的。

不过，地球上有着人类更容易到达的地方，至少离太空更近些，那就是空天过渡区。传统意义上的机载天文学指的是飞机运载的望远镜，但是一些天文学家已经将眼光转向氦气球或亚轨道火箭，尽可能接近大气层的上界。

用于天文研究的气球可以漂浮到将近25英里（40 233米）的高空，令人惊叹不已。在那么高的地方，它可以探测到伽马射线、X射线、紫外线，至今已经绘制了漂浮在星系之间的一层薄薄的气体云团，从超新星残余物中发现了伽马射线，并充当了一些尖端仪器踏上太空之旅前的试验台。

如果你跟我一样，一听到气球，脑中浮现的第一个画面是小朋友生日派对上的气球，或者一个五颜六色的热气球，底部垂着一个吊篮，里面站着几名天文学家，那么你就太天真了。

真正用于天文研究的高空气球是非常大的，最大的充满气后超过137米高，携载望远镜或探测器升空，天文学家团队则留在地面，远程操控气球上的仪器。探测器受人控制，气球却受其漂浮高度的风控制。因此，发射这样一个气球，需要天时、地利、人和。首先，风流和天气要配合，时间点要掐得恰到好处，团队必须眼疾手快地在放飞前完善、检查及确认有效载荷，即气球携载的各式仪器和相机（加起来可能重达数吨）。

美国的大多数高空科学气球从位于新墨西哥州、得克萨斯州、澳大利亚及南极洲的几个主要发放场地升空，那里驻扎着专门从事高空气球飞行的气球团队，还有研判天气的气象专家。在一个好的放飞日里，不同飞行高度（地面层、过渡层、气球最终“漂浮”的平流层）的盛行风都会相当配合，天气也适合发放。

气球囊身比一个足球场还长，球体像塑料袋一样薄，未充气前铺在地面上，底下垫着一层防水布。气球末端有一条缆绳连接着降落伞，降落伞往下连接着放置有效载荷的吊舱，被高大的移动式起重机吊在半空，用插销锁定，等待发放。当气球铺开时，它最上层的五分之一会充入氦气，并用一个爆炸环扎紧，不让氦气跑到下面去。气球缆绳末端缠绕在沉重的线轴上，暂时系留在地面。

从原则上讲，气球的发放应该是一个平稳的过程。一旦充气完成，线轴开始转动，气球也会缓缓升起。在上升的过程中，球囊拽着缆绳往上走，发放人员开着起重机，追在气球后面跑，小心翼翼地吊着有效载荷，与空中的气球对齐。当缆绳被拉紧时，拴住有效载荷的插销会自动释放，吊臂放开载荷，整个气球便拽着所有家当，毫无眷恋地飞向天空。到了一定时间，爆炸环会自动爆炸分离，让氦气在球体内扩散，随着气球不断爬升而膨胀。一旦到达目标高度，气球将停止上升，在离地面 20 多英里的高空漂浮 10~30 个小时不等，地面上的天文学家则开心地操控吊舱里的望远镜和探测器进行观测。

这说起来好像很容易，但可能出错的地方却不少，光是气球发放就有许多潜在的风险。首先，爆炸环不能炸得太早，否则气球胀得太满，会撑裂囊身，接着一点点泄气，瘪瘪地落回地面，要晾在地上好几天，才能将氦气完全排空。气球发放还高度依赖风向，即使是神机妙算的发放人员和气象专家，偶尔也会碰到说变就变的地面风，突然将他们的气球吹到别的方向去。释放吊臂插销的时机也很关键：释放得太早，有效载荷可能会掉到地上；释放得太晚，有效载荷大概率会撞上吊臂，或被气球的缆绳强行拖上天；完全不释放，后果更严重。与此同时，当意外发生时，发放人员能做的十分有限。有一位气球天文学家回忆说，他曾看见一名发放人员爬上起重机的吊臂，用脚使劲地踢卡住的插销，最终幸运地将它踢开，而他也安然无恙地留在吊臂上。万一他运气不好，从吊臂上摔下去，或者被气球的绳缆缠住，后果将不堪设想。

埃瑞克·贝尔姆（Eric Bellm）回忆起了2010年他在澳大利亚爱丽斯泉主持的气球观测活动，那次气球发放出现了众所周知的重大事故。当天，他的团队要送上天空的有效载荷是一台伽马射线望远镜。在前一次飞行中，它出色地捕获到邻近的一颗脉冲星发射的伽马射线。这一次从澳大利亚升空，他们希望它能绘制银河系中心的伽马射线分布图，收集超大质量黑洞的数据，并巡视天空，也许能误打误撞，拍到遥远的垂死恒星发射的伽马射线暴（我在学位论文中尝试解释的某些天体发出的高能闪光）。考虑到这次合作的气球团队很有经验，那台望远镜亦不是第一次乘坐气球了，埃瑞克对这次任务很有信心，决定邀请媒体到现场观看科学气球的发放盛况。一些摄制组闻讯而来，不少路人也跑来凑热闹，抢占了视野最好的地方（果然全天下的观众都是一样的），即发放场的围栏后面，兴奋地等待气球放飞。

那天的盛行风向与天文学家原本预期的不一样。当他们开始准备气球时，从气球末端拉一条绳缆，穿过有效载荷所在的吊舱，继续往前延伸，正好指向围栏的方向。对此，当地的气球工作人员并不担心，因为他们曾碰到过这样的情况，最后依然轻轻松松地将气球放飞到空中。发放时间一到，气球被释放，拽着有效载荷缓缓上升，起重机亦步亦趋地跟在后头……一切看上去很正常。气球还在往上升，吊臂却迟迟没有释放载荷，起重机依然跟在气球下方，拼命地往前跑，直直冲向围栏以及兴奋的观众停车围观的区域。

最终，起重机在围栏边上停下，不敢再继续向前，可有效载荷仍挂在吊臂上。这时，气球依旧在势不可当地向前移动，有效载荷在围栏上空摇摇欲坠。围观者终于意识到情况不太妙，纷纷从围栏前散开。连接着有效载荷与起重机的绳索“啪”的一声断裂，重达两吨的科学仪器应声落地，被气球拖着撞翻围栏，像犁地一样向前滚去，所到之处，一片狼藉。不仅撞翻了某位观众的车，还差点撞翻第二辆（而且车内坐着人）。一见到它过来，所有人纷纷让道，撒腿狂跑。有效载荷一路翻滚着，被气球拽离地面，撞坏的设备碎片如天女散花般哗哗往下掉。直到这时，一名发放工作人员才朝着对讲机大喊：“终止任务！”发放组立即割断绳索，所有设备滚落到地上，翻滚了好几圈才停下。

埃瑞克和他的团队一句话也说不出来，目瞪口呆地看着变成一地残骸的科学仪器，还有一群惊魂未定的观众，当气球拖着一堆大型设备冲过来时，那些观众就站在它的行进道路上。不到一分钟的时间，发放场地变成了灾难现场。

幸运的是，没有人受伤。不幸的是，现场的摄影机全开着，从不同角度录下了这起坠毁事件，很快就在夜间新闻里播出，还传到 YouTube 上。在新闻报道中，观众接受了电视台的采访，讲述他们如何死里逃生，背景是一群垂头丧气的科学家，正在捡地上的设备残骸。遗憾的是，他们不可能及时抢救所有设备，并临时安排另一次飞行，整个团队只能遗憾地打道回府。

让气球飞起来已经够难了，即使顺利升空，也只成功了一半。飞行结束时，气球（至少它的有效载荷）必须降落并回收。理论上，地面团队为了控制载荷的降落时间和地点（不仅要关注盛行风向，还要避开人口密集区、保护空域以及国际边境，因此降落时间和地点非常重要），还会在气球上安装第二道爆炸环（或切割器），炸断缆绳，分离球体。这个时候，降落伞就派上用场了。一旦下降到空气密度足够大的高度，降落伞将自动打开，带着有效载荷缓慢着陆，然后脱离。这听上去很完美，做起来未必万无一失。

一旦在天上发生意外，最坏的结果就是自由落体。当切割器失灵，或降落伞无法打开，苦心研制的天文仪器就会像歪心狼①一样，呈直线坠落，一头扎进土里。就算降落伞成功打开，如果不能及时脱离，它就会无情地拽着有效载荷，在沙漠的土里或南极的冰面上拖行数英里。不管是哪一种情况，结局往往跟埃瑞克在澳大利亚碰到的差不多，即一群科学家带着铁锹在残骸中翻来翻去，希望能找回某些不可替代的珍贵部件。

有效载荷安全落地后，还需要有人去回收它们。哪怕是一次理想的放飞，回收的道路也可能险象环生。曾有一个从新墨西哥州放飞的载荷，最终落到了一个被某个组员简明扼要地概括为“蛇谷”的地方，有人还听到小组里的首席科学家喃喃自语道，不知道能不能把“防蛇护腿”（一种加厚的护具，理论上，穿着它可以让你活着走出响尾蛇堆）写入国家科学基金会的经费预算里。当有效载荷远远偏离原定的着陆点时，回收就会变得十分棘手。虽然大多数载荷都配备了 GPS 跟踪器，但是有时亲眼看到它们真正着陆的地方，还是会吓一大跳，甚至有人会捷足先登。一个团队曾行驶在一条偏

① 兔八哥系列动画片中的主要角色之一，一心想要抓住并吃掉哔哔鸟，经常追逐到悬崖边上，哔哔鸟安然无恙，歪心狼却不敌地心引力，跌下悬崖，摔在地上。

僻的单向车道上，准备去气球的着陆点取回有效载荷，却看到一辆平板货车迎面开过来。当车子从身边开过时，他们看了一眼后面的货物，发现竟是他们的设备。据说另一个团队从澳大利亚放飞了一个气球，结果它飘过大西洋，降落到巴西，在一个村庄落脚，缠住了好几根电线，切断了村民家的电。几个月后，该团队跑来村子里取设备，到一家小店里打算喝几口酒，抬头一看，赫然发现他们的一大块设备砸穿了人家酒吧的屋顶，牢牢地卡在天花板里。

火箭天文学和气球天文学是亲兄弟，遵循着基本相同的流程——送仪器上天、采集数据、降落、回收——但速度快很多。探空火箭将运载望远镜，进入抛物线状的亚轨道，在大气层外短暂逗留，捕捉几分钟的珍贵数据。

小亚瑟·沃克是著名的航空工程师，火箭基天文学的先驱，利用自己在美国空军积累的火箭发射经验，设计了可用探空火箭运载的紫外线和X射线探测工具。在20世纪80年代至90年代，亚瑟和他的团队发射了数枚探空火箭，将几十台望远镜送上天空，首次拍摄到X射线和紫外线波段的高分辨率太阳图像。从发射到回收，整个飞行过程持续大约14分钟，其中只有5分钟是在大气层外收集数据。飞行结束后，和科学气球一样，有效载荷通常会自动脱离火箭，借助降落伞返回地面，由地面人员回收。

同样地，只有少数几个地点可以成功发射这类火箭，其中之一是新墨西哥州的白沙导弹试验场（就在白沙国家公园绵延不绝的白色沙丘之中，阿帕奇天文台的西边）。我有几个同事曾在白沙见证过几次火箭发射，每次都提心吊胆的，担心万一火箭偏离轨迹，飞向居民区或墨西哥边境，任务会夭折。意外也时有发生，比如载荷可能会落到白沙公园里一些人类难以涉足的地方，或者可能有未爆炸物残留在发射场地。到试验场开展研究的天文学家需要接受特殊的安全培训，偶尔还要跟在排雷人员身后，亲自去卡车上回收载荷。有一个团队曾在一月份的阿拉斯加发射了一枚火箭，结果降落伞没有成功打开，有效载荷最终落到了原定着陆点 25 英里以外的地方。面对短暂的白昼，极寒的天气，该团队最终决定发布悬赏，奖励能深入阿拉斯加荒漠，追踪到载荷的勇士。重赏之下，必有勇夫：两个夏天后，终于有人发现了他们的设备（并领取了赏金），一半深埋在地里，一半爬满了苔藓。

马绍尔群岛是靠近赤道的太平洋岛国，有一个被 NASA 租用于科学研究发射任务的军事发射场。在马绍尔群岛的夸贾林环礁上，有一个叫罗伊 - 纳穆尔（Roi-Namur）的小岛，是另一个经常看到探空火箭升空的发射点，四周被美丽脆弱的珊瑚礁环绕着，附近的海域严禁投入任何发射物，因此在岛上发射火箭并回收载荷，必须小心翼翼，如履薄冰。火箭不像气球那么容易受风向影响，通常可以按计划准时发射，但是偶尔也有倒大霉的时候。我的一位同事凯文 · 法兰西（Kevin France）说，他曾在罗伊 - 纳穆尔岛等了五个晚上，一次又一次地升起和放下火箭，一次又一次地中止发射，只因时不时有风吹过来，可能将火箭吹到珊瑚礁所在的海面。

罗伊 - 纳穆尔岛的另一个奇特之处是没有汽车。岛上只有两辆运货的卡车，还有一辆警车，来访者在岛上活动，只能靠步行，或坐高尔夫球车。为了缩短科研团队在岛上的交通时间，NASA 运来了一个大集装箱，里面全是散装的沙滩自行车。凯文一到岛上，就被派去组装他的自行车。团队成员很快就对自己的自行车产生感情，给它们贴上漂亮的 NASA 任务贴纸，总是骑着它们往返发射场，不分昼夜，形影不离。结果就是，在一个遥远的太平洋小岛上，一群 NASA 火箭科学家仿佛回到了少年时代，蹬着自行车，打着闪亮的车灯，背上或挡泥板上绑着研究设备，享受着宵禁后夜骑的惬意时光。

飞机、气球和火箭超出了我们所谓的“地基天文学”的限界，但我依然很乐意将它们与地面望远镜归为同类。虽然数据是从天上带回的，但是整个探险以陆地为起点，最终也以陆地为归宿；观测者要么紧紧跟随到天上，要么在地上驻足守望，密切跟踪宝贵的每一秒。

如果真想在“地基”上做文章，那么在“最厉害的地基望远镜”比赛中，乔治·卡拉瑟斯[①]无疑是出奇制胜的黑马。他研制的远紫外线相机 / 摄谱仪确实是放置在陆地上，只不过是月亮的陆地，而它的操作者是宇航员约翰·杨[②]，1972 年执行阿波罗 16 号登月任务期间，亲手操作了这台望远镜。乔治是紫外线探测仪的先驱（拥有世界上第一台紫外线相机的专利，还用探空火箭进行早期的紫外线观测），并研制了口径 3 英寸的月球特供版小型望远镜。它是历史上第一台将视线对准我们自己星球的望远镜，从月球上拍到了许多漂亮的数据。乔治和他的同事利用包括地球大气和磁场的数据，发表了几篇备受瞩目的研究论文。这台望远镜虽小，怪毛病却不

---

① George Carruthers（1939—2020），非裔美国发明家、物理学家。1972 年卡拉瑟斯完善了一个小巧而强大的紫外摄谱仪，供美国宇航局在发射阿波罗 16 号时使用。2003 年，卡拉瑟斯被列入国家发明家名人堂。——编者注

② John Young（1930—2018），美国宇航员。1972 年，他作为阿波罗 16 号登月任务的指挥官，成为第九位登上月球的人。——编者注

少。连接望远镜和电池板的电线总爱缠住宇航员的腿，电池板要经常晒太阳取暖。在寒冷的月球上，润滑剂慢慢冻结，望远镜的脖子越来越难转动。最后，宇航员只能靠蛮力去转它，而且每动一下，或者每换一个地方，还得给它清理镜面上的月球灰尘。光是为了伺候它，就消耗了不少宝贵的时间和氧气。尽管如此，这台望远镜依然被认为是成功的。后来，乔治又研制了一台相似的紫外线望远镜，随“天空实验室”[1]计划一起进入太空。

登月活动确实给天文学带来了额外的好处。在阿波罗 11 号的登月任务中，尼尔·阿姆斯特朗[2]和巴兹·奥尔德林[3]在月球上放置了一面特殊的激光反射镜，只要从地球上对着它发射一束激光，就可以通过激光往返时间测算地月距离，精确到几毫米以内。多亏了这面镜子，我们知道月球正以每年 3.8 厘米的速度远离我们。后来，阿波罗 14 号和 15 号任务在月球上放置了更多面反射镜，阿帕奇天文台至今仍在用它们进行月球激光实验。

关于月球就说这么多。在地球上，南极洲是我们能够建造和操作望远镜的最偏远之地。在南极洲腹地有一个天文台离南极点很近，它就是阿蒙森 - 斯科特南极站（Amundsen-Scott South Pole Station）[4]，有一架口径 10 米的射电望远镜，叫“南极点望远镜”（South Pole Telescope, SPT），工作波段为亚毫米波，曾与其他射电

---

① 美国第一个试验型空间站，1973 年被送上轨道，1979 年进入大气层烧毁。

② Neil Armstrong（1930—2012），美国宇航员，人类历史上第一位登上月球并留下脚印的人。——编者注

③ Buzz Aldrin（1930— ），美国宇航员，在执行阿波罗 11 号登月任务时，成为第二位登上月球的人。——编者注

④ 世界纬度最高的考察站，以最早到达南极点的两位探险家的姓氏命名。

望远镜组成口径等效于地球的干涉阵，首次拍摄到黑洞的真容。如果你觉得它听着有点像阿塔卡马沙漠的 ALMA，原因在于：南极本就是一片高海拔的沙漠，南极点望远镜的海拔为 9 000 英尺（2 743 米），气候干燥，降水稀少。在南极拍摄到的暴风雪，通常是被烈风吹到空中的地面积雪。地球两极大气层更薄，会给人海拔更高、空气更稀薄的感觉。阿蒙森 - 斯科特南极站的信息板上不仅显示每天的天气情况，还会显示“体感海拔”。

从天文学的角度来讲，南极洲是一个做科研的好地方，但也带来了严峻的挑战。南极洲的冬季奇寒无比，这点是毋庸置疑的。由于天气极端恶劣，冬季的整整八个月里，没有飞机往返这里。冬天在这里工作的人被称为“过冬者”，整个冬季都会被困在南极大陆上，直到航班恢复才能离开。对任何人而言，这都是一段漫长且艰难的时光，尤其是在阿蒙森 - 斯科特南极站，那里人烟更加稀少，生活清苦，不像离海边更近的麦克默多站[①]，规模庞大，人潮汹涌。鲁佩西 · 奥吉哈（Roopesh Ojha）曾和南极点望远镜一起“过冬”。为了顺利挨过漫长的冬天，他提前做足了准备，除了仔细罗列科研任务，还要考虑许多琐碎的小事，比如要带多少分量的牙膏或剃须膏才够用。在世界上最偏远的大陆，当你每天看的是白茫茫的冰雪（在冬天则是一片黑暗），吃的是数月前运来的单调乏味的冷冻食物，闻的是冷冽干燥的南极空气，你会开始想念外界的一切诱惑，想念人间的烟火味儿。鲁佩西至今仍记得，过完冬后随第一批食物被运来的香蕉和新鲜鸡蛋的味道，也记得返回新西兰后，走下飞机

① 南极考察站中规模最大的一个，有“南极第一城”的美称。

的瞬间，那扑鼻而来的泥土、草木和新鲜雨水的气味。

如果你认为南极科考人员能天天看到可爱的小海豹，还有成群结队的企鹅，可以靠小动物们解闷，那你就太天真了。南极的野生动物主要沿陆地外缘呈环状分布，以海水里的生物为食，几乎不会跑到阿蒙森 - 斯科特南极站所在的偏远内陆。虽然早期的探险家可能会带着雪橇犬队来到南极大陆上，但是现在的南极条约体系[①]严禁游客携带任何外来动物到这里。长居此地的人可能会非常渴望宠物的陪伴，任何类型的宠物都行。鲁佩西还记得有一只小绿虫藏在一颗生菜里，远渡重洋来到了南极站的厨房里。当厨师惊奇地宣布，这只命大的小虫子还活着时，正在吃午饭的人有一半都跑了过来，好奇地打量着这个小生物，后来还给它取名叫“奥斯卡”，放在厨房里养了好一阵子。站里还有一台 Roomba 扫地机器人，被大家亲昵地唤为“伯特”，负责打扫过道和大厅，即使在漫长的冬季，站里人员稀少，它也依然敬业地坚守岗位。在一个偏远到仿佛是外星球的地方，只要出现任何可以带给人类慰藉的事物，不管它是一只勇闯南极的虫子，还是一台被当作宠物的机器人，在那里工作的科学家都会对它们爱不释手。

我还有最后一丝登上 SOFIA 的希望。虽然二月的飞行夭折了，但是几个月前，我提交了一份申请使用 SOFIA 望远镜的观测方案，希望借此解开红超巨星身上一个让我困惑已久的问题。我依然好奇围绕在这些垂死恒星周围的尘埃物质，好奇它们是如何形成的，由

① 南极条约体系是指《南极条约》和《南极条约》协商国签订的有关保护南极的公约以及历次协商国会议通过的各项建议和措施。

什么构成，是否隐藏着关于恒星最终宿命的线索。我知道SOFIA能够捕捉到那些尘埃发射出的微弱的长波红外光，如果我能获准使用SOFIA的望远镜，就能从其他望远镜所没有的独特视角，观察红超巨星的演化……还能有机会跟它一起飞上天。

得知提案被批准后，我立马抓住了七月飞行的机会。这一次，SOFIA将从美国南极计划部门[①]位于克赖斯特彻奇的基地起飞，我将以天文学家的身份登机，观测一颗红超巨星。

当时，我正顶着法国炎酷的热浪，在那里做学术会议报告。收到通知后，我疯狂修改夏季行程，订了一系列看似自虐的航班，会议一结束就马不停蹄地飞往新西兰。因为工作的关系，我经常到国外出差，但是飞越半个地球，接着坐上另一架飞机，还是比较少发生的。多年来，戴夫一直开玩笑说，看我的飞行轨迹，认为我完全可以轻松地隐藏自己是中情局特工的秘密身份，只要以“我要去观测天体”为借口，就可以顺理成章地消失，去南极腹地、澳大利亚或其他遥远之境，执行绝密的任务。此时，看到我在最后一刻匆忙改订一趟飞往另一个半球的航班，恐怕只会令他更加相信自己的歪理（现在将这件事写在书里，足以证明我不是中情局特工，或者应该问，我是吗？）。

经过整整三天的辗转，从夏天的法国转移到冬天的新西兰南部，我终于抵达克赖斯特彻奇，进入一个与我的生物钟相反的时区，整个人跟打了鸡血似的，欢快地走在寒风中。这是一次非常典型的观测之旅：风尘仆仆地赶到地处偏远的天文台，从一个时区切换到

① 位于南极大陆上隶属于美国的组织，主要管理美国在南极洲的科学研究和相关物流。

另一个昼夜颠倒的时区，靠着近乎疯狂的兴奋感支撑夜晚的观测，但是这股兴奋劲儿只能让你坚持到凌晨三点，一过三点就萎靡不振。

这一次，天气和飞机都很配合。参加完逃生培训，听取完任务简报，我们再次抓起背包和夜宵，穿上反光背心和腰带，横穿停机坪，走到 SOFIA 的停机位。它已经加满了油，背对着绯红的夕阳，蓄势待发。今晚，飞机将沿着一条有趣的倒三角航线飞行，先往南飞到南冰洋的上空（离南极圈非常近），接着向东绕行，然后朝北飞行，凝视银河系的中心，那里有几十年前一颗恒星爆发留下的残骸，还有几颗濒死的老年恒星，其中就有我要观测的目标。

在这次飞行中，只有我是第一次登上机载天文台的乘客。当机长邀请我坐进驾驶舱，体验飞机起飞的过程时，我欢喜不迭地答应了。于是，我坐到了飞行员后面，飞行工程师的旁边，脸上挂着微笑，双手老实地放在大腿上（周围全是各种开关和按钮，我可不想误触它们，哪怕是不小心的），看飞机在繁忙的克赖斯特彻奇国际机场滑行，听飞行员与空管员的对话，以确保我们在正确的时间点起飞。在这之前，我已经坐过许多次飞机，看多了随着跑道延伸的灯光，因此对外面独特的风景线无动于衷，直到飞机抬头起飞，将跑道灯渐渐甩在身后时，我才瞬间激动了起来。我们终于要上天了！在起飞过程中，驾驶舱灯光被调暗了，飞机从机场爬升到新西兰的上空，南半球的星辰一颗接一颗跃入眼帘。

飞机很快就爬升到 4.3 万英尺（约 1.3 万米）的高空，比大多数商用飞机飞行的高度还要高 1 英里。一位同事说，在这个高度，我们已经进入了平流层，可以理直气壮地说自己是“平流层天文学家”了。我呆呆地望着窗外的景象，像个孩子一样傻呵呵地笑着，努力想将这一切烙印在我的记忆里。我一直坐在驾驶舱内，直到飞行工程师打开望远镜的舱门，才走下驾驶舱的楼梯，去找其他机组人员。正如先前说过的，望远镜舱门的启闭不会产生太大的动静，坐在飞机里的人完全感觉不到飞机侧面打开了一扇巨大的门。

我先前收到的提醒所言不假，机舱内确实很吵。于是，我戴上耳塞四处走动，仿佛将自己包进一个没有声音的泡沫里，只有在戴上耳机与人通过无线电交谈时，才会戳破这个无声的泡沫。如果不去管那些高分贝的噪声，机舱内其实出奇地平静。望远镜和各类仪器的操作人员各司其职，其他人则在用微波炉加热晚饭，或者吃零食。机舱内确实很冷，我戴了一顶冬帽，将大衣拉链拉上，顶住下巴，可惜没带手套。不过，我带了一个有锁扣的杯子，给自己泡了杯热茶，漫步到飞机的后部，打量密封舱中突出来的望远镜后端。飞机在几乎难以察觉的气流中颠簸着，望远镜似乎微微地晃了一晃，在观测过程中稳稳地悬浮在巨大的滚珠轴承上。

和其他天文台的观测一样，当一切都按部就班地进行时，这个夜晚就会……平常得让人诧异。是平常，而不是平淡，毕竟这是我期盼已久的飞行，不可能一点也不激动。我找了一个工作台舒服地坐下，写了一些飞行笔记，加热了晚上要吃的泰国菜，温习了几个小时后即将执行的观测细节，还研究了我今晚希望得到的数据。在肾上腺素的刺激下，我现在仍像打了鸡血似的充满干劲，但也清醒地知道，过去三天里我只睡了六个小时，现在应该趁机打个盹儿。

疲惫感最终还是袭来了，但是当我的观测窗口终于到来时（一段长达 16 分钟的时间窗，SOFIA 望远镜将在这段时间内，对准我要研究的一颗红超巨星），我瞬间清醒过来，戴上耳机，捧着一杯新泡的茶，站在仪表台后面（如果那只独角兽还在，这次它会是微笑着的）。不管是在飞机上还是地面上，当天文学家第一次使用望远镜，第一次研究某个子领域或波段时，心里难免会闪过一丝紧张，这次也不例外。万一我搞砸了怎么办？万一我的观测方向是错的，花了大家许多时间和精力，采集到的数据却被证明是无用的，我该怎么办？你可能觉得这些担忧很愚蠢，毕竟我的观测方案经过了天文学家委员会的评审和批准，我还为此做了大量功课。但是当飞机上升到 4.3 万英尺的高空，进入新西兰南海岸上方的指定空域，而我就站在机舱里，看着望远镜舱门大开，飞机上到处是为了我忙碌的身影，只因为我说——我想要这架飞机上的这台望远镜指向我想观测的一个天体时，我无法轻松地对自己说，这些担忧完全是多余的。我紧张地看着望远镜微微抬头，望向我指定的那颗恒星，心里却暗叫："拜托，千万别搞砸了！"

可喜的是，望远镜一下子就锁定了我的恒星，数据很快就如江水般滚滚而来，一切完美得让人吃惊。我没有搞砸，望远镜根据我提供的坐标，完美地指向恒星，它没有暗到看不见，也没有亮到令天地失色。我以前不曾亲自观测过天体的红外波段，但我研究过的案例与此时看到的未经处理的原始数据大致吻合：仪表屏中心划过一条白色细长的弧线，点缀着一些暗淡的小斑点，标志着光线中暗藏着某些化学元素的痕迹。

飞行了几个小时后，我被允许回到楼上的驾驶舱。我有几个问题，想请教飞行员和飞行工程师。飞机还在往南飞，驾驶舱内的灯光已经重新调亮，我们四个人一边时刻关注飞机的状态，一边聊着 SOFIA 的来龙去脉……直到一个飞行员突然岔开话题。

“你介意我们关灯吗？那边好像有极光。”

我摇了摇头，驾驶舱瞬间陷入一片漆黑，我也不由自主地屏住呼吸。

我从未见过极光。我从小就梦想着能看到极光，几乎变成一种痴迷，但是一直没有机会见到。当我还住在波士顿时，那里时而会出现北极光，我还坐过几趟飞到北极附近的商业航班，却不曾遇到极光。此时此刻，它就这么不经意地出现了，犹如一条条恢宏的淡绿色光带，并连成一体，扭动着游龙般的身姿，不同于我见过的任何东西。透过全景式的驾驶舱窗往外看，你会觉得目不暇接，不知先看向何处是好，因为我们正置身于横贯整片天空的极光之下，它在我们头顶上闪烁着，如水波般向前方翻涌飘移，汇入地平线处，留下云谲波诡的光芒。

飞行员通知了飞机上的其他人，还关闭了飞机前部的一些灯，那里原本摆放着一些座椅，供人们在起飞或降落时乘坐。虽然极光美到令人窒息，它们的出现并非完全在意料之外（SOFIA 飞到如此靠近南极的天空，经常与极光不期而遇），但是望远镜还在观测，每个人都有要务在身。不过，当飞机继续往南飞，窗外的极光也越来越耀眼时，人们开始三三两两地凑到窗口，弯下腰来看向窗外婀娜多姿的“灯光秀”，短暂地取下耳塞，兴奋地朝对方叫喊。SOFIA 的老将们早已见过南极光，但还是驻足了几分钟，认真地欣赏这百看不厌的美景，其他观测者也都很兴奋。我们都知道，来自太阳的带电粒子碰撞地球大气层中的氧原子，才造成了这般绚烂梦幻的绿光。是的，身为天文学家，我们都知道这一天文奇观的成因。说到底，极光是由太阳引起的，是它送给我们的“见面礼”。

当时，我就坐在NASA机载天文台的驾驶舱内，随着飞机穿梭在南极圈上空的平流层，朝南疾驰。在飞机周围，极光拖曳着一道道美丽的绿色弧线，婀娜多姿地舞动着。在飞机的后部，一架望远镜正准备指向我选定的一颗恒星，帮助我解开毕生探索的众多宇宙奥秘之一。

在非常短暂的一刹那，一个念头突然闪过我的脑海，极光也许会对数据质量产生轻微的影响。可是，那一刻的我无法不陶醉在梦幻的极光之中，忘了自己是一个天文学家。

第九章

阿根廷的 3 秒钟

人们有时对天文学家存在一种刻板的印象，觉得他们跟机器人似的，丧失了欣赏浪漫和美丽的能力，只会干巴巴地陈述科学事实，研究二进制数据。当我和一些同行谈论日全食那天的计划时，我深刻地意识到他们与这种刻板印象完全不一样。

和许多人一样，我将在 2017 年 8 月迎来有生以来的第一次日食观测。那一天，月亮将完全遮蔽太阳，只余一圈白边，拖着月影扫过美国一大片地带。我和同事对日食了如指掌，比如它会在什么时间、什么地点发生，也知道必须佩戴专用观测镜，否则不能直视太阳，哪怕它被月亮遮住了 99%，还知道食甚阶段能够看见日冕（太阳大气的最外层）的银白色光芒。不过，当我跟同事提起日食时，大多数人一张口，最先说的不是科学知识，而是它有多么美丽，它给人类带来如何震撼的感官体验和心灵涤荡。

自从知道了日食背后那些诗意的数学、优美的科学，天文学家似乎反而更能领略日食之美。无论是为了科研，还是出于对宇宙的热爱，曾看过日食的观测者都会赞不绝口地说，当食甚那刻到来时，在整整两分半钟的时间里，他们的内心只余一片宁静淡泊，眼中只有摄人心魄的日冕光芒，忘我地沉醉于美轮美奂的天文奇观里，仿佛与整个太阳系同在，听不见世间的纷扰。

我的亲身体验可就没这么富有禅意了。

2017年的日食，我在怀俄明州的一些同事组织了一次科普旅游活动，邀请了两百名日食爱好者到杰克逊市（Jackson）的杰克逊霍尔高尔夫网球俱乐部，共同观看日食。我加入了他们的活动，作为特邀演讲嘉宾之一，在晚上为前来参加活动的人做科学报告。日食到来的那天早上，湛蓝的天空如碧玉般澄澈，人们来到开阔的高尔夫球场，散落在各个角落上，西边是大特顿山脉（Grand Tetons），尖耸的山峰矗立在我们身后。所有人面朝太阳站着，像随着太阳转动脑袋的向日葵，手上拿着琳琅满目的观测仪器：每个人都带了一副深色的日食眼镜，有人甚至带了装有日食镜片的双筒望远镜，各式各样的数码相机，带太阳滤镜的小型天文望远镜，利用小孔成像法将太阳投影到屏幕上的设备……

不少来的人是日食观测的老手。有人告诉我这将是他们看到的第20次日食，而我和我的家人则是第一次。我的朋友道格·邓肯（Doug Duncan）是这次活动的组织者，他非常大方地说我可以带家人一起参加，可能没想到我的家族这么庞大，最终邀请了16个人（戴夫、我的父母、我的哥哥和他的妻儿，还有好多姑姨、叔舅、表兄堂弟）。他们都和我一样，无比期待即将看到的第一次日全食，一想到它就兴奋得难以自抑。为了这次漫长而昂贵的日食之旅，他们积攒了好多假期和旅费，从马萨诸塞州乘飞机、汽车或露营房车来到这里与我会合，期盼着这天上午11:35，这里会是晴天，能够如愿观赏到日食，不虚此行。

随着太阳一点一点被遮挡住，每个人心中的期盼也越来越强烈。太阳被蚕食的过程漫长且微不可察，人们只能感觉到气温逐渐下降，光线反常地由明转暗，太阳的投影慢慢地从一张圆饼变成吃豆人，再从吃豆人变成可颂面包。球场里的发烧友全都乐呵呵的，你一言我一语地谈论着日食，一看到有人从面前经过，就兴奋地喊对方来看自己带特殊滤光装置的天文望远镜或双筒望远镜，分享镜中的奇观。整个怀俄明州的人——确切地说是全美民众——都拥向了日全食的所经之处。从俄勒冈州到南卡罗来纳州，大批群众堵在高速公路上，有的戴着日食观测眼镜，有的戴着深色电焊护目镜，有的直接就地取材，用自己能找到的任何带小孔的东西（漏勺、乐之饼干、刨丝器）充当“针孔照相机”，观赏慢慢消失的太阳。那一周，社交媒体上铺天盖地的全是日食的消息，所有新闻和广播节目都争相报道它。看到全国人民因天文现象而疯狂，身为天文学家的我们真的很高兴。上百万天文爱好者投入这场天文盛会中，仿佛在举办一场全国观测大会。

在食甚到来的前一刻，人们心中的兴奋达到了无法遏制的顶峰。月影降临人间，每个人都戴上了日食眼镜，面朝天空，屏息以待。有些人惊叹着转过身来，因为就在我们身后，食甚的第一缕影子笼罩住大特顿山，以每小时 2 000 多英里的速度，翻越山川大河，朝我们靠近。

周围的草地上光影闪烁。“是影带！”道格兴奋地在球场上大喊。正如夜空中的繁星因大气湍流而闪烁，太阳的光束也被大气湍流割裂成一地斑驳的光影和暗色带状物。就在太阳完全被遮蔽住的前后几秒，纤细的色球层光晕经过地球大气层，被大气湍流折射，只余微弱光线抵达地面，如波浪般摇曳生辉，仿若池底阳光的涟漪。人们开始轻声低喃，伴随着食甚那刻的到来，呐喊声、欢呼声、掌声达到了前所未有的高潮，两百名参与者纷纷摘下眼镜，瞻仰这神圣的一刻。

那一瞬间，我痴痴地望着天空，忘记了呼吸。一轮完美到动人心魄的黑色月影占据着太阳的位置，四周环绕着一圈锯齿状的银色光环，震撼到让我不禁潸然落泪。这便是日冕，太阳大气层的炽热外缘，在不断抛射物质的过程中，将粒子抛向太空，形成太阳风或星风，是太阳以及其他恒星演化的关键。我几乎一辈子都在研究恒星，动用了十几台世界上最好的望远镜观察它们，但这是我有生以来，第一次用肉眼看到星风。整个苍穹昏暗了下来，无论往哪个方向看去，都弥漫着如夕阳西下般的昏蒙，艳阳带给人间的温暖已经散去，取而代之的是一种近乎原始的冷冽。此时此地，地球仿佛停止了转动，所有人定格在昂首的这一瞬间。

同事曾说，这种触及心灵深处的感动将贯穿整个食甚的始末。与我相比，他们显然平静淡泊许多，至少比我更有耐心，也更克制，因为一看到太阳完全被遮住，在后面的两分半钟里，我完全丧失了向来引以为傲的理智。

我开始左看右看，应接不暇。我知道自己应该全程目不斜视地盯着日食，但又不甘心错过双筒望远镜中的“近影”，也不愿错过父亲调好的瞄准镜，拿着它兴奋地原地转圈，环视 360 度的日落全景，还围着难得齐聚一堂的家人打转，像一颗弹珠一样来回跑跳。他们在看吗？是用双筒望远镜看的吗？还是瞄准镜？有人在看夕阳吗？每个人都乖乖地在看吗？？（是的，是的，都在看呢，你可消停一会儿吧。）我从双筒望远镜的视场中发现了水星，就“埋伏”在太阳的左下方。在前一天晚上的日食讨论会中，我们还不太敢确定能否看见它，结果今天就看到了。“大家快看，是水星！”我兴奋地大叫起来，声音传遍了整个球场，估计也传遍了整个怀俄明州。我欣喜若狂地抱了抱戴夫（把双筒望远镜猛地塞进他手里，兴奋地喊道：“快看太阳的边缘，那是一大团闪闪发光的等离子体！”），抱了抱我的父母，抱了抱其他人，惨遭我熊抱的估计还有陌生人。太阳生光的一刹那，月球边缘崎岖不平的山峰缺口处透出一弧钻石般的光芒，我和所有人再次欢呼起来，大喊道：“快戴上眼镜！！！”（依然是最高音量），然后像追风少女似的飞奔过场地，向道格分享我的喜悦。事后我才知道，在整个日全食阶段，一个纪录片摄制组正在跟拍我们的团队，正好拍下了我看到食甚后上蹿下跳的疯癫样儿，镜头中的我还跟刚跑完长跑似的，气喘吁吁地感叹：“这是我人生中过得最快的两分半钟！”

日全食算得上是最难观测的天文奇观之一，也是让天文界收获颇丰的天文现象，给了天文学家研究宇宙万物的独特机会，包括太阳自身的奥秘，以及引力与时空的复杂理论。类似的遮蔽现象也会以更小的规模发生，被称为凌日或掩星（occul tation），跟日食的原理并无不同。当金星从太阳与地球之间经过时，观测金星凌日的过程，有助于我们更好地了解金星的大气层，了解如何辨识环绕其他恒星旋转的行星。太阳系中的行星和小行星有时甚至会迅速掠过其他遥远恒星的表面，给予天文学家短暂的时间研究该恒星的光线变化，获得行星大气、小行星形状、太阳系的工作原理等新知识。

和 2017 年的日食观测一样，要想获得那些宝贵的天文信息，诀窍在于天时地利，即在对的时间，出现在对的地点。观测日食可谓难如登天，不管是月球凌日，还是一颗迷你的小行星短暂地遮住恒星的一角，这些遮蔽现象都会在地球表面投下阴影，但是只够覆盖地球的一小块地皮。这意味着，观测者除非运气好到爆棚，正好处于能观测到该现象的地带，并且有一台顶级配置的望远镜，否则就只能被动地变成“追影子的人”。这也是为什么 2017 年，为了一睹当年全球最后一次日全食，那么多人会不约而同地拥向美国俄勒冈州与南卡罗来纳州之间的狭长地带：那年，月亮移动到地球和太阳之间，正好拖着细长的影子驾临美国，从俄勒冈州开始，到南卡罗来纳州结束，标志着日全食的路径。

对于专门研究掩星事件的天文学家而言，他们要带着巨大的设备，跑遍山川大河，踏上满世界追逐宇宙“魅影”的漫漫旅途。山不就我，我就山。天文学家不能指望它们亲自找上门来，只能自己带着天文设备，主动到它们身边去。于是，天文观测团变成了巡回马戏团，拖着方便打包的设备，辗转于“魅影”的落脚之处。

“魅影”可能落在哪儿，本身就很难说得准。天文学家已经从数学层面精确地掌握了地球、月亮和太阳的相对运动，可以完美地预测日食的时间，以及日食带的位置。然而，如果我们面对的是一颗遥远的小行星，只粗略地知道它的大小、质量、距离、轨道，而它掠过的又是一颗暗星，那么数学计算的结果就没那么精确了，不确定性也更大。如果有团队想研究这颗小行星，就得兵分几路，到几个潜在的观测点，守株待兔好几天。另外，它们也没有义务配合地球的天气和天空条件，在理想的时间地点出现。天文学家们煞费苦心，好不容易在正确的时间抵达正确的地点，这时如果来了一朵不合时宜的乌云，就足以让他们付出的所有心血泡汤。

“科学考察”这个词往往让人联想到世纪之交的探险家，带着一队马匹，一把猎枪，一身智慧，一颗大无畏的心，顽强地在未知的荒野中跋涉。历史上确实有一些关于日食观测的著名探险故事，他们的探险精神也一直流传至今。

前几个世纪发生了不少具有传奇色彩的日食考察故事，足以独立编写成书，其中包括大卫·巴伦（David Baron）的《美国日食》(*American Eclipse*)，叙述了1878年横贯北美的日食，令全世界为之疯狂，俨然日食研究的黄金时代。科学史上最著名的日食观测无疑是1919年亚瑟·爱丁顿[①]为验证爱因斯坦的广义相对论而进行的科学考察。根据爱因斯坦的理论，太阳在掠过背景天体时，由于太阳引力对时空的影响，它会变成一面引力透镜，弯曲背景天体的光线，从地球上观测该背景天体时，其星像就会偏离它原本所在的方位。平时太阳过于耀眼，所有天体都淹没在它的光芒中，因此很难验证引力透镜效应，不过日食却能轻松甩掉这个难处。亚瑟·爱丁顿要做的就是带上1919年最先进的观测仪器，找到日食的路径，趁月亮遮挡住太阳时，赶紧测量邻近恒星的位置，就能圆满验证引力透镜效应。

2017年，美国的许多天文爱好者带着他们的相机，驱车赶往

① Arthur Eddington（1882—1944），英国天文学家、物理学家。1919年，爱丁顿第一次向英语世界介绍了爱因斯坦的广义相对论理论。——编者注

日食途经之地，将原本寂静无人的地方堵了个水泄不通。拥堵的交通令他们吃了不少苦，但是跟爱丁顿 1919 年的那次旅行相比，简直是小巫见大巫。1919 年，距离 5 月 29 日的日食还有两个多月，爱丁顿带了一台从天文台借来的大望远镜，还有一箱易碎的玻璃底片，从英国出发，乘船到非洲西海岸的普林西比岛（Príncipe Island）。到了目的地后，他的团队提前几个星期架好设备。日食当天，倾盆大雨下了一整个上午，天空被厚厚的云层遮蔽，所有人都屏住了呼吸，祈祷能有转机。幸运的是，天空在日食前一刻放晴了，他们如愿拍到了几张珍贵的照片，证实了爱因斯坦的理论。

然而，并非每个观测者都有这样的好运。一台不靠谱的设备，一片不解风情的云层，就足以令所有努力付诸东流。当有人跋山涉水，准备了数月，只为捕捉几分钟的数据，却碰到这样的情况时，心中的沮丧是无法用言语描述的。

纪尧姆·勒让蒂尔[①]是 18 世纪的法国天文学家，多次为观测奔赴远方，皆以失败告终，因此为后人所知。1761 年，为了观测金星凌日，他从法国出发，前往印度的本地治里（Pondicherry），几乎一上船就出师不利。原来，当他还在半路上时，英法两国爆发战争，本地治里被英国占领，勒让蒂尔的法国船员放弃前往印度，转而停靠在马达加斯加东海岸的毛里求斯。勒让蒂尔抱着赌一把的心态，直接在甲板上观测，结果却是徒劳。

金星凌日极为罕见，却会成对出现，之间相隔 8 年，之后要等上一个世纪，才能再见其奇观。1761 年是该世纪第一次金星凌日，

① Guillaume Le Gentil（1725—1792），法国天文学家，曾试图在印度观测 1761 年和 1769 年的金星凌日，但均未成功。——编者注

勒让蒂尔知道他在1769年还有一次机会，便决定未来八年都守在印度洋上，在下一次金星凌日时再试一次。这一次，事情开了个好头。1768年，本地治里回到了法国的怀抱，热情地欢迎勒让蒂尔的到来。他花了一年多的时间搭建一个观测站。第二次金星凌日发生在1769年6月4日，当天从黎明开始就风雨交加，乌云密布，看不见太阳的面孔，却在金星凌日结束时，立即放晴。

勒让蒂尔郁郁寡欢，就这样病倒了。在外漂泊的11年里，他一封家书也没有寄过。直到拖着病体回到法国，才悔不当初。亲朋好友只知道他去了印度，从此杳无音信，再也没有回来过。无奈之下，众人决定向前看：他在法律上被宣告死亡，妻子另嫁他人，继承人们为他的财产吵得不可开交，连法国科学院——当初派他去执行观测任务的单位——都注销了他的会籍。坎坷的命运，让勒让蒂尔坐稳了“史上最糟心的差旅人士”的第一把交椅。

今天，有了飞机和手机后，出行不再那么麻烦，但是太阳天文学家依然每隔几年就要跑到地球另一头，去到日食所经之处。沙迪娅·哈巴尔[①]已经带领过十次日食考察团，足迹遍布全球。日食是研究太阳风和太阳磁场的绝佳机会，她和团队追随着日食的轨迹，在月亮将太阳完全遮蔽住时，观测太阳的外部结构，因为只有在这个时候，天文学家才看得见其外部结构。

当然了，沙迪娅也有被天气坑的时候：1997年，她在蒙古碰到了暴风雪；2002年，她在南非遇到了一片不请自来的云；2013

① Shadia Habbal，叙利亚裔美国天文学家和物理学家，主要研究太阳风和日食。——编者注

年，她在肯尼亚遭遇了沙尘暴。除此之外，她还必须面对艰巨的后勤挑战。2006 年的一次日食观测中，沙迪娅切身体会到，选择专业的日食观测地点，不仅要考虑日食路径，还要考虑当地气候，包括气象意义上的“气候”，也包括政治意义上的“气候”。那次日食的路径呈弧形横贯北非，利比亚南部成为了最理想的观测点，但这儿恰恰是最棘手的地方。幸运的是，2004 年初，美国国务院正好撤除了长达二十多年的对美国公民前往利比亚旅游的禁令，否则沙迪娅根本不可能带领一支日食考察队伍，浩浩荡荡地进入利比亚。后来，利比亚军队甚至协助他们将设备运到南部，还在沙漠中的营地旁架设一台天线，方便他们上网。

2015 年的另一次日食出现在北极圈上空，沙迪娅的团队将挪威北部的斯瓦尔巴德岛（Svalbard）作为理想观测地，以一处坐落在峡谷里的美丽山谷为根据地，仔细勘察地形后，确定了最佳观测点，在日全食时分，透过高低错落的山峰，能够看见北极圈上空低垂的日冕。那次观测，除了要担心能见度、天气及设备之外，沙迪娅的团队还要小心北极熊。对于天文台附近的熊，通常你只要离得远远的，不主动招惹它们就行，北极熊却没那么好打发。这一年，参与日食观测的几名队员特地接受了射击训练，并在抵达挪威后为他们配发了步枪。整个团队在白雪皑皑的山谷中工作，附近时刻有人在瞭望放哨。当耀眼的日冕照亮被白雪覆盖的山谷，面对异常壮美的日食，对北极熊的恐惧只能退居其次。食甚前 15 分钟，沙迪娅团队所在的小镇停止了一切活动，让每个居民都有机会外出欣赏日食。

沙迪娅想起了另一次观测体验，那地方虽不如三月的北极圈那么独特，但是当地人对日食的反应，倒是与挪威人民如出一辙。2010 年 7 月的日食出现在法属波利尼西亚，直接经过塔塔科托（Tatakoto）这个小环礁岛的上空。上岛后，能说一口流利法语的沙迪娅到了当地小学，给孩子们做科普教育，解释了佩戴日食观测眼镜的重要性，还有如何在日全食来临时摘下眼镜，尽情欣赏黑曜石般的太阳，银白色的日冕。后来，学校校长找到沙迪娅，提出了一个想法：如果她能在日全食到来时告诉他，他就可以在那个时候敲响教堂的钟声，让岛上所有人一听见钟声，就摘下眼镜，观赏日全食。计划进行得很完美，岛上大约 250 名居民都看到了壮观的日全食。

亲眼看过 2017 年的日全食后，我深刻地体会到天文奇观对人类有着一种近乎原始的吸引力，强烈到难以抗拒。沙迪娅的故事让我不禁回忆起 2017 年的怀俄明州杰克逊镇，为了迎接日食的到来，整个小镇换了个样儿，张灯结彩，喜气洋洋，大小餐馆应景地推出以日食为主题的啤酒和小吃，商店里陈列着以日食为主题的定制珠宝。对于正好处在日食路径上的人，没有人不期待日全食那一刻的到来。当太阳短暂消失时，你能感觉到一种难以名状的情感，静静地流淌在每一个人的心中。

日食是令人永生难忘的壮丽奇观，它的奥秘早已被人类研究透了：多亏了行星轨道的计算公式，还有精心测量到的日地和地月距离，今天我们可以准确地计算出日食出现的时间和地点，并精确到秒。然而，随着天文学家开始将眼光转向那些规模小得多的遮蔽事件，比如一颗小行星从一颗暗星表面掠过，一切又变得飘忽不定起来，预测难度也变大了。被观测者称为“掩星”的遮蔽现象往往稍纵即逝，发生的时间跨度极短：有些从恒星家门口一闪而过的小行星，只能遮蔽其光芒数秒。我们对这颗小行星的距离、轨道、形状、大小有多了解，决定了我们推算出的掩星时间和地点有多精确。于是，它的影带何时落下，将落于何处，也变得扑朔迷离。

真正看见它的机会也更渺茫。地球上平均每十八个月就会出现一次日食，但是想在地球上的某个角落看到一颗小行星利落地掠过一颗足够明亮的背景恒星，这个角落还必须是观测物资以及团队可以到达的地方，如愿以偿的可能性就大大下降了，说不定一辈子只能碰上一回。

2014 年，天文学家发现了一颗编号为 2014 MU69 的岩质天体，位于柯伊伯带（Kuiper Belt），一个由无数岩质天体组成的环带，处于太阳系的最外围，围绕着太阳旋转。它本身并不起眼，只除了一点：2018 年，我们将有幸造访它。自 2006 年发射升空以来，新地平线号探测器（New Horizons）在太空中飞行了九年，终于来到冥王星的轨道，首次近距离拍摄到这颗矮行星的表面，成功完成考察任务，并逐渐飞离冥王星，向着更远的宇宙空间飞去。这时，天文学家将目光投向了柯伊伯带，在那里物色合适的天体，作为新地平线号的下一个探测目标，这个天体就是 2014 MU69。新地平线号经过几次变轨，将航向对准 2014 MU69，预计于 2018 年底开始接近该天体，并于 2019 年 1 月 1 日近距离凝视它。在这之前，天文学家希望尽可能多地收集这个奇怪天体的信息，因为新地平线号只有一次飞掠它的机会。尽可能多地收集早期数据，能让我们最大限度地利用这次飞掠。

这是掩星观测专家大显身手的好时机。天文学家们已知的是，2014 MU69 既小（后期观测得出它只有 22 英里长）又暗（作为一个岩体，它本身不发光，要不是反射了一点太阳的光，没人能发现它），根据轨道计算的结果，它将于 2017 年 7 月 3 日、10 日和 17 日分别从三颗不同的恒星面前经过。为了捕捉这几次千载难逢的掩星事件，一批批专家团队被派往世界各地，在南非和阿根廷架设起几十台移动望远镜。那年七月，多个团队幸运地在选定的观测点捕捉到了 2014 MU69 的影带，进一步确定了这个小天体的轨道和形状。

就连 SOFIA 也加入到行动中。在掩星观测这方面，SOFIA 机动性高，能够飞到掩星的行进路径，具有明显的优势。很久以前，吉姆 · 艾略特就身体力行地证明了机载天文台在这方面的独特优势，成功发现了冥王星大气和天王星环，背后的功臣除了柯伊伯机载天文台，当然也有行星、大气层及挡住恒星的星环。SOFIA 将 2017 年部署在克赖斯特彻奇基地的所有资源都投入到追逐 2014 MU69 的影子中，凭着精确到秒的飞行路线和时间表，成功地捕获它遮蔽恒星的短暂瞬间，帮助研究人员更好地了解了恒星的边缘结构以及周围环境。

2014 MU69 遮蔽附近恒星的总时长不超过一两分钟，但是这一两分钟采集到的数据已经足够了。几十台望远镜纷纷上阵，研究团队四处奔波，所有人的努力汇聚在一起，揭开了 2014 MU69 的面纱：它呈现奇特的椭圆状，像两个圆形的瓣状结构粘在一起，紧紧地围绕对方旋转。这些数据帮助新地平线号进一步修正飞掠探索计划，并且飞近 2014 MU69 时拍到的第一张照片，也证明了团队先前的结论是正确的。在其发回的高清图像中，2014 MU69 由两个球体连接构成，仿佛两颗雪球粘在一起，酷似雪人。2014 MU69 距离地球 40 多亿英里，是迄今航天器造访过的最遥远的天体。

天文学家的追星逐影从来不曾一帆风顺，后勤挑战总会在旅途上设下诸多路障，令他们手忙脚乱。光是时间这一点就很无情，2014 MU69 掩星事件尤其短暂，最多只持续几秒钟，大多数掩星现象都是这般短暂。为了观测它们，团队长途跋涉数千英里，深入荒郊野岭，布置好观测点，提前拟订计划，留足缓冲时间。但是数学上的一个微小误差，突如其来的设备故障，或是一片不请自来的乌云，都足以让一切努力付诸东流。

观测地点在交通便利性上的差异也很大，有些观测者只需要“驱车到帕洛玛山天文台所在的山顶，因为它正好从山顶上空经过”，有些却要长途跋涉，深入瑞士的小山村，或者某个大洋上的岛屿。身处偏远的地区，即使碰到的是常见的设备问题，也会变成棘手的大问题。不过，不管天文学家到了什么地方，观测的对象是什么，都会引起与日食同等的欢呼和热情。2017 年，2014 MU69 掩星观测团队来到了里瓦达维亚海军准将城（Comodoro Rivadavia），一座居住人口约 18 万的阿根廷南部小城，拉里·瓦瑟曼（Larry Wasserman）对当时引起的轰动仍记忆犹新。当地报纸争相报道这次观测活动，虽然城里会说英语的人不多，但是拉里每次到城里办事或吃饭，都会被当地人拦住，问他是不是考察队的。观测当晚，为降低光污染，城里关闭了所有路灯，封锁交通要道数小时。观测团队曾担心大风将便携式望远镜吹得摇来晃去，无法采集到高质量的数据。为了防止这种情况发生，当地的司机将他们高大的卡车开过来，围住观测点，为他们挡风。当晚，整座小城都静止了，只为了让天文学家们能够安静地观测 2014 MU69 遮蔽邻近恒星的那几秒钟。

听到这些故事，我不由得想起占星术，它是对天文学的一种讽刺，被奉为神谕般的迷信——根据恒星和行星的相对位置，预知人类行为和世间万物。每个专业的天文学家都会说，占星术绝对是假的。任何有点科学常识的人都能迅速识破占星术的骗局，比如水星的运动轨迹（占星术中所谓的水星逆行，实际上是因水星和地球的相对运行速度而产生的视觉假象，让人误以为水星在倒退），或每个人出生当天隐藏在太阳后面的星座（你出生那天当然看不到你的对宫星座，它既然在白天升起，你能看得见才有鬼！），这些跟你的人格、习惯、命运一点关系也没有。我从来没有见到哪个天文学家是信占星术的，他们才是真正受过良好教育的绝对的星空专家！

不过，一位风趣的同事曾对我说，星空确实“主宰”着天文学家的人生，虽然不是以一种玄学或超自然的方式。这句话说得很有道理，毕竟一台有故障的望远镜，一个狂风怒号的观测之夜，就足以让一个年轻研究员无法如期完成博士论文答辩，这可是影响人生和事业的大事。至于掩星观测，时间上的分毫之差，决定了你会成为报纸头条上的明星科学家，还是灰头土脸的丧家犬。勒让蒂尔的人生轨迹因为两次金星凌日而彻底改变，不过大多数人的一生没有出现这么戏剧性的变数，却也潜移默化地受天文现象影响着。比如两岁的我在自家后院看到哈雷彗星，从此喜欢上天文，长大后选择了麻省理工，在那里遇到戴夫，后来背井离乡 6000 英里，到夏威夷攻读研究生，毕业后义无反顾地投身自己热爱的天文事业，跑遍世界各地的天文台，来到怀俄明州的高尔夫球场，陪全家人一起观赏人生中的第一次日食。宇宙本就充满无限可能，而我们立志太空、寄情星海，决定不走寻常路的决心，让一切看似属于机缘巧合，又仿佛命中注定。占星术纯属一派胡言，然而有一点倒也适用于我们——星空主宰着每个天文学家的人生。

随着怀俄明州的日食盛会逐渐落幕，高尔夫球场也归于平静，我和家人漫无目的地走着，细细品味日食的余韵。慢慢地，慢慢地，太阳从月亮背后重新露出脸来。我们时不时抬起头，透过眼镜看一两眼，赞叹着方才的奇观。有几个人已经在打听 2024 年 4 月的事了，届时北美将迎来又一次日全食，弧形的月影将落在北美大陆东部，以墨西哥和得克萨斯州为始，缅因州和加拿大的新斯科舍省为终。对于日食爱好者来说，不管是新人还是老手，这意味着又一次短途自驾，或长途飞行。

如果我们停下来仔细回想，就会发现日食当天发生了无数大小事件，足以汇聚成一部荡气回肠的史诗。两百号人经过多年的精心策划和准备，才在这一天来到怀俄明州的观测场地。天空万里无云，一览无遗，最令人震撼的还是日食本身。人们很容易忘记，能在地球上看到此等日全食奇观，是一种多么美妙的巧合。也许正是因为这一点，地球才会如此独特，即使环顾四周，寻遍我们所能找到的其他行星，也找不出第二颗地球来。人类仍在积极地探索更多行星及其卫星，但是有一点是肯定的：想找到一颗完美匹配地球的行星，正好围绕着一颗离它 9 300 万英里的中心恒星旋转，旁边还跟着一颗离它 24 万英里且圆得恰到好处的小卫星，其可能性微乎其微。在某个遥远的未来，如果我们实现了星际旅行，遇到一群友善的外星访客，也许地球的日食将会成为星际旅行的热门景点，就像亚利桑那州大峡谷一样，吸引着源源不断的星际游客。

2017 年 8 月日全食暂现的那一天，很少有人知道，宇宙中暗流涌动，涟漪激荡，出现了举世震惊的意外发现。这也是日全食一结束我就迫不及待地掏出手机上网的原因。我一边欣赏着全国各地的天文学家朋友发在社交媒体上的日全食照片，一边留意我的邮箱。与此同时，有一群科学家正在爱达荷州太阳谷参加高能天体物理学术会议，一边欣赏日全食的美景，一边哀叹落后的网络服务。就在四天前，一种人类从未探测到的信号，从 1.3 亿光年之外启程，跨越浩瀚宇宙，最终抵达地球，掀起一场惊涛骇浪的暗涌，令一些天文学家陷入慌乱之中。

第十章

测试质量

2017 年 8 月 17 日下午，距离日全食还有四天，我和戴夫在小区里的一家冰激凌店门口排队，一边想着该买哪个口味，一边跟爸爸互发短信，祝他生日快乐，还雀跃不已地对戴夫说，几天后就能和家人一起看日全食，那将是我这辈子看到的第一个日全食。

就在我忙着发短信和挑冰激凌时，菲尔·马西转了一封邮件过来。那时，我们还在一起研究红超巨星，我们的研究合作者当晚正好在智利为项目进行观测。菲尔转发了一封紧急邮件给我，原发件人是天文学家埃多·伯格[1]，他在天文台望远镜的排班表上看到了我们的名字，特地发来电邮，请求我们暂停观测计划，加入整个南半球的联合大搜寻中，寻找一个奇特的新天体。只要天一黑，大搜寻就会如火如荼地展开，全南半球的天文台都将参与其中。

那天早些时候，埃多正在哈佛大学参加一个委员会会议，突然收到一封提示邮件。他是某特殊研究合作组织的成员，该组织有一

① Edo Berger，美国天文学家，致力于研究伽马暴、光学瞬态、低质量恒星和褐矮星的磁场。——编者注

个内部知会群，一旦探测到他们所研究的特殊天文事件，就会立即群发邮件，广而告之。这封期盼已久的邮件，终于在这一天美国东部时间的正午时分左右发出，将他们引向南半球一个刚发现的新天体。在智利的天空黑到可以开启望远镜之前，埃多和其他收件人有10个小时的时间“招兵买马”，做好观测准备。

那天早晨美国东部时间8:41，宾夕法尼亚州立大学的研究生科迪·梅西克（Cody Messick）发短信告诉导师，他不小心扭伤了脖子，只能在家办公。正当科迪走下楼，准备开始一天平淡的工作时，手机上冷不丁地弹出了一条自动通知短信，工作单位发来的。一看到短信，他立马愣在楼梯上，一边努力消化看到的内容，一边难以置信地眨巴着眼睛。

华盛顿州的一个天文台——全世界只有三个这样的天文台——刚刚探测到了一个引力波（gravitational wave）。

时空的压缩是对引力波最直观的描述。你可以想象自己双手拿着一圈长长的机灵鬼（Slinky）弹簧，而你有两种方法让它产生波的形状。你可以将弹簧的一端高高举起，看它产生一列疏密相间的波，沿着弹簧传播到另一端，但这并不完全是引力波的样子。如果你改为推压弹簧的一端，使金属线圈受到压缩和拉伸，就能产生压缩波，这才更接近引力波的样子。唯一不同的是，引力波以光速向外传播，它所途经的整个时空，包括时空中的一切物体，都会被压缩、拉伸。当引力波经过地球时，地球也会受到压缩、拉伸。

引力波在物理学里是一个难以验证的预言，要不是有宇宙数学模型撑腰，没人相信这东西真的存在。爱因斯坦著名的广义相对论用十个数学方程描述了引力与时空的关系。1916 年，爱因斯坦发现这些方程推导出的一个结果是引力波，但是很快就碰到了真正棘手的问题——如何证明引力波的存在（进而验证一大片物理学分支领域）。从纯数学计算的角度来讲，引力波确实可能存在，但是爱因斯坦在论文中交代了，引力波太弱，弱到两个总质量比太阳大 60 倍的黑洞碰撞并合，也只能产生比质子小 1 000 倍的时空弯曲。就连爱因斯坦也承认，它小到难以测量。

最终，天文学家从干涉仪（interferometer）身上看到了希望，一种可以将多个光源组合的装置。如果你觉得这名词很眼熟，似乎在哪儿见过，你的感觉完全没错，前面介绍过的射电天文学使用的也是干涉仪，将相隔一定距离的多个射电望远镜观测到的数据组合起来。引力波干涉仪借用了同样的工作原理，将传播一定距离的光组合起来，只不过它最终测量的是光走了多远。

它的设计原理是这样的：一个引力波干涉仪由两条又长又直的干涉臂构成，两臂互相垂直，相接处是一座中央建筑物，安置着强大的激光器，其发射的激光束会沿两臂传播，到达两臂末端的反射镜（又称“测试质量”）时被反射回来。在传播过程中，干涉仪会以惊人的精度，监测两臂的臂长变化。通常情况下，沿两臂传播的激光束会走完相同的光程，同一时间回到原点，最终相互抵消，不产生任何信号。但是，当引力波经过地球时，时空的伸缩会令一条干涉臂变长、另一条干涉臂变短，导致臂长出现短暂且微小的差异，测试质量悬挂的位置也随之发生变化，被激光探测到，并产生信号。两个黑洞碰撞并合，会发射出引力波，在引力波干涉仪上留下独有的印记，如果我们将它转化为声音，会像一个音调骤升的音符，持续不到一秒，故而叫“啁啾”(chirp) 信号[①]。

这个概念听起来很简单，实现起来却无比复杂，难就难在干涉仪太敏感了，既然它能捕捉到引力波激起的微小涟漪，那么也能捕捉到这世上的任何风吹草动。一台精密的干涉仪能捕捉到数十亿光年外黑洞碰撞产生的时空波动，也能感应到地震、汽车，以及其他可能影响干涉臂或测试质量的干扰源。因此，真正困难的不是探测不到引力波，而是探测到其他无关信号，即噪声，因为它们会淹没那些细嚅的啁啾声，让我们无从验证爱因斯坦的理论到底是不是对的。

几十年来，三台引力波干涉仪孜孜不倦地进行着世界上最精确、最敏感的天体物理实验，背后依托的完全是对物理的信仰，即相信引力波是真实存在的，只要我们按照理论要求持续改进设备，总有一天一定会探测到它。于是，在美国安静偏远的角落里，两座大型研究设施悄然落地，一个位于华盛顿州东部的汉福德 (Hanford)，另一个位于路易斯安那州东南部的利文斯顿 (Livingston)，共同组成了激光干涉引力波天文台 (Laser Interferometer Gravitational-Wave Observatory, LIGO)；欧洲各国还联合建造了室女座干涉仪（Virgo Interferometer)，坐落在意大利比萨省东南部一个叫圣托斯特凡诺 - 马切拉塔（Santo Stefano a Macerata）的村庄。它们是世界上最先测量引力波而非光波的三个天文台，自 21 世纪初投入运行，成千上万的科学家、工程师、支持人员在不断地完善着设施的每处细节。

① “chirp” 的本意为鸟叫声，在信号学中用来表示频率随时间升高或降低的信号。

五月一个安静的星期二，我从西雅图出发，去汉福德参观LIGO天文台，一路向东行驶，驱车3个小时，看着四周的景象从林木苍翠的太平洋西北山脉，逐渐蜕变成姹紫嫣红的开阔平原。LIGO干涉仪坐落在华盛顿州东南部的哥伦比亚盆地，里奇兰[①]以北约10英里处。参观了世界各地的山顶（和机载）天文台之后，我想当然地将引力波天文台想象成一个阴暗朦胧的物理秘境，无数科学家隐匿在古老阴森的黑暗角落里，潜心钻研万有引力的深层奥秘。然而，当我真正走近LIGO时，一股熟悉的科技感扑面而来，让人不由自主地联想到SOFIA在帕姆代尔的基地，还有通往甚大天线阵的道路，与周围广袤寂寥的荒漠形成强烈反差，更加衬托它们的尖端高大。

LIGO从外面看是一个平淡无奇的设施，里面却上演着最前沿的科学研究，这也是一种有趣的反差。主干道的岔口竖着一个低调的路标，沿着岔道往前走就会看见一个毫不起眼的停车场，边上立着几栋素净的建筑，一个整洁的游客中心。仔细一看，两道平淡无奇的灰色混凝土屏障，罩住干涉仪的两条长臂，向远处延伸。后来，当我被带到主楼的天台，从高处眺望那两条长臂时，惊讶地发现它们直得那么完美，仿佛是用尺子画出来的。每一条长臂绵延近2.5英里，建造时还得考虑地球曲率校正。站在两臂相接处的中央大楼里，只能看到它们的一半，后半段被建在半路上的中间站挡住了。当你开车沿着长臂延伸的方向，一路朝LIGO天文台驶近时，

---

① 美国华盛顿州南部城市，在哥伦比亚河和亚基马河汇合点附近。

整座干涉仪在你眼中犹如一个……巨大的混凝土结构。

混凝土屏障对干涉臂起到了重要的保护作用。每个干涉臂由直径约 4 英尺的钢管组成，架在地面上方，管内几乎没有空气，保持着比太空还要纯净的真空环境。天文台曾想过不设屏障，让管子暴露在外，因为担心浇筑数英里长的混凝土开销过大，难以负担，最后还是决定加上这一层防护。事实证明，这是一个英明的决定，它帮助真空钢管躲过多次雷击，不止一次拯救了 LIGO 干涉仪。虽然天文台有避雷针，却无法引走所有雷电，华盛顿和路易斯安那州的干涉仪都曾被雷击过，幸好没有遭受严重的破坏，只在外层的混凝土烧出几个洞来。汉福德的 LIGO 天文台还遭遇过车祸，曾有一名吉普车司机非法穿越一条封锁的小路，狠狠地撞上干涉仪的混凝土屏障，人和车都挂了彩，干涉仪却毫发无损。

混凝土屏障带来的唯一不便是老鼠的排泄物，虽然只是短暂的不便。在早期施工阶段，混凝土屏障与钢管之间被填上了绝缘材料。施工完成后，大家都觉得没有清除绝缘材料的必要，就将它们留在了管道内，这正好给老鼠提供了现成的窝。虽然有老鼠在里面安家，想想是有点讨厌，但是它们挺安分的，没有造成实质性的破坏，也就没人去管这事。有一天，路易斯安那州的 LIGO 天文台突然发现，老鼠的尿液与空气中的湿气相结合，会滋生某种独特的细菌，它们会在钢管表面留下坑坑洼洼的小孔，威胁到管子的真空度。发现这个问题后，工作人员立马清除了所有绝缘材料，赶跑老鼠，补好孔隙。

抵达汉福德的 LIGO 天文台后，我先是被带到主操作大楼，简单参观了一下控制室（它看起来像一个缩小版的 NASA 任务控制中心，房间里摆着几个工作台，有一面墙壁挂满了显示屏），接着穿好防护服，去参观激光和真空设备区（简称“LVEA”）。那是中央大楼里的一个大房间，放着激光发射器，几个测试质量（test mass），还有一些别的设备。与LIGO宣传组接洽时，他们在邮件中建议我星期二来参观，因为每到这一天，天文台会关停干涉仪，对设备进行例行检修，我可以趁机参观一些平时不对外开放的区域，比如LVEA。他们之所以建议这一天来，并不是担心工作中的强大激光器会威胁到我的健康（当然，天文台对此做了十分严密的保护措施：他们给我发了一副闪亮的绿色反光护目镜，万一发生意外，它能保护我的眼睛；还发了头套和鞋套，因为LVEA是无尘室），而是顾虑我的脚步声会干扰到他们的设备。当干涉仪运行时，任何人只要进入LVEA，踩在与探测器坐着的同一片地板上，就会产生所谓的“人为噪声”。导游告诉我，LIGO的工作人员需要在中午之前清场，让大象般的脚步声衰减殆尽，才能在下午开启设备。

LIGO能探测到比质子小几千倍的微扰，光是这么说你可能没什么概念，如果能亲眼看一看那些庞大复杂的高尖技术，就会知道要做到这么高的灵敏度有多难。最令人叹服的是测试质量，还有如何将它们悬挂在探测系统的单臂末端。

每个测试质量都是一面圆形的反射镜，直径超过13英寸，厚度接近8英寸，重达90磅（更大更重的镜子更难以晃动），由高纯熔融石英玻璃制成，靠仅四毫米粗的玻璃纤维悬挂在一个四级摆系统上（每一个摆杆都能减少传递到镜面上的外部振动），用于反射LIGO激光器发射的红外激光。每根玻璃纤维坚韧到能够悬挂近28磅的物体，却又脆弱到极易受其他应力的影响，如果有人用手指碰触其中一根纤维，它会因皮肤油脂而断裂，将测试质量摔碎。这些汉福德 LIGO 天文台自产自用的玻璃纤维是悬挂测试质量的理想之选，因为它们引入四级摆的摩擦力更小，而且玻璃中的分子运动也比金属丝更为理想，能减少传递到测试质量的微小振动。

直到回到控制室，和大家聊起噪声源，我才完全体会到 LIGO 有多灵敏。即使大家如此细致入微地减少噪声，噪声监控依然是 LIGO 日常运作的重头戏。一旦有人在快速的数据处理中检测到潜在的引力波信号，首先要做的是排查附近是否存在任何可能造成噪声或引起误报的信号源。

右边的一对屏幕正显示着一组蓝色、黄色和红色的线条，在屏

华盛顿州东部的激光干涉引力波天文台（LIGO）航拍图

图片来源：加州理工学院 / 麻省理工学院 /LIGO 实验室

幕上缓慢延伸，随着时间的推移向上或向下游走。我好奇地问控制室里的一位员工，那些曲线代表什么。他说是他们正在监测的噪声源，如脚步声之类的人为噪声，还有风吹动建筑物之类的自然噪声。

我指着其中一块屏幕，念出上面的标签，虚心请教道："什么叫'波浪驱动的微震噪声'？"

"主要是拍打北美洲板块的海浪，它们会产生比较稳定的背景噪声。"

"你在开玩笑吧？"这里离海边有 200 英里远呢！

在同一块屏幕上，噪声水平曲线陡然上升到峰值，就在 20 小时前。原来，不到一天前，巴布亚新几内亚发生了 7.2 级地震，地震的回音穿越了大半个地球，传到华盛顿州和路易斯安那州，震得那里的引力波探测器"耳鸣"了数小时，什么也听不到。LIGO 有针对地震的特殊响应程序，操作员解释道，地震波在地层中不是瞬时传递，而是向四面八方传播和散射，多亏了这个特点，当高强度地震即将到来时，他们有几分钟到半小时不等的时间发出警报，采取相应的响应措施。如果碰到的是小地震，工作人员只需改变测试质量的排布，降低对引力波的灵敏度，使之更不容易被地震波撞得"晕头转向"；如果碰到的是大地震，他们会进入一种"反封锁"模式，任由测试质量随意晃动，但是会最大限度地减少地震造成的长远影响，直到地震消失且探测器能够正常工作为止。

俗话说，道高一尺，魔高一丈；这世上的噪声是源源不断的。在早期运行阶段，路易斯安那州的 LIGO 干涉仪深受附近一个伐木场的噪声困扰，华盛顿州的 LIGO 干涉仪则能听到哥伦比亚河上每年春季大坝的泄洪声，其他干扰包括：空中高速旋转的直升机旋翼、停车场上低鸣的丙烷发动机、下雨声……近来，华盛顿州 LIGO 天文台碰到了一个让人啼笑皆非的噪声源，它就是用于冷却探测器的液氮罐。天气暖和时，连接氮气罐的管道外壁会结冰。在炎热的日子里，一些机智的乌鸦会飞过来，“笃、笃、笃”地啄管道上的冰，解决了口渴的问题，却留下了一串可疑的噪声，扰得干涉仪不得安宁。为了弄清噪声的来源，天文台展开了地毯式大搜查，在管道表面的冰层上找到了可疑的缺口，与乌鸦的喙十分吻合，最终破解悬案。这一发现被详细记录下来，永远封存在档案中，一并存档的还有一沓完整的照片，照片中有凶手留在现场的可疑啄痕，一只被抓现行的乌鸦，还有一名研究生模仿乌鸦用喙啄管道后成功重现的噪声信号。破案之后，LIGO 天文台改造了连接液氮罐的管道，解决管道表面结冰的问题，并在内部通讯稿中为制造噪声的元凶取了一个代号——“口渴的乌鸦”。

不管是探测引力波的天文台，还是探测电磁波的天文台，最好的工作时间都在晚上。到了夜里，空气变凉，风速降低，行驶在附近高速公路上的卡车数量随之减少，人为噪声也会少很多（到了早晨，司机们又上路了，于是卡车噪声再次上扬，首当其冲的是最靠近高速公路的探测臂）。

令我惊讶的是，LIGO 和其他天文台一样，也需要雇用操作员，24 小时不间断地操作干涉仪（我原以为操作员只需要打开激光器，接着就无所事事地坐着，静等信号出现）。事实上，操作员很忙，他们需要手动调整镜面的位置，保持对齐，时刻关注地震警报，尽量不产生噪声，如果碰到无法避免的噪声，还要追踪它们的来源。拉斯坎帕纳斯天文台出了一个叫赫尔曼·奥利瓦雷斯的漫画家，巧的是 LIGO 也有一个漫画家，他叫努西尼·基布丘（Nutsinee Kijbunchoo），是这里的操作员，也是一名研究生，常常画一些引力波天文学家的奇异生活。

每个对 LIGO 稍有了解的人都知道，发现引力波将是一项伟大的成就，足以获得诺贝尔奖殊荣，但是引力波可不是那么容易就能发现的。整个 LIGO 项目由跨越多个大洲的数千人团队组成，负责设施运营、数据检验、数据分析、成果发布。管理如此庞大的团队，与管理庞大的机器一样，是一门复杂精深的学问。英明的 LIGO 组织很早就意识到，不光干涉仪需要接受噪声与灵敏度测试，它的人类部件也需要接受相同的考验。

于是，“盲注”(blind injection）应运而生。在 LIGO 早期研发阶段，一个小团队被赋予了一项重大而又低调的任务：往干涉仪探测器的数据流中插入假引力波信号。这在科研中是一种相当常见的做法，也是一项鉴别数据分析者和软件能否可靠地识别假信号的重要测试。最终，LIGO 盲注测试超额完成任务，并实现了两个额外的作用。

首先，它测试了整个 LIGO 组织的技术能力。虽然大家都知道有盲注这回事，但是只有负责盲注的小团体才知道哪些信号是真的，哪些是假的。因此，大家收到的指示是，不管孰真孰假，必须认真对待每个信号，将它们当成潜在的引力波。这意味着，在完全不知情的情况下，即不知道它是干涉仪探测到的真数据，还是人为注入的烟幕弹，天文学家需要认真分析每个数据，计算出它们来源于什么天体物理现象（比如：这是两个黑洞并合产生的信号吗？黑洞有多大？离我们多远？），并撰写研究论文，公布自己发现的结果。在这之后，谜底会在一次大规模的全体会议上揭晓，这个过程被大家戏称为“开信封”，盲注组会将一个密封好的信封递给主持人，里面装着LIGO数据是否被动过手脚的答案，跟奥斯卡颁奖仪式很像（最近几年，信封已经变成U盘，里面是装有答案的演示文稿）。只有到了那时，整个团队才知道自己究竟是在接受盲注的考验，还是在处理真实的数据。

其次，它考验了团队成员守口如瓶的能力。初步探测到潜在的引力波信号，总是叫人无比激动，却还不到对外声张的时候。这些数据需要经过几个月的反复检验，才能确认它真的是引力波，而不是噪声，接着还要经历一段同样漫长的时间，由几百号科学家齐心协力，破解它背后涉及的基础物理理论，基本形成一篇突破性研究论文的雏形。在这期间，LIGO需要确保不会有人向朋友、家人或同事说漏嘴，或在百分之百确定数据的可信度之前就将它传得沸沸扬扬。卡尔·萨根有一句经典名言，后来被大家奉为一种标准：“非凡的发现，需要非凡的证据。”在充分验证探测到的证据之前，LIGO不希望这个非凡的发现被提前泄露出去。

后来，盲注的故事传遍了整个天文界，我很确定这是故意的。即使是我们这些与LIGO毫无瓜葛的天文学家，也对那些神出鬼没的假信号有所耳闻，还知道LIGO团队的大多数人都被蒙在鼓里。这形成了一种有趣的双重保险，即使在LIGO工作的人不小心说漏了嘴，外面的人听了也会将信将疑。他们在分析数据时，可能会突然可疑地面露喜色，不过说不定是被盲注信号给骗了呢？

在早期的几次 LIGO 观测中，这套机制运行得相当出色，团队偶尔会探测到盲注信号，但是都心态良好地接受了这一结果（并笑着接受自己围着一个假信号白忙活了好几个月的残酷事实），外界对此也毫不知情。当真正的引力波信号到来时，整个团队会如何反应似乎已经相当明朗——他们会秉持一贯严谨的态度，各司其职，虽然不知它是真是假（盲注组的人除外）。

2015 年 9 月 14 日，当 LIGO 第一次探测到真正的引力波时，这个美好的幻影华丽地破灭了。那时，LIGO 刚完成五年一次的大升级，灵敏度更高的探测器才刚启动，正处于工程试运行阶段，虽然已经开始采集数据，但是一些辅助系统仍未上线，其中一个是盲注器，暂时无法使用，团队成员前一天还在校准它。

9 月 14 日早晨，当两个黑洞并合产生的啁啾声抵达 LIGO 探测器时，有几个人当下就怀疑它是真正的引力波。

探测器传来的数据非常完美，完美到有些被盲注坑过的 LIGO 成员一开始以为它是伪造的，但是这个可能性很快就被负责盲注的几个人否决了，因为那天盲注器根本就没有启动过。事实上，有几位 LIGO 成员曾花数月时间，研究是否有人能够偷偷弄到 LIGO 干涉仪的权限，以不为人知的手段伪造信号，然后将它恶意植入 LIGO 系统中，编织一个天衣无缝的科学骗局。最终证明，这是不可能的。LIGO 在九月探测到的信号就是无比壮观的引力波，千真万确。

接下来的几个月里，开始有一些关于 LIGO 的消息传到其他天文学家的耳朵里，先前靠盲注测试在全天文界设下的双重保险，这时便初见成效了。LIGO 合作项目的成员一直守口如瓶，不曾将盲注系统没有上线的事说出去。即使听说 LIGO 那伙人最近似乎碰到了什么令人异常兴奋的事，但是最后也许又是空欢喜一场，因此没人将这当一回事。2015 年 10 月，我参加了一场学术会议，与会的都是研究垂死恒星、引力波及其他时域天文现象（短时间内出现、很快又消失的天文现象）的天文学家。我报名参加了一个头脑风暴会议，主题大概是“嘿，如果有一天我们发现了引力波会怎么样？”其中的人一半是传统天文学家，一半是引力波研究员。我们才刚坐下，一位 LIGO 科学家立马打趣道：“现场有哪位同事目前是被禁止在新闻媒体上发言的？”只见整张大会议桌上，坐在同一侧的引力波同事纷纷举起手来，嘴角挂着难掩的笑，坐在另一侧的传统天文学家们全都睁大了眼。“好吧，”那位科学家带着满意的笑容落座，“那么，就请对面的同事开始讨论吧，我们今天恐怕只能……当听众了。”这句话无疑是一颗深水炸弹，暗示了现场所有人，引力波的圈子里肯定有大事发生，只是大家很快就将这个猜测抛到脑后，对面的 LIGO 同事说不定又被盲注给耍了，谁知道呢？

事实证明，2015 年 9 月 14 日探测到的引力波，是 14 亿光年外两个黑洞碰撞并合的产物，其中一个质量为太阳的 29 倍，另一个质量为太阳的 36 倍。经过几个月的反复研究和验证，LIGO 终于决定在 2016 年 2 月 11 日召开新闻发布会，宣布这一重大发现，庆祝这一伟大胜利。多年来，整个 LIGO 团队一直对是否发现引力波三缄其口，努力将它保留到最终宣布的那一刻，可惜离新闻发布会不到 15 分钟，大家长期坚守的“新闻禁令”就功亏一篑了，而且还是以再普通不过的方式破功。艾琳 · 李 · 瑞安（Erin Lee Ryan）是 NASA 戈达德太空飞行中心（Goddard Space Flight Center）的一名助理研究员。当天早些时候，她参加了发布会前的庆功派对，现场放着 NASA 定制的一个大蛋糕，蛋糕上面写着“庆祝人类首次直接探测到引力波！”几个大字。艾琳激动万分地拍了一张蛋糕的照片，什么也没多想就开心地发到推特上了，没想到世界各地的科普记者鼻子那么灵，纷纷闻讯而来，围观她的推特，抢先一步爆料官方即将宣布的喜讯。几十年的努力，无数次的盲注测试，数千人的沉默谨言，就被一块蛋糕和一条推特打败了，这也是为什么我从不担心我的同行会隐瞒外星人的存在的原因。

这是一次具有划时代意义的重大发现，迅速成为全球性的头条新闻，为赖纳·魏斯（Rainer Weiss）、基普·索恩（Kip Thorne）、巴里·巴里什（Barry Barish）三人赢得了 2017 年诺贝尔物理学奖。魏斯和索恩对引力波探测器的原理和研制做出了开创性的贡献，巴里什也同样功不可没，将 LIGO 从一个 40 人的团队壮大成庞大的国际合作组织。引力波的发现开启了天文研究的新时代，证明过去几十年的奉献和决心，以及那些惊为天人的工程，并没有白费。

所谓的“多信使天文学”(Multimessenger Astronomy) 是将来自单一天体的多种类型的数据结合起来，联合其他信使协同观测的概念。目前的天文学对一个遥远天体只有局限性的认识，受限于当前技术所能收集到的少量电磁波。如果能从同一天体探测到其他可量化的信号，天文学就会变得更强大，这在过去的观测历史中只实现过一次。1987 年，银河系的近邻星系中发生了一次超新星爆发事件，科学家们同时探测到了它的电磁波和中微子（一种质量微小的亚原子粒子)，这两个光子和粒子共同组成了来自太空的“信使”，为人类送上了研究超新星的多种工具。自此之后，引力波成为第三位“信使”，是人类可以从宇宙事件中观测到的不同于光子和粒子的信号类型，开启了天文研究的新时代。

2015 年，科学家们只观测到了黑洞碰撞并合的引力波，它并没有真正完成“多信使”的使命。虽然这是一次激动人心的发现，但是科学家们很快就转移目标，开始期待下一个重大发现的到来，一个同时产生引力波和电磁波的天体物理事件，一个真正意义上的多信使事件。

然而，大多数天文学家都认同，我们也许能探测到黑洞碰撞并合的引力波，却不太可能看到它们发出的光。想要同时捕捉到它们的引力波和电磁波，简直难如登天。

不过，如果我们将目标转向两颗对撞的中子星，那就另当别论了。中子星是大质量恒星经超新星爆发后坍缩形成的核心，有些射电望远镜探测到的脉冲星就是高速旋转的中子星。在坍缩过程中，恒星核心遭遇剧烈压缩，全部质量被挤压到一个城市大小的球体中，形成令人难以置信的致密天体，即我们所知道的中子星（一汤勺中子星比一座山还重）。由于泡利不相容原理的作用，中子星最终会停止坍缩。在量子物理学中，根据泡利不相容原理的描述，一个系统中不能有两个亚原子粒子（如中子）处于完全相同的量子态。如果中子星持续向核心坍缩（从而变得更致密），它的中子将受到强烈挤压，最终出现与泡利原理相悖的结果。为了遵守泡利原理，中子会施加向外的压力，阻止进一步的引力坍缩，进而达到稳定状态，形成全宇宙最古怪的物体之一：每秒旋转数百次甚至数千次的微小死星残骸。

中子星是宇宙中的极端天体，也是黑洞的近亲。双星系统中绕着相同质量中心旋转运动的两颗中子星对撞，会是无比壮观激烈的宇宙事件。两颗中子星碰撞并合将产生引力波，类似于两个黑洞碰撞并合发出的啁啾鸣叫，但是持续时间更长、能量更低。更重要的是，双中子星并合还将释放高能电磁波，即人类在地球上探测到的持续不到两秒的伽马射线暴，并合后形成的千新星（kilonova）还将发出持续时间更长的闪光。千新星虽然没有超新星那么亮，但它依然像一个巨大的信号弹，在中子星并合后发出灿烂的亮光，持续数天才消寂。这意味着，如果有一天我们探测到双中子星并合的引力波信号，全世界的电磁波观测站都将立马投入疯狂的大搜寻中，赶在千新星沉入黑暗之前，捕获到它发出的光芒。

搜寻千新星可比说的难多了，因为当前的技术很难在夜空中精确定位引力波源。华盛顿州和路易斯安那州的两台 LIGO 干涉仪联合观测，可以根据哪台最先捕捉到引力波信号，以及信号本身的一些特征，估算出引力波源的大致方位。如果有意大利的 Virgo 加盟，就可以利用三角测量法，将引力波源在天空中的位置缩小到一定范围。即便如此，这个范围依然很大，需要各地的望远镜齐心协力，仔细搜索这个天区中任何可能由中子星对撞产生的电磁波。成功搜索到千新星的团队还要证明它诞生于引力波事件之后，这意味着必须有望远镜在引力波事件发生之前正好拍过这块天区，否则就没有可供对比的数据。此外，他们还得证实它是一颗真正的千新星，而不是其他暂现天体。因此，团队一方面要从庞大的数据库中快速且细心地挖出事件前的对比数据，另一方面要密切观测该天体，证明它的特征符合预测。

随着世界各地的引力波天文台接连探测到更多来自黑洞并合的引力波信号，光学团队犹如上弦的箭，蓄势待发。不同的研究小组设计了搜索大片天区的不同技术，申请使用各种类型的望远镜，主张优先跟踪不同类型的候选信号，还提前制订了周密的计划，详细构思了探测到中子星并合的引力波信号之后的行动方案，那正是2017年8月17日清晨抵达地球的信号。

科迪浑身僵硬地站在楼梯上，目瞪口呆地盯着手机，不敢相信自己真的中大奖了。短信中描述的信号非同寻常，只有万分之一的可能性出现——它的波长更长，也更微弱，完全不像以前探测到的双黑洞并合信号。奇怪的是，只有汉福德的LIGO干涉仪探测到了它。除非同时被两台LIGO干涉仪捕捉到，否则团队一贯的策略是忽视它，因为只被一台干涉仪捕捉到的信号，更有可能是当地产生的局部噪声，而非来自遥远太空的引力波。尽管如此，为了避免出现漏网之鱼，有些成员依然对只有一台干涉仪探测到的信号设置了提醒，以便开展追踪调查，科迪就是其中之一。考虑到干涉仪的误报率向来很低，科迪还是将短信转发给了导师查德·汉纳（Chad Hanna)。他不仅发现这个信号非常符合科学家预测的中子星并合产物，还注意到在引力波信号发出1.7秒后，费米伽马射线太空望远镜（Fermi Gamma-ray Space Telescope, FGST）探测到了一道为时两秒的伽马射线暴，符合中子星并合的第一个电磁对应体的高能特征。

科迪、查德以及其他组员立即拨打电话，展开讨论，深挖数据。很快，他们就确认数据没有受到任何污染，也没有其他噪声源。LIGO早就停止了盲注，同一时间出现的伽马射线暴更是一个强有力的证据。查德同意应该将这个消息通知整个LIGO合作组织，几分钟后他又给组员发了一条短信，说自己兴奋得双手发抖，完全打不了字，最后只能由科迪代劳，给整个组织发了第一封邮件：他们探测到一个双中子星并合的候选信号，与伽马射线暴相吻合，几乎可以肯定不是误报。

整个LIGO组织炸开了锅，所有人奔走相告，纷纷加入讨论群组，急忙分析各种数据（LIGO操作员兼漫画家努西尼画了一幅非常贴切的插画，画中是一个刚醒来的操作员，睡眼惺忪地躺在床上，一拿起手机，就被狂轰滥炸的引力波短信震得飞离床垫）。整个团队需要解答的第一个问题是，为什么只有汉福德的LIGO干涉仪报告了这次探测结果？意大利的Virgo没有发来警报是可以理解的，那一阵子它一直有数据传输延迟的问题，但是利文斯顿的LIGO干涉仪也没有就很匪夷所思了。如果那个信号真的是来自宇宙深处的引力波，两台LIGO干涉仪应该都能探测到它才对，究竟是哪里出了问题？

当有人调出利文斯顿LIGO干涉仪同一时间段的数据时，答案昭然若揭。在采集到的数据中，任何人都可以清楚地看到波幅剧烈振荡，那是具有啁啾特性的双中子星并合信号，却叠加了被称为“毛刺”（glitch）的干扰噪声，仿佛摄影师的大拇指不小心碰到了镜头，尴尬地遮住了照片的一角。虽然利文斯顿LIGO干涉仪探测到了引力波信号，但是计算机程序被教导过，如果数据中有毛刺就不要发出警报，于是它便不动声色地将它忽视了。幸运的是，毛刺可以被测量和剔除。最终，LIGO团队从两个干涉仪中得到了一对漂亮的双中子星并合信号，时间相差3毫秒，由利文斯顿LIGO干涉仪最先捕获到。

找回缺失的一块拼图后，最后一丝疑云也就散开了，整个团队欣喜若狂。有了引力波和伽马射线暴，这个被命名为“GW 170817”的新事件，即 2017 年 8 月 17 日观测到的引力波事件，成为第一个结合了引力波和电磁波的多信使候选体。

伽马射线暴是一个令人振奋的信号，却还不能凭此盖棺定论，毕竟它可能只是某个随机的暂现事件，爆发时间极短，而且很难精确定位，除非天文学家能够找到一个以前不曾存在的暂现源，用地基望远镜清晰地捕捉到它明亮的光波，确认它就是千新星。只有当天文学家掌握了千新星、伽马射线暴及引力波三重证据，才敢斩钉截铁地说，他们发现的就是双中子星并合。

随着 Virgo 干涉仪数据的加入，引力波团队大大缩小了引力波源的空间范围。被探测到的双中子星并合事件发生在南半球的天空，某块约为 150 颗满月大小的区域内，搜索范围相当庞大。于是，LIGO 决定广发英雄帖，动员那些对引力波特别感兴趣的天文学家，他们的团队早已准备好了随时响应号召。

正是因为 LIGO 的号召，才有了当天下午埃多·伯格给我和菲尔的那封邮件。为此，所有研究濒死恒星和引力波的天文学家陷入狂喜之中，火速征用了南半球的望远镜，搜寻与 GW 170817 相关的千新星迹象。最终，七十多台望远镜被投入到联合观测中。

智利的黑夜终于降临，正式拉开观测的帷幕。不到两个小时，就有团队淘到了宝。他们一下子就找到了千新星，过程简单到几乎有点扫兴：约 1.3 亿光年之外，一个毫不起眼的星系边缘赫然出现了一个以前不曾存在的小蓝点，与根据 LIGO 数据计算出的距离完全匹配，与预测的千新星特征也完全吻合。

不管它算不算一个小蓝点，在正确的位置上找到一个渺小的光斑，都足以令天文学家们陷入难以言表的兴奋中。当他们纷纷发现这个凭空出现的新光源时，立即在不同团队之间引起了一系列欣喜若狂的反应。瑞恩·霍诺克（Ryan Chornock）是埃多·伯格团队的成员，他一直在深挖手中的数据，最终刨到了千新星的闪光，激动地发了一封邮件给整个团队，内容可以用一句话概括，那就是“我的个神啊！”还附上了他找到的图。另一个团队的查理·基尔帕特里克（Charlie Kilpatrick）较为含蓄，言简意赅地在群里发了一句“发现了个东西”，接着附上一张千新星的截图。总的来说，在大约 25 分钟的时间内，有五个团队分别发现了 GW 170817 对应的千新星。

发现千新星只不过是第一步。在这之后，天文学家们立即着手从这一片天区和亮光中，从每一个能想到的天文领域，挖掘任何可能挖掘到的科学。成像、摄谱、X 射线、紫外、光学、红外、射电，大大小小的天文台齐刷刷地将它们的设备对准这颗千新星和它身旁的星系……几乎所有能指向这片天区的望远镜全都将视线转了过来，不光是专门研究引力波的天文学家，有幸在这段时间用上合适的望远镜的观测者也都投入到这场动员了全天文界的竞赛中。

在这些人当中，有不少人为了 8 月 21 日的日全食，正在赶往美国偏远地区的路途中，这可就有点棘手了。曼西·卡斯里渥（Mansi Kasliwal）是某个后续响应小组的组长，也是加州理工学院大型日全食科普活动的志愿者，当天忙得焦头烂额，一边负责日食观测、服务一万名激动的参与者、看好自己刚学会走路的小孩，一边还要协调响应小组的沟通工作，接听哈勃空间望远镜的管理机构打来确认最终观测计划的紧急电话。另一个团队的玛丽亚·德鲁特(Maria Drout)与其他七个天文学家也报名了志愿者服务，去爱达荷州一所学校的日全食活动当志愿者。在日全食到来的几个月前，他们就计划好了要自驾游，还要露营，先横穿犹他州，再到爱达荷州。结果到了那一天，每个人爬进车里，都忙着定位引力波源。玛丽亚和她的同事抱着笔记本电脑坐在车后座上，靠信号微弱的手机热点上网，半路上看到有提供无线网络的餐厅就停车，到餐厅里下载数据，晚上再在帐篷里分析数据。

引力波事件 GW 170817 只是这世上另一个保密失败的大型翻车现场。刚发现 GW 170817 时，几乎同一时间消息就在网络上传开，最后还被哈勃空间望远镜的官方推特账号 @spacetelelive“证实”。大约一年前，该账号便开始自动发布一些简单的推文，从哈勃望远镜的数据库里读取观测目标和计划，套到“我正在用某相机为某博士观测某天体”的文字模板里，向关注者分享哈勃望远镜正在观测的对象。由于地基望远镜无法探测到紫外波段，埃多·伯格的团队一发现千新星，就火急火燎地向哈勃望远镜的管理单位发出申请，恳请他们将它指向并合的双中子星，观测正在衰减的紫外辐射。情急之下，团队的人没来得及多想，就将观测目标取名为“BNS 并合产物”[①]，这个缩写太直白了，任何一个天文学家或科普作者看了，都能一眼认出它是什么。申请被接受了，直到观测快要开始，他们才猛然意识到这个失误，赶紧打电话请求修改名称，可惜没能及时通过。时间一到，哈勃望远镜便指向千新星，愉快地在

①“BNS”为“Binary Neutron Star”的缩写，即“双中子星”。

推特上宣布它正在观测“BNS 并合产物”，秘密就这么被泄露了。几个小时后，网上出现了几篇文章，推测人类首次观测到了包含引力波在内的多信使天文事件。在争分夺秒地寻找引力波电磁对应体的第一天晚上，另一个团队的安迪·豪厄尔（Andy Howell）就发了一条隐晦的推文：“今晚，看着滚滚而来的天文数据，比听着世间的任何故事都要动人。”[29]

千新星的发现及后续的观测竞赛暴露了一个问题：政治斗争。虽然世界各地的科学家都在努力忽视或礼貌性地回避这个问题，却掩盖不了它确实存在于天文界的事实。所有人都在拼速度，这背后有一定的科学原因，毕竟时间每流逝一秒，千新星就更暗一分，但是更多的是受人性所驱使，没有人不渴望当第一。天文学家的圈子其实很小，大多数团队都知道自己的竞争对手是谁，有些团队可能

努西尼·基布丘关于收到双中子星并合消息的漫画

图片来源：努西尼·基布丘

早已暗自较劲多年，有些团队也许一开始关系还不错，但是经历了几次望远镜资源抢夺战后，友谊的小船很快就翻了。和其他圈子一样，天文界既有急功近利的人，渴望站在聚光灯下，受尽各大媒体追捧，也有对功名不屑一顾的人，一心扑在科研上。大多数人处于二者之间，勤勉尽责地做好本职工作，同时兼顾其他组员的事业和梦想，尤其是研究生和博士后等更年轻的科学家。后来，跟进观测的队伍很快就变成一盘散沙，背地里争执不休，互相攻击，出尔反尔。直到今天，天文界的人提起这段不光彩的过去，仍会感到尴尬、失望；LIGO 则困惑地看着这场乱局。它是由几千号人组成的庞大组织，却像一条严谨的物理规律，井然有序地运行着，反观那些小团队模式的天文学家们，跟无头苍蝇似的到处乱飞，反而让 LIGO 的人更加坚定地做个旁观者，一心专注于引力波研究。

抛开这些激流暗涌不说，GW 170817 最终催生了不少美丽的科学成果。虽然起初争夺激烈，但是观测数据很快就转化成一篇又一篇论文，经同行仔细审议后正式发表。LIGO 宣布从双中子星并合事件中探测到引力波的主要论文共有 3 684 名作者撰写。《天文物理期刊》（*Astrophysical Journal*）收到纷至沓来的引力波论文，快速且严谨地组织同行评审，最终选取了 33 篇来自后续跟进团队的论文，汇编成一期特刊，从各个领域剖析这一开创性的发现。

探测到几次引力波事件后，LIGO 从一个成功机会看似渺茫的物理实验，变成了人类在工程和毅力上的伟大胜利。探测到的引力波数量突破十个之后，LIGO 彻底摒弃了以往的保密做法，一旦新信号被核实是引力波，就会立马在推特上公开。天文学家们已经从寻找第一个双中子星并合电磁对应体的疯狂竞赛中走了出来，这几年也开始有学术会议将它们的跟进观测纳入议题，讨论未来如何协调配合，通力协作，因为我们一定还会发现类似的天文事件。未来的跟进观测势必会变得更有组织性，却不代表 GW 170817 的千新星将是天文学家们最后一次竞相追逐的对象。

当然，这不是最后一次，也不是第一次。引力波固然是天文学的一个新领域，但是早在很久以前，天文学家们就开始观察如昙花般暂现的天象，在它们凋零前紧紧追寻。过去几十年里，正是这种追寻极大地改变了天文学家使用望远镜的方法。

第十一章

机遇目标

奥斯卡·杜哈德（Oscar Duhalde）是当代唯一一个靠肉眼发现超新星的人，他的天文发现堪称独特。纵观整个人类历史，能够用肉眼发现超新星的人屈指可数。

奥斯卡是智利拉斯坎帕纳斯天文台的一名望远镜操作员。1987年2月24日清晨，他在山顶的一米望远镜观测室里工作，人工手动引导望远镜跟踪天体，当晚前来观测的两位天文学家则负责控制CCD曝光。手动导星是一个说起来简单但相当累人的过程，操作者要不断调整望远镜的位置，确保天文学家研究的天体始终出现在望远镜的视场中央。当晚，奥斯卡连续工作了四个多小时，到了凌晨两点左右才找到休息的空隙，请天文学家们暂时接手。他走出控制室，到楼下煮咖啡，趁着煮咖啡的时间，踱步到室外，欣赏夜空。

当他抬起头时，发现今晚的夜空看上去似乎不太一样。

头顶上方是大麦哲伦星云（Large Magellanic Cloud, LMC），银河系的一个小卫星星系，距离银河系约16.3万光年。当距离如此遥远时，人眼看到的星辰不再颗颗分明，而是挤作一团，其周围萦绕的气体交融成明亮缭绕的云雾，因此叫它“星云”其实很贴切。尽管轮廓并不分明，学过辨认星体的人还是能从一团云雾中看出某些熟悉的特征来，比如小光斑般的新生恒星，明亮的星团，遮蔽光线的星际尘埃。对大多数天文学家来说，LMC 是南半球夜空中一个绚烂的星云，是凭记忆无法描摹的美。

巧的是，奥斯卡对 LMC 了如指掌。刚进入天文台时，那是照相底片流行的年代，他曾做过艾伦·桑德奇[1]的夜间助手。艾伦是天文观测领域的巨人，从 20 世纪 50 年代开始就颇有成就，花了大量时间观察 LMC。在拉斯坎帕纳斯天文台期间，艾伦拍摄了数百张 LMC 图像，身为夜间助手的奥斯卡则为他冲洗了数百张底片，对 LMC 的每一处细节都了如指掌。

那天晚上，夜空中多了一颗星星。

奥斯卡盯着那儿瞧了一会儿，惊讶地发现过去那么多年在他的望远镜里不曾有过一丝变化的星系，今晚竟然悄悄地多了一颗奇怪且明亮的新星。他回到室内看咖啡煮好没有，心里却在想那是什么星星，为什么以前从没见过，最后还是没能忍住好奇，又跑出去看了几眼。起初，他以为那是一颗卫星，可它光彩夺目，没有丝毫移动的痕迹。他再一次转身回屋，去看咖啡煮得怎么样，接着又一次跑出去突袭，结果那颗星星如老僧入定，依然在那儿，没挪窝。他纳闷地想，那到底是什么玩意儿？

奥斯卡隐约想起最近有一些研究小组在搜寻超新星，他知道近

---

① Allan Sandage（1926—2010），美国天文学家，首次确定了哈勃常数和宇宙年龄的准确值。——编者注

邻星系里的恒星爆炸时，会变成一个耀眼的光斑，只不过当时的搜寻大多集中在巨型星系上，那里蕴藏着大量即将死去的恒星，很少有人关注大麦哲伦星云这样的小星系。不过，那颗奇怪的星星说不定是个宝贝，他将这个猜测记在心里面，打算回到楼上后，找那两个天文学家聊聊。

奥斯卡一回到控制室，看到的是哔哔作响的电脑，还有两个打算观测下一个目标的天文学家，正盼着他来操作望远镜。他立马投入下一轮观测的准备中，调整指向，转动圆顶，忘了去提之前发现的那颗怪星星。

大约两个小时后，一直在用山上另一台望远镜观测的天文学家伊恩·谢尔顿[①]突然冲进这边的控制室，匆匆经过正在埋头工作的奥斯卡，兴奋地找另外两位天文学家说话。奥斯卡无意中听到了一些内容：因为风大，伊恩所在的观测室很早就关了圆顶，后来他一直在看当晚的底片，与前一晚的进行对比。当他将两张大麦哲伦星云的底片放在一起时，明显多出的一颗星星令伊恩眼前一亮。难道LMC 真的多了一个奇怪的新成员？

对面的奥斯卡猛地抬起头来："啊，对！我出去时也看到了。"[30]

接下来的几天里，整个天文界一片忙碌，很快就证实最先由奥斯卡用肉眼发现的奇怪亮星是一颗超新星，并将它命名为"LMC SN 1987A"，代表1987 年在大麦哲伦星云里发现的第一颗超新星。这颗超新星极其明亮，只要知道它会出现在哪个方位，天文学家们很容易就能看到它。后来的记录显示，新西兰、澳大利亚和南非的

① Ian Shelton（1957— ），加拿大天文学家，他发现了SN 1987A，这是人类第一颗肉眼可见的超新星。——编者注

其他南半球望远镜当晚也观测到了这颗超新星，不过从时间上推算，奥斯卡的火眼金睛比它们先看到它。

多年来，天文学家找到了更多超新星，但都是在遥远的星系中发现的。上一次有人用肉眼看到超新星已经是383年前的事了，即1604年，几年后世界上第一台望远镜才诞生。时隔多年，一颗超新星突然从银河系的“后院”里冒出来，自然在天文界引起了一阵轰动，赶在它熄灭之前，争分夺秒地研究它。1987A超新星也是多信使天文学史上的第一个多信使事件，产生的中微子被日本、苏联及美国的实验室探测到。直到今天，它依然是离银河系最近的星系里发现的超新星，也是被我们称为“机遇目标”的天文领域里最让人印象深刻的例子之一。

一说起天文时间，动辄亿万年，很容易让人以为天空是静止不变的。每天晚上，我们抬头仰望星空，看到的似乎总是那个样儿。月缺月圆，斗转星移，随着四季更替，太阳系行星在天球上不停移动，我们看到的天区也不尽相同，但是那些恒星和星座却似乎总在那个位置。

其实，星空也是瞬息万变的，几天、几小时甚至几秒内就发生变化，即使以人类的时间尺度去衡量，也短得惊人。尽管存在了几百万年甚至几十亿年，一颗恒星的死亡或耀射，一颗小行星或彗星的飞掠，就发生在一瞬间，快到捕捉不及。

超新星是濒死恒星爆炸后的遗骸，它们的核心发生着剧烈的核聚变反应，将氢融合为氦，或将氦融合为碳，释放出巨大的能量，以此对抗无情地内向挤压的引力。到了生命的尽头，为了再苟延残喘几天，这些宇宙中最巨大的恒星会不择手段地聚集不同的燃料来源，拼命将碳融合为氧，氧融合为氖，氖融合为硅，最后到铁戛然而止，恒星内部变成一个铁核心，不再释放能量，反而吸收能量。到了这一步，历时数百万年的抵抗宣告结束，引力成为了最终的胜利者，任何挣扎都是徒劳。不到一秒的时间内，核心轰然爆炸，分崩离析，产生向外扩散的激波，将外层物质反弹出去，以每小时7 000 万英里的速度，向星际空间抛射。与此同时，反弹激波发出异常耀眼的光芒，比它所在的星系还要亮。

你可能会以为，它就像一朵在天边绽放的巨大烟花，耀眼到想忽视都难。

事实上，想发现爆炸的恒星其实很难，以至你难以想象的地步，其中一个原因就是太远了。尽管恒星爆炸的场面十分壮观，会发出比整个星系还要耀眼的闪光，但是如果不借助庞大的望远镜，我们根本无法窥见它们的面貌。人类用现代望远镜观察过的每一颗超新星，包括奥斯卡用肉眼看到的那一颗，都位于银河系以外的星系。过去几十年里，我们能够找到它们，依靠的是一群忠实的天文爱好者，还有执着的超新星“猎人”，他们孜孜不倦地拍摄近邻星系，日复一日地在星空下守望着，等待异常明亮的新星乍现（超新星的英文名是“supernova”，“nova”来源于拉丁语里的“novus”，是“新”的意思）。超新星的亮度一般会在数天内陡增，接着又变暗，如果我们无法在其亮度接近峰值时的那一至两个星期内发现它，就会永远丧失找到并观察它的机会。

这就是研究爆炸恒星的挑战——它们前一天还在那儿，第二天就不见了，只留下一群手忙脚乱的天文学家，用在有限的时间内所能捕捉到的稀少数据，解释他们看到的现象。这种快速响应的需求，催生了一种全新的观测手段，即所谓的“机遇目标”(Target of Opportunity)，简称“ToO”。有了这种观测手段以后，只要探测到某类爆发源，观测者任何时候都可以紧急要求征用望远镜，打断原有的观测方案，远程插入机遇目标观测任务，迅速将望远镜指向新发现的爆发源。快速响应成为了超新星机遇目标观测者心中的“圣杯”，如果能捕捉到超新星爆炸最初几小时甚至几分钟的珍贵画面，就能窥见恒星死亡的最初时刻，照亮最接近恒星内部的外层物质，计算出爆炸的威力和速度，揭示是什么极端物理现象推动它向宇宙空间扩散。

只不过，当有人因误报信号而触发 ToO 观测时，问题就来了。

布莱恩·施密特（Brian Schmidt）及其团队通过观测超新星，发现宇宙正在加速膨胀，并凭借这项突破性研究成果，获得 2011 年诺贝尔物理学奖。一个晴朗的夜晚，天空如浓墨般漆黑，他正在观测地平线附近的天蝎座，无意中看见一颗陌生的新星，激动地向一个庞大的研究组发送了一封语无伦次的邮件。天蝎座是一个明亮的星座，为世人所熟知并喜爱，那里赫然多了一颗新星，可想而知有多令人兴奋。布莱恩将邮件发给了两百多号人，激动地说他发现了一颗明亮的新天体！用肉眼就能看见！就在天蝎座里，离地平线不远！当地的一名业余天文爱好者已经证实了这一点！这封信的潜台词是：大伙儿赶紧行动起来，观测这个神秘的小家伙，说不定又是一颗肉眼可见的超新星，而且是我们银河系自产的。

人类上一次目睹银河系超新星爆炸，已经是 1604 年的事了。我们根据恒星的数量和年龄推算出，银河系大约每一百年就有一颗恒星要爆炸，下一次爆炸随时可能发生。

如果银河系内有恒星爆炸，那将是一幅空前绝后的壮观景象，如此近距离的超新星爆发，绝对会比我们目前观测到的银河系外如萤火虫般微弱的星光要耀眼许多。1054 年 7 月 4 日，距地球约 6 500 光年远的地方，有一颗超新星爆发，发出异常耀眼的光，甚至白天也能看得见，除了太阳和月亮外，所有星星都被淹没在它的光芒下，就这样持续了两周，被当时的中国、日本和阿拉伯人记入史册，考古学家到新墨西哥州的查科峡谷（Chaco Canyon）考察遗迹时，甚至从普韦布洛印第安人祖先的象形文字中找到了关于这次超新星爆发的记载。它的残余物组成了蟹状星云（Crab Nebula），是当今夜空中最为人熟知的天体之一，也是人类至今拍摄到的最绚丽的天体之一。

在今天这个时代，一旦银河系出现超新星爆发，将是盛况空前的大事。如果明天地球隔壁有一颗恒星原地爆炸，结果会怎么样？光是想象就十分有趣。刚爆炸的那会儿，天空中会突然多出一个明亮的点，而且越来越亮，没几天就亮到白天也能看得见，甚至晚上在它的照耀下，不用开灯也能看得见书上的字。刚出现时，可能会在某些地区引起恐慌，在政治形势比较紧张的地方，甚至可能被误认为是某种新式武器。一旦被证明真身，几乎全世界的人都将陷入狂喜之中（它会出现在某个半球的天空），恒星天文学家尤甚。接下来，会跻身各大报纸头条，在推特上成为热点话题，拥有自己独有的标签。夜间脱口秀主持人会拿它开玩笑，半个地球的人都会用手机拍它。地球上的观测天文学家们，包括我在内，都会兴奋到发疯。

如果它真是银河系里的一颗超新星，布莱恩非常清楚全世界将作何反应，也清楚在这种时刻，快才是硬道理，他必须成为第一个将望远镜对准它的观测者，既是为了高尚的科学事业争取宝贵的数据，也是为了在全世界为之疯狂之前抢占先机。当团队成员纷纷投入行动时，他在心里盘算着该叫哪位同事联系哪台可以进行 ToO 观测的望远镜，请它们追踪 21 世纪难得一见的超新星，并拿出天体清单来仔细钻研，看看那块天区最近有什么恒星可能刚刚寿终正寝。

大约 30 分钟后，他在那封十万火急的邮件上追加了一条回复："各位不用忙了，我刚才脑子进水了，那是水星。"

天文学和其他领域一样，都喜欢听这类"美丽的误会"，比如微波炉被误认为射电暴，明亮的行星被误认为濒死的恒星。对于初出茅庐的观测者而言，这些故事是他人用亲身经历得到的教训，提醒我们要持怀疑态度，当我们在数据中听到"马蹄声"时，先猜马，而不是斑马[①]。根据量子物理学的预测，两颗恒星相撞同样可以产生伽马射线暴以及令时空弯曲的引力波，它们并不是中子星或黑洞独有的产物，因此保持怀疑的态度很重要。

2005 年暑假，我在新墨西哥州甚大阵列射电天文台实习，除了当导游以外，还分配到了一个项目，处理荷兰韦斯特博克综合孔径射电望远镜（Westerbork Synthesis Radio Telescope, WSRT）传来的一些数据，那是一个由 14 台射电望远镜组成、呈直线排布的

① 指人应优先考虑大概率事件，最后才考虑罕见因素，避免因惯性思维做出错误的决策。

干涉仪。看了一张又一张枯燥无味的图像后，我突然眼前一亮，在几张图像中发现了一个意外的新信号，顿时激动不已。它似乎变幻不定，某些图里看着更亮些，某些图里则更暗。我仔细记下这些差异，翻阅已发表的论文，确认没人提到过类似的信号，然后跟献宝似的，兴奋地将自己的新发现展示给身边的人看，问他们有何看法。是啊，这真是个天大的发现！从来没有人就类似信号发表过文章！而且它变化速度很快！此时的我就在甚大阵列射电天文台，电影《超时空接触》的拍摄地，“外星人”三个大字在我脑海中滚动了 3 秒。说不定这是外星人向我打招呼的信号呢？

这股兴奋劲儿持续不到一天，我的美好幻想就破灭了。当我将 14 台射电望远镜的数据全筛选出来时，发现离行政大楼最近的那台天线捕捉到的信号总是最强的，而且峰值总是出现在上班时间。尽管艾米莉·佩特罗夫的团队解开“佩利冬”之谜是几年后才会发生的事，但是此时的我再不济，也知道如果真是外星人发来的问候，那么每台天线接收到的信号应该一致才对。所以，我发现的不是外星人，而是有人在行政大楼里接收传真，或者加热烤盘。唉，白高兴了一场。

尽管有了几次前车之鉴，奇怪的信号依旧让人趋之若鹜，因为奇怪的东西总是叫人着迷。那些未知新奇的事物，往往蕴含着发现的沃土。

1962 年 5 月，丹尼尔·巴比耶（Daniel Barbier）和尼娜·莫格莱夫（Nina Morguleff）用法国上普罗旺斯天文台的口径 193 厘米的望远镜，循环拍摄附近恒星的光谱图，分析其大气层的化学组成。和大多数观测者一样，经过几个月的反复研究，他们对那些恒星的数据已经非常熟悉，熟到只要在恒星光谱中看见与特定波长或颜色相对应的尖峰或低谷，就能立马判断出那是哪个常见元素。

恒星的化学组成通常不会在短时间内发生变化。两位法国观测者对同一颗恒星拍摄了三次，只有其中一次拍到的光谱图呈现出钾元素的亮橙色光，这令他们惊讶不已。钾本身并不少见，只是当它在三次观测中只出现一次时，这就很少见了，让人不禁怀疑是不是捕捉到了某种另类的恒星耀斑（stellar flare）。

恒星总在喷发耀斑，很有可能是磁能在恒星外层积聚并释放的杰作。太阳隔三岔五就“打喷嚏”，向太空抛射一些小耀斑、电磁辐射、等离子体、带电粒子。话虽如此，地球跟太阳隔着半个银河系，要想一睹耀斑爆发的盛况，除了太阳得卯足了劲“打喷嚏”，还得幸运女神眷顾我们，因为耀斑爆发通常只持续几分钟，过时不候。耀斑具有非常宝贵的研究价值，能让我们更了解恒星的内外部结构，以及耀斑如何影响行星生命的诞生。发现一种新形态的耀斑，也许会为恒星物理学打开一扇新大门。

丹尼尔和尼娜兴奋地写了一篇关于这颗新发现的“钾耀星”的概述，发表在天文物理期刊上。接下来的几年里，又有两颗“钾耀星”相继被发现，这让他们更加兴奋。在天文学中，我们能得到什么数据，取决于我们能捕捉到什么天文现象。如果只发现一颗“钾耀星”，那么它可能是仅此一例的怪胎，发现三颗就足以自成一派了。到了 1966 年，只差临门一脚，“钾耀星”就要被授予正式的名分。

唯一令人不解的是，只有上普罗旺斯天文台观测到了具有钾特征的耀斑，而且这三颗恒星都是由同一批天文学家合作发现的，除此之外再无其他共同点。它们一颗像太阳，一颗更热些，一颗有着奇怪的磁场，没有任何共同点足以说明这些恒星为什么会突然喷发大量的钾。

在美国加州，有三个天文学家对“钾耀星”有着浓厚的兴趣，他们是鲍勃·温（Bob Wing）、曼努埃尔·潘贝尔特（Manuel Peimbert）和海朗·斯平雷德（Hyron Spinrad）。他们渴望找到真正的“钾耀星”，但对上普罗旺斯天文台的发现表示怀疑，因为三人在利克天文台亲自观测了162颗恒星，却连一颗“钾耀星”也没碰上，令人不禁纳闷：那台望远镜捕捉到的光源到底是什么，竟然能在短时间内释放大量钾。后来发现，信号源其实近在咫尺。法国的一些观测者和技术人员都会抽烟，尤其是丹尼尔·巴比耶，大家都知道他经常一边观测，一边抽烟斗。

事实证明，钾在火柴[①]光谱中特征最为突出。

加州的三个天文学家在利克天文台进行了一次特别的实验，用120英寸望远镜模拟该现象——他们站在摄谱仪边上，从不同位置点燃火柴，试图重现火柴点燃瞬间特有的突然增亮现象，即钾波段辐射增强。他们还联系了外援伊薇特·安德里拉（Yvette Andrillat）——曾见证“钾耀星”的法国观测者之一，请她出谋划策。和大多数科学家一样，天文学家也喜欢解谜，哪怕最后反而证明自己的研究是错的。接到加州小分队的电话后，伊薇特也立马在上普罗旺斯天文台进行相同的实验。原来，法国那边放置摄谱仪的房间（显然也是午夜抽烟放松的好去处）里有一块可旋转的玻璃

① 火柴头上含有氯酸钾，强氧化剂，易燃易爆。

板，它本身是摄谱仪的一部分，会将火柴擦出的火花反射向摄谱仪的探测器。

这些实验最终汇聚成一篇令人振奋的论文。乔治·普雷斯顿也有一部分功劳，当他看到加州小分队递上来的申请，申请用途基本可以浓缩为“嗨，我们想借一台望远镜，一边划火柴，一边围着它转”时，是他敢为人先，毅然批准了申请。尽管理由比较奇葩，加州小分队却恪尽职守，一丝不苟地记录下整个实验的过程，严谨地测试了各式各样的火柴——盒式火柴、粗头火柴、安全火柴，并从他们与“安德里拉夫人”的交流中注意到，“法国与美国的火柴并无明显的差异”[31]。多亏了三位天文学家细致的工作，“钾耀星”的神秘面纱终被揭去，整个天文界从此知道了火柴光谱中的主要元素，上普罗旺斯天文台存放摄谱仪的房间也被贴上了禁止吸烟的标识。

不过，火柴并未从此退出天文学的舞台。1958年，乔治·沃勒斯坦（George Wallerstein，我在华盛顿大学的同事，最近刚庆祝他的观测生涯满60周年）从一颗独特的红超巨星大犬座VY（VY Canis Majoris, VY CMa）光谱中测量到了钾元素，将其归结于恒星外层的罕见物理条件。近十年后，在各种机缘巧合下，他成了鲍勃·温、曼努埃尔·潘贝尔特、海朗·斯平雷德的“钾耀星”论文的评审人。又过了几年，他与合作者共同发表了一篇关于大犬座VY的新论文，平静地指出已有全新的观测数据证实大犬座VY的钾辐射谱线，而且火柴的说法“并不适用于此情况，因为我们的观测者不抽烟”[32]。

机遇目标天文学的诞生源于时效性，当天文学家认为他们在夜空中有了新发现，往往需要在它消失前尽快收集到数据。关于夜空中快速变化的天体或现象（这类研究有时被称为时域天文学），超新星爆发和真正的耀星只是其中两个常见的例子。许多时域研究对象，比如爆炸或耀变的恒星，都是短暂性的天文事件，天文学家一旦察觉到事件发生，必须刻不容缓地扑上去，否则就抓不住它们稍纵即逝的光影。那些在夜空中一闪而过的小行星，或周期性规律变化的恒星，需要定期跟踪，有时甚至要遵循严格的时间间隔。

天文学家发现 SN 1987A 的那年，超新星仍由天文电报中央局（Central Bureau for Astronomical Telegrams）统一以电报的方式昭告天下。今天，类似的公告以数字形式发布在网上，不仅包括新发现的超新星，以及其他暂现天文现象，还有一些无厘头的乌龙事件——每隔一段时间就有热血的天文学家重蹈布莱恩的覆辙，将行星误认为超新星。2018 年，一位天文学家跑到天文电报中央局的网站上，兴冲冲地发帖子说，人马座出现了一个极其亮的新天体。40 分钟后，他害羞地追加了一句：那个极其亮的天体是火星，此时正老实地在自家轨道上绕着太阳转，正好转悠到了人马座前面。直到网站管理员幽默地颁发了一张证书，恭贺他发现了火星，这事才翻篇。人非圣贤，孰能无过，所有天文学家都能理解他的错误，也能对他的兴奋感同身受。

宣布新发现只是跨出了第一步，真正的挑战在于弄到望远镜，观测机遇目标。通常情况下，望远镜的时间早已提前分配好了，从起草一份很有希望的观测方案，到真正坐到望远镜前拍摄数据，中间往往隔着数月的时间。机遇目标却经不起如此漫长的等待，必须在几小时乃至几分钟内完成观测，具体怎么实现，很大程度上取决于天文学家、待观测目标以及所需要用到的望远镜。

有时，运气好的话，观测者可能就在望远镜边上，要么纯属巧合，要么是多方协调的结果，为了观测那些不断移动或变化的天体。1992 年，大卫 · 朱维特（David Jewitt）和刘丽杏[①]申请到了夏威夷大学的 88 英寸（约 2.2 米）望远镜，用它搜寻柯伊伯带天体。柯伊伯带的名字来源于机载天文台先驱杰拉德 · 柯伊伯，它是位于太阳系边缘的环带，范围异常宽阔，内部有大量由冰和岩石构成的小天体，始于海王星轨道外侧，向外延伸至距太阳 46 亿英里的区域。那一年，冥王星还没有从九大行星中除名，和它的卫星冥卫一[②]一起被打入柯伊伯带的“冷宫”。大卫和刘丽杏带领团队，将望远镜对准柯伊伯带，那个天文学家推测的小行星带，希望能够首次探测到那里的天体。

为了在夜空中找到位置或亮度发生变化的天体，天文学家会使用一种叫“闪视法”(blinking) 的技术，对比同一块天区的两张底片，从中找到出现变化的天体。大卫和刘丽杏也用到了同样的技术，对同一块天区拍摄了四张照片，通过对比寻找位置发生改变的天体。他们真正想找的是移动缓慢的天体，因为移动特别快的可能是邻近的小行星，移动缓慢的更有可能是遥远的天体（这跟坐在车上看窗外风景是一样的道理，近处的树木或建筑会飞快地从眼前掠过，远处的景物则移动得更缓慢些）。

---

① Jane Luu（1963— ），越南裔美国天文学家。1991 年，美国天文学会授予其安妮 · 坎农天文奖。——编者注

② Charon，又译为“卡戎”。

早在五年之前，两人就开始了对柯伊伯带的探索。1992 年 8 月的一个夜晚，他们跟往常一样，对比新天区的两张图像，很快就注意到一个移动极其缓慢的天体，仔细确认后，激动地发现它完全符合柯伊伯带天体的特征。第三张和第四张图像也完全符合他们的预期，证明该天体确实沿直线缓慢移动。按照原定计划，这时应该转移目标，拍摄其他天区。然而，他们不仅没那么做，还整晚跟在那颗奇怪的小天体屁股后面跑，尽可能多地采集它的数据。临时改变计划，既是为了科学，也是出于谨慎，毕竟那个小家伙一直在移动，万一真转身去拍其他天区，一回头却找不到它了，岂不是要肠子都悔青了？最终，他们测出了它的距离和大小，确定是人类探测到的首颗柯伊伯带天体。今天，它有了自己的名字，叫"阿尔比恩"（Albion，编号 15760），一个直径超过 70 英里的岩质天体，在 40 多亿英里外绕着太阳转，是柯伊伯带里数量可能高达 35 000 颗的小行星中的一员。

在其他情况下，为了捕捉和跟踪夜空中令人激动的新天体，天文学家会借助朋友和熟人的力量，或者靠一张嘴去游说他人，埃多·伯格请求我们支援观测 GW 170817 电磁对应体就是一个现成的例子，他在望远镜排班表上看到我们的名字，而且和我们是老相识了，便发来一封电子邮件，问是否可以暂停我们的计划，先进行他的紧急观测任务。有时，天文学家也可以直接打电话或发消息给天文台，联系到当晚使用望远镜的人，询问能否临时插入一个观测目标，或者暂停他们早已排好的计划。

直接找望远镜的使用者商量，是一种相当便捷的做法，但是能否成功，取决于观测者本人的态度，他们完全有权拒绝这类请求。

一听到令人振奋的新发现，有些人很乐意成人之美，有些人则不想计划被打乱（当接到这类请求电话时，我认识的天文学家里，不止一个曾冷淡地回一句“你打错了”就挂断电话，继续执行规划已久的科研工作，不容许一颗爆炸的恒星打乱自己的节奏），有些人则爱莫能助，因为一旦中断观测，就会前功尽弃。

这种做法也会演变成一种竞争，多个团队抢着联系同一个观测者，谁先联系到，谁就先抢到原本属于观测者的时间。有一次，我正在使用凯克望远镜，却接连收到两封邮件，来自两个互为竞争关系的研究团队，请求我帮忙观测附近天区一个疑似伽马射线暴的闪光，捕捉它正在变暗的光线，连发来的坐标都一模一样。我还没来得及采集到任何数据，就被证明又是一次乌龙。至今回忆起这个插曲，我仍忍不住想，万一那晚真是伽马射线暴，事情将如何收尾？如果采集到了数据，我该将它交给谁？是最先联系我的人，与我更要好的人，科研造诣更高的人，还是在学术或工作上能帮我一把的贵人？在收到那是误报信号的通知之前，我已经想得很远，并暗下决心，等我拿到数据一定要先吊一下他们的胃口，像幼儿园老师那样，要求他们先学会好好相处，否则就别想拿到数据。在争取 ToO 观测的望远镜资源时，这其实是一种不太可靠的途径，我虽然没有被逼着做出选择，但是有人真的面临过我想象中的困境，不管他们最终如何做出决定，不管背后的依据是好是坏，都不可避免地影响了这个圈子的作风。

为了减少这种野蛮的争夺，越来越多的天文台建立起了专门处理 ToO 观测需求的系统，天文学家可以申请 ToO 专用的望远镜。简而言之，天文学家可以说：“如果同时探测到引力波和伽马射线暴，我们团队有权触发 ToO 观测任务，追踪它们的来源。”这种方法高效多了，而且从原则上说，可以让各个团队基于科学的考虑因素，提前竞争快速插入 ToO 观测的特权。有的望远镜甚至会对 ToO 观测的紧急程度分级：一种是不影响当前观测的“非中断类”请求（比如“请在未来某一天的某个时刻观测这个天体”），另一种是需要立即停止当前所有观测的“中断类”请求（比如“请你立即停止一切动作，转向新任务指定的天体；没错，就是现在”）。不过，大多数传统的天文台为了兼顾 ToO 的观测，依然迫不得已地要占用别人辛苦申请到的时间。

GW 170817 千新星横空出世的那年，所有关于 ToO 的观测手段或机制早已落地，但是场面依旧一度十分混乱：本就分配到望远镜的天文学家疯狂调整观测计划；没有望远镜可用的天文学家则四处求助自己认识的每一个人；享有 ToO 特权的几个小组就谁应该享有优先权吵得不可开交，比如某个团队拥有 ToO 观测时间，一旦出现疑似伽马射线暴的天文现象，该团队可以立即征用望远镜，在所给的时间内“寻找”随之诞生的千新星。但是千新星被找到后，另一个团队可以争辩说，该团队不再享有 ToO 特权，因为他们现在是在“跟踪”千新星，而不是在“寻找”它。

这背后的成因其实很简单，大家都想成为第一个捕获 ToO 的团队，由于望远镜资源有限，而且一次性天文事件非常短暂，竞争就变得异常激烈，此外还有一些显而易见的科学原因：碰到超新星之类的暂现天体，越快拍摄到数据，就越接近它爆炸的时刻。超新星最初发出的闪光，很可能蕴藏着恒星外层及周围环境的独特特征，能够揭示恒星内部的极端物理现象。这一道闪光转瞬即逝，如果能在它乍现的最初时刻拍摄到，不啻于挖到一座金矿。等它消失后，就拍不到那样的数据了。

争快就是争先，成为观测到暂现天体的第一人，是一桩稳赚的好买卖。如果能成为发现新行星的第一人，或者突破性地取得了新恒星爆炸的第一手数据，这样的团队未来申请资金时会更吃香，一方面是因为他们的成绩有目共睹，另一方面是他们已经证明自己的研究方法相当有效。此外，大家投入大量的精力和资源，并不是为了来当老二的：发表两篇结论相同的学术论文没有任何意义，学术期刊通常采取“先到先发”的原则，晚来一步的人只有被拒的命运。你可能掌握了一项令人振奋的研究成果，却面临着其他团队先你一步发表的威胁，这在学术界是常有的现象，甚至还有一个专门指代它的名词：“抢发”(scooping)。

2012 年，我带领一个团队疯狂追踪一颗奇怪的恒星，一颗你刚看到会以为它在“诈死”的恒星。2009 年，它在夜空中首次登场，表现得十分正常，正常到让人觉得它就是一颗平凡的超新星：几天内大幅变亮，接着逐渐转暗，几个月后消失不见。观测者发现了这颗恒星，敬业地将它收入超新星的清单里，记为当年发现的第 250 颗超新星，编号 SN 2009ip，然后就一如既往地去观测其他目标。

一年后，SN 2009ip 又回来了，带着第二道闪光，以巨蟒剧团(Monty Python)[1]独特的荒诞搞笑风格闪亮登场，昭告天下它其实还没死。在那之后，它又“诈死”了两次。2012 年，它再一次故技重施，只不过这次的“表演”异常轰烈——亮度在短短 6 小时内暴

① 英国超现实幽默表演团体，其自导自演的超现实电视喜剧节目《巨蟒剧团之飞翔的马戏团》，对欧美喜剧界产生了深远的影响。

增20倍，让人忍不住怀疑，这个戏精这次也许真的气数已尽？虽然对SN 2009ip的爆炸将信将疑，多支团队依然迅速投入行动，急切地想确认它这次是不是死透了。我的团队很快就要到了阿帕奇天文台的3.5米望远镜，紧锣密鼓地拍摄光谱数据，希望从恒星不断演变的化学组成中窥见更多秘密，而不是一味地盯着它的亮度看。几个星期后，我们还在慢吞吞地处理数据，其他小组的论文已经陆续出现在网上，发表他们匆忙采集到的光谱。

一看到其他论文，我的心瞬间跌落谷底：我们输了。你可能觉得这听起来很小家子气，但是没人能否认成为第一的感觉确实很好。没错，科学家的梦想是追求真理、解开谜题、探索未知，但是没人想做老二。

不过，这场竞赛并未就此画上句号；事实上，后来变成了一场马拉松，而不是短跑。所有天文学家都同意，自2009年以来，我们看到了SN 2009ip在弥留之际抛射大量外层物质，从远处看很像超新星爆发时被炸入太空的躯壳物质，但是没人知道应该如何解读2012年收集到的数据。2012年观测到的事件，究竟只是又一次普通的恒星爆发，还是真正的超新星爆发，对此大家观点不一。我认为2012年它是真的爆炸成超新星，其他人却认为这不过是又一次假象，还给出了非常有说服力的证据。我的团队继续慢条斯理地分析手上的数据，最终发布了我们的结论，希望能揭示SN 2009ip究竟发生了什么。

无奈的是，想知道SN 2009ip究竟发生了什么，唯一的方法是等待，持续数年的等待。SN 2009ip的光芒淡去后，我和同事开始变成望夫石，一直盯着它消失的地方，想看它会不会再次杀回来。

过了一年，它没有回来。一些观测者继续守望着，等了一年又一年……距离 SN 2009ip 初次登场过去了十年，我们依然没有看到它回来的踪迹，却也不敢因此断言，它真的寿终正寝了。

当然了，并非天文学或超新星领域才存在竞争。适度的竞争是有益的，能够激励团队不断完善研究方法，过度的竞争却会变成一把淬毒的剑，或者闹出一场笑话。几十年前，射电天文学领域上演了一场“星际争夺战”，许多团队抢着成为探测到星际分子的第一人。如果能成为第一个在星际云中发现水分子、乙醇甚至糖分子的人，光是想想就让人无比激动（“天文学家在星际空间发现酒精！”会是一个很吸引眼球的标题）。一些用完射电望远镜的研究小组后来得知，在他们之后到达的团队会翻看他们留下的夜间观测日志，从中找到被验证过的天体或波段，通过观测这些天体或波段获得相同的数据，趁他们还没意识到竞争对手的存在之前，抢发观测结果。这在后来催生了一些迷惑对手的可笑诈术，比如有人故意在观测日志里写下错误的坐标，或者在纸片上写下错误的波长，“不小心”将它们扔进垃圾桶里，等着被下一个团队拣到。

当然，这最终会演变成竞争，不光是为了功利，也是人性使然。为什么我曾将韦斯特博克望远镜的数据误认为外星人的信号？为什么整个天文界疯了似的抢着观测 GW 170817 和 SN 2009ip？为什么天文学家有时会草率地宣布自己发现了超新星（实则是行星）？这些全都离不开人类渴望探索未知的天性。成为第一个发现新事物的人，获得稀少珍贵的重大发现，是一件令人激动的事。虽然发现只是第一步（科学讲究正确和严谨，不是只要快就够了），但是能够参与到顶尖的科学活动中，确实让人热血沸腾，这是无可否认的。

与此同时，规则也在随之变化。以前，LIGO 发现第一个引力波，还要严加保密，不得声张；现在，LIGO 一发现引力波，就跑到推特上发消息。今天，人类已经发现了上万颗超新星，所以早已不是“稀货”（靠肉眼发现的那颗除外）。当然，发现超新星依然令人兴奋，只是再也不会有人因此被禁止在媒体前发言，多个团队竞争同一颗死亡恒星的现象也越来越少。采集大量超新星样本，并留意那些不走寻常路的超新星，仍然是一项吸引人的工作，但是依靠运气和混乱的 ToO 流程去捕捉它们，已经失去了往日的效率和必要性。

理想的做法是开发一套自动化的系统，一台能像奥斯卡那样自主工作的机器：将一片夜空反复烙印在脑海里，在长年累月的观察中，找出任何发生变化的点。有了这样的望远镜之后，我们要做的就是将其对准目标天体被发现的区域，然后它就会为我们收集想要的数据。如果有这样一台自动化的望远镜，我们不需要临时跳上机载天文台，或者乞求其他观测者大方地将望远镜让出来，就能及时捕捉那些突然出现的新事物。提前规划好资源配置，或者不用跑到天文台就能用到望远镜，都对天文事业有极大的帮助。

这说起来容易，做起来却很难，而且还会面临一个无法避免的难题，那就是如何在追逐暂现天文事件的同时，兼顾具有重大价值却又无须迅速响应的日常观测活动。如果我们想提高观测的效率，就需要从现在开始认真思考，如何利用今天和未来的技术攻克它。

第十二章

收件箱里的超新星

一听到电脑发出清脆的咔嚓声，我便知道最近一次曝光完成了。那是电脑合成的快门声，模仿相机拍照时发出的声音，提示我阿帕奇天文台 3.5 米望远镜的相机刚刚完成了对当前目标的光线采集，一个 2 500 万光年外的星系。一般的星系 100 年只会出现一次超新星爆发，这座星系却十分诡异，过去 100 年里出现了 10 次超新星爆发，多到令人咋舌。我希望仔细观察它，像法医一样检查恒星爆炸后残余的气体、尘埃及星体，寻找那些恒星相继死去的原因。

曝光完成后，我告诉望远镜操作员可以转向下一个目标了，接着便输入命令，轻轻转动望远镜，只转动了一点点，就来到同一座星系的另一头，也是另一个超新星爆发的集中点。我微调了摄谱仪的设置，看了一眼望远镜上的导星相机，确认我们现在对着的位置准确无误，然后按下“曝光”，开始下一轮观测。

一切就绪后，我轻轻地靠在椅背上（害怕动静太大，会吵醒家里的人），喝了一口从第八大道[1]的星巴克买来的咖啡。这杯咖啡是

① 美国纽约市曼哈顿西部的一条街道。

我赶在星巴克打烊前亲自跑到店里买的，当时外面开始飘起大雪，虽然可以等曝光开始以后再出门，而且曝光一般会持续半小时，如果走得快的话，这点时间足够我来回两个街区。但我不想冒险，万一无法及时赶回，就没有时间再次检查我的数学计算是否正确，是否能让望远镜准确地指向下一个超新星爆炸点。

没错，我正在观测中，只不过望远镜在新墨西哥州中部，我人却在纽约市。那是圣诞节前的几天，我到纽约探访几个表亲，将笔记本电脑往亲戚家的餐桌上一放，就能远程控制天文台的摄谱仪，微调望远镜的指向，用一个小小的聊天窗口与天文台唯一值守的操作员联系。我们一直在交流一些基本的信息，比如：我打算如何在不同目标之间切换；新墨西哥州的天空如何（非常好，显然比暴风雪的曼哈顿好多了）；今晚结束观测前，大风会不会卷着石膏白沙再次来袭……

那天早晨，我短暂地睡了几个小时，便在城市的喧嚣中醒了过来。我才刚结束一整晚的观测，整个曼哈顿却已苏醒过来，开启崭新的一天。长年累月下，我已经形成了一醒来就查看邮箱的习惯，眼睛还没完全睁开，手就伸出去摸索手机，想看半夜有没有新邮件进来。幸运的是，我还真的收到一封新邮件，来自智利口径 8.1 米的南双子望远镜（Gemini South telescope）。前一天晚上，智利帕琼山（Cerro Pachón）的山顶上空漆黑无云，他们用摄谱仪拍到了我研究的一颗红超巨星。我从柔软的枕头里抬起头来，一边努力睁开左眼，一边用手指滑动邮件，靠右眼迅速浏览内容。这真是一个好消息：当我还在远程使用阿帕奇天文台的望远镜时，或者正在睡觉时，他们已经拍摄到了我想要的数据，上传到双子星天文台的一台服务器上，并等我有空了去下载。

我以前从来没有同时使用过两台望远镜，这还是第一次碰到这种好事，人在亲戚家中，足不出户，就拿到了新墨西哥州一个晴夜的数据，还有智利偏远山峰上两个小时夜空澄澈的数据，这难道不是在做梦吗？当然，我也知道自己今天会变成一具“行尸走肉”；尽管通宵达旦地观测了一宿，这里不是与世隔绝的天文台山顶，我不可能像以前那样昼伏夜出，便打算白天跟戴夫泡在附近的咖啡店里，处理一些公事，顺便去跑跑腿，买点东西，见几个朋友，晚上去搭火车。还没看到南双子望远镜的数据之前，我无法肯定天文台是否按我的要求严格执行观测，但是不管数据如何，那都是一个大丰收的夜晚。

我翻身向窗外望去，瞬间被眼前的景象惊呆了。我看到的不是萨克拉门托山脉（Sacramento Mountains）上不畏寒风凛冽的松树，也不是夏日一望无际的智利沙漠，而是落在对面大楼墙壁和窗台上的冰雪。

看着外面冰天雪地的世界，我想我的两台望远镜捕捉到的一定是澄澈纯净的数据，昨晚那里的星空一定很美。

天文学家不需要亲自跑到现场，就能用望远镜进行观测，这不是现在才有的想法。长期以来，人们一直希望用远程的方法，让观测变得更轻松，也更高效。

最早的专业远程观测可以追溯到 1968 年的基特峰天文台：天文学家通过图森的一台电脑连续数夜操控 40 英里外基特峰上的一台望远镜。在这种传统的远程观测模式中，天文学家依然需要在夜里保持清醒，积极参与到观测过程中，只不过与望远镜的距离变远了。远程观测大多数发生在专门用于远程操控望远镜的控制室里，那里会有一排电脑屏幕，还有一套视频会议系统，让天文学家与坐在望远镜边上的操作员实时对话。

在那之后，远程观测变得越来越普遍。天文学家可以在接近海平面的地方观测，不用大老远地跑到高原上去，避免了高原反应可能带来的不适。凯克望远镜的本部建在一个叫威美亚的小镇，坐落于夏威夷大岛北部连绵起伏的绿色山丘之间，那里氧气充足，观测室对面就是餐厅和咖啡馆。要用凯克望远镜的天文学家只需前往威美亚，不用爬上莫纳克亚山，好处是显而易见的，但是有时也会产生时空错乱的感觉。有几个天文学家曾在威美亚观测，耳边突然响起雨滴敲打玻璃窗的声音，心里咯噔一下，心想完蛋了，望远镜还开着！经过多年现场观测的“调教”，他们已经形成了一种条件反射，一听见下雨声就会立马陷入“天哪，镜面被雨淋到了！”的恐慌，过了一会儿才意识到，自己在威美亚呢，下雨的是这里，不是莫纳克亚山。不过，在海拔高度接近海平面的小镇工作，意味着要忍受白天尘世的“喧嚣”。凯克望远镜本部为观测者提供住宿，为了减少白天的噪声，让观测者睡个好觉，房间里有遮光的窗帘，四周的环境也很清净。但是，夏威夷大岛和其他夏威夷岛屿一样，有许多野鸡出没。曾有一只非常顽固的老公鸡，多年来矢志不渝地将观测者的宿舍视为自己的领地，天一亮就跑来打鸣，唯恐有人不知道太阳出来了。我相信不少天文学家曾在早晨九点醒来，一边听着它嘹亮的叫声，一边用手撑着昏昏沉沉的脑袋，上网搜红酒焖鸡的做法，想要炖了那只可恶的老公鸡。

凯克望远镜有专门分配给夏威夷大学和加州某些大学的时间段，这些学校的观测者可以在几百或几千英里外的另一座岛上，甚至太平洋彼岸进行远程观测，不用亲自到离莫纳克亚山 20 英里的威美亚。他们所在的天文系通常设有专门的远程观测室，天文学家晚上只要到了系里，就能远程使用望远镜。

阿帕奇天文台更先进，为 3.5 米望远镜开发了一款远程观测软件，不管天文学家是在办公室里、自家客厅的沙发上，还是在亲戚家的厨房里，只要电脑上安装了这款软件，就能在任何有网络的地方进行观测。我曾在纽约、科罗拉多和西雅图的公寓里观测，还有一次是在瑞士日内瓦的一间办公室里，当时我正在欧洲做研学旅行，顺道拜访几位同事，多亏了时差的关系，那次的远程体验特别好。我分配到的是新墨西哥州的一台望远镜，使用时间是半夜至次日凌晨五点，对应的是瑞士的早晨八点至下午一点。于是，我美美地睡了一整夜，天亮了才起床，悠闲地泡一杯茶，坐在办公室里，打开半个地球外的望远镜，开始一天正常的工作。幸福来得太突然，叫人怪不习惯的。

远程观测是一种奢侈，省去了前往天文台的舟车劳顿（还能节约差旅费、减少碳足迹），但也少了一些深刻的体验。当天文学家不在山顶上，而是在千里之外靠软件运筹帷幄时，感觉有点像在玩电脑游戏，透过屏幕看到的星空也变得不太真实。以前碰到阴天时，不死心的天文学家还能亲自跑到室外守着，只要看见有一小块天空放晴，就立马“见缝插针”，调整观测方案，将望远镜对准那儿。有了远程观测之后，天文学家不用再守着望远镜，也不用再时刻盯着天空看，只要操作员说望远镜那头是阴天，他们就只能认命地接受它是阴天。天气这东西有时很难说，阿帕奇天文台有自己的天气监测网站，天文学家可以上去查看云层情况，只可惜人算不如天算。

有一次，我在科罗拉多州进行远程观测，用的是阿帕奇天文台的望远镜，使用时间段从凌晨十二点半至五点半。在当时的我看来，最明智的决定是整晚都不要睡，如果前半夜先睡一会儿，估计就醒不来了。到了十一点半，我已经筋疲力尽，却强打起精神，继续为观测做准备。根据天气网站的信息，当晚的夜空晴朗得不可思议。于是，我给自己泡了一大壶浓缩咖啡，然后一口气全喝完。伴随着 130 次 / 分的静息心率，还有严重过量的咖啡因，我坐到电脑前，登录远程观测软件，准备开工。

几乎在同一时间，会话框里跳出了望远镜操作员刚发来的消息："嗨，艾米莉。现在低垂的云雾完全笼罩着山顶，我猜今晚可能连天窗都开不了。要不你留个方便联系的号码给我，然后就去睡觉？好好睡一觉，一旦天气变好了，我再打给你。"我才刚喝了一壶咖啡，精神好到可以上山打虎了，此时却被当头泼了一盆冷水，只能大半夜坐在客厅里，守着一场希望不大的观测，因为喝了太多咖啡，浑身微微抽搐着。这件事教会我一个道理：先确定有戏，再喝咖啡。

此外，天文台以外的地方可能会出现各种意料不到的突发状况，有时也挺麻烦的。在自家客厅里观测很美好，但是万一网络断了，可就没那么美好了。有一天晚上，我在公寓里使用阿帕奇天文台的望远镜，观测到一半时，网络毫无预兆地断了，我不得不半夜冲下楼，慌慌张张地跳上自行车。望远镜操作员只看见了这位天文学家中途离开了一小会儿，却看不见背后的鸡飞狗跳。现实是，我正疯狂地踩着脚踏板，火急火燎地朝办公室赶去。我能想到的凌晨两点网络依然坚挺的地方只有办公室了，而且那里离我更近，不会损失太多观测时间。有些天文学家曾在远程观测过程中被困于暴风雪中，或者因为火灾被迫撤离自己所在的建筑物。在他们消失的那段时间里，山上的望远镜一动不动地坐着，惬意地沐浴在温柔的星光下，等待远方的小伙伴重新上线。

远程观测的另一个缺点是，天文学家无法将自己从日常生活中完全抽离出来。前往天文台的路途确实很煎熬，但是一旦到了那里，就可以心无旁骛地投入观测中，不受日常事务的打扰。相反地，将观测工作带到日常生活环境中后，大多数人发现自己根本无法不受日常生活的影响。当他们在临街的办公室里或自家的餐桌上工作时，经常观测到一半，望远镜还开着，就得跑回家去送小孩上学，或者为白天备课。我曾彻夜观测，只睡两个小时，就去给学生上课，整堂课上下来，眼神呆滞无光。有位同事说，有一次望远镜相机正好在前半夜进行长曝光拍摄，她就趁着这段时间给孩子读睡前故事，哄他们睡觉。

坐在每天与你为伴的沙发上，或者每天都会去的办公室里，轻轻点击几下鼠标，或者敲击几下键盘，就能移动远方数吨重的仪器，很容易产生一种与现实脱离的感觉，这也是为什么阿帕奇天文台坚持要求天文学家必须亲自到场接受培训，然后才可以用软件远程观测。远程观测有着无法否认的好处，比如极大地提高了便利性，让更多天文学家能够用上望远镜。只是当他们习惯了远程采集数据时，久而久之，会慢慢忘了亲自动手的感觉，对望远镜越来越生疏，也越来越少有机会学习操作世界一流的望远镜。

远程观测技术让天文学家不用亲临现场，就能使用远方的望远镜，不过这并不代表在天文观测中的参与度有所下降，实际上他们依然积极地实时参与其中。在这种模式下，远程观测者既是最终处理数据的人，也是执行整个观测方案的人，要负责打开和关闭快门，检查或调整目标清单。只要望远镜还掌握在自己手上，他们就必须保持清醒，全程参与到望远镜的工作中，直到观测结束为止。

队列观测（queue observing）是另一种远程观测技术。

想要成功申请到望远镜的使用时间，一个优秀的观测者需要事先想好观测的目标、时间、顺序，还要想好所需望远镜的配置与曝光时长，提交详细的观测提案，最后带着充分的准备来到望远镜前。观测开始时，还可以尝试性地拍摄几张图像，根据实际采集到的数据临时调整方案，从而提高数据的质量。从理论上讲，这有很大的好处，实际情况却是，观测者的准备工作太完美了，往往尝试第一遍，就能得到符合预期的数据。当一切进行得十分顺利时，观测者需要做的可能并不多，主要是对照检查表，检查完成情况，点击几个按钮，打开和关闭快门，按照原先预想的天体顺序，一个接一个按部就班地观测。这时，人们很顺理成章地会想：如果天文学家不一定要到场，而且一切早已安排妥当，万无一失，那么他们真的有必要参与到实际的观测中吗？

在队列观测中，天文学家会提前几个月想好观测的细节，比如观测目标、观测时长、望远镜配置，制订步骤清晰的计划。由于望远镜资源有限，为了充分利用宝贵的每一分钟，天文台拿到入选的观测提案后，会将它们放进一个队列或有序列表里。

这种方法为我们打开了一个新世界，提供了各种美妙的可能性。以前，一台望远镜一次只能为一位天文学家所用，在他清醒的夜晚或时间段内，观测他一人的项目，等他结束了，才会轮到排班表上的下一位天文学家。现在，天文台可以将多个观测提案混搭在一起，根据申请人想要观测的天区，或者想要使用的仪器，对来自不同天文学家的请求进行分组。某人可能需要长达数小时的曝光，另一个人可能只需要很短的曝光，这两个人的观测提案可以组合起来，在同一个夜晚执行，充分利用黑夜的每一秒钟。

由于显而易见的后勤局限性（如果成功申请到哈勃空间望远镜，就能穿上宇航员的衣服，走上发射台，随火箭升空，进入太空站观测，那就太完美了，可惜这是不可能的），哈勃空间望远镜只能采用这种远程模式。哈勃的观测时间按轨道分配，而不是按夜晚。成功申请到哈勃使用时间的天文学家需要撰写缜密的观测文件，说明如何修改望远镜的每一处配置，如何使用每个轨道上的每一秒钟。天文学家通常需要花好几周的时间模拟和构思观测过程，对于新手而言更是如此，而且要赶在固定的截止日期前完成，否则就排不上队。第一次拿到哈勃使用权的那天，我简直欣喜若狂……虽然我当时已经打包好行李，准备将工作电脑留在家中，出国逍遥一个月。几天前，我和戴夫刚结束 11 年的爱情长跑，正式步入婚姻的殿堂，本打算从这天开始我们计划多年的蜜月旅行，却在出发前收到观测提案被批准的邮件，观测时间正好与蜜月旅行重合。虽然我将工作电脑留在了家中，但是戴夫带了一台电脑裸机，打算在蜜月途中与我共用。得知这个消息后，戴夫二话不说，立马打开备用的裸机，下载并安装观测软件。我上网下载了所有我能找到的哈勃使用手册（没错，望远镜也有使用手册，而且很多、很多、很多），接着在伊斯坦布尔的酒店房间里花了一天时间拼命地赶观测计划。

跟传统观测方法相比，队列观测需要提前做更多功课，但是效率非常高，因此有些地基望远镜也开始采用这种方法。对于地基天文台而言，比如位于夏威夷和智利的两台口径 8.1 米的双子望远镜（Gemini telescope），队列观测能够最大限度地减少因天气原因造成的时间损失，因为有了这条常备的观测队列，天文台就能将天文学家的观测提案与其所需的天气条件相匹配。传统观测模式有一个被诟病已久的弊端，那就是当你在分配给你的那天夜晚来到望远镜前，却发现山顶上空乌云密布时，你只能自认倒霉，眼睁睁地看着时间溜走，望远镜无所事事地闲置着，可你却束手无策，也没有机会跟别人对换。队列观测却更为灵活，如果某个夜晚天空有少量云层，望远镜可以从队列里挑出对天气要求不高的观测计划，将一定要大晴夜的那个放回队列里，等到出现更适合它的良夜再执行。

这无疑是一种皆大欢喜的方法。一觉醒来，就能看见一堆新鲜出炉的数据安静地躺在你的邮箱里，不用再像以前那样，亲自熬夜到凌晨三点，即使外面云雾缭绕，也依然不死心地等下去，哪怕只能拍到一两分钟的数据，也好过颗粒无收。跟以前的老路子相比，新方法显然轻松舒坦多了，但也显得天文学家更多余了。

平心而论，这并不总是一件坏事；如果你回想前面提过的天文学家因睡眠不足犯下的错误，就能理解我的意思。和其他圈子一样，天文界也不乏疑心病重的卢德分子（Luddites）[①]。在照相底片盛行的年代，开始有一些夜间助手或学生参与到拍摄中，有些观测者却对此嗤之以鼻，说自己无法相信假手于人的数据。事实上，望远镜操作员比许多天文学家更了解望远镜和其他光学仪器，将精心拟订的观测计划交到这些专家手上，通常都会执行得极为顺利。

另外，将观测转交给他人之后，天文学家可能会因此与他们追求的科学真相失之交臂。从队列管理、仪器设置到望远镜指向，任何一个环节都可能出错，这不是望远镜操作员或专业观测人员才有的问题，哪怕天文学家亲自上阵，也可能会出错。虽然明知如此，一旦从队列观测中得到不理想的数据，天文学家依然会感到难以接受。不管通宵观测有多辛苦，天文学家亲自上阵的好处是可以在观测中投入更多心思，精益求精。即使队列观测进行得很顺利，结果并非总能尽如人意。我曾收到双子望远镜传来的观测数据，数据显示望远镜的指向稍有偏移，或者说与我的要求略有出入，这种差异在执行观测的人眼中微乎其微，甚至难以察觉，却能产生有着天壤之别的结果。

即使被排到了队列观测，天文学家依然有机会到现场监督，某些技术细节可能过于复杂，需要他本人到场指导。即使是在这种情况下，所有人依然要严格遵守队列观测的政策。智利的南双子望远镜和夏威夷的北双子望远镜都是用于队列观测的望远镜，我曾申请到它们的使用权，虽然实际观测方式更偏传统，但依然要提交一张精确的观测目标清单，还要提供每个天体对应的曝光时间和天气要

① 卢德分子反对广泛使用会造成大批工人失业的机器，以奋起砸毁纺织机器的第一人卢德（Ned Ludd）命名，现用于描述工业化、自动化、数字化或一切新科技的反对者。

求，一旦提交就很难更改。动身前往智利的前几天，我在别人刚发表的一篇研究论文中看到了一个新发现的星系，如果能将它添加到我的目标清单中，将会锦上添花。于是，我登录双子望远镜软件，准备把这个计划外的天体添加到队列中，却被告知这是严格禁止的行为：观测计划是基于我最初的目标清单制订的，不能随意添加其他目标。如果是普通的望远镜，我可以随意添加目标，但是在双子望远镜的系统中，任何观测目标都要事先得到批准，才能进入队列中。

到了现场之后，我几乎沦为一个旁观者，看着操作员和科学人员按部就班地执行我的计划。我可以偶尔介入其中，请他们微调某个仪器配置的参数，或者微微转动一下望远镜，让它完全对准指定的星系。不过大多数情况下，我就像一名督导员，职责是在旁边监督他们，确保一切按计划进行。我在边上站了很久，只觉得自己是一个无用的摆设，其他到队列望远镜现场的观测者也有这种无所事事的感觉。我曾听人说，智利另一个天文台禁止天文学家触碰阵列望远镜的任何控件，一切只能由望远镜的操作员和工作人员操作。据说，那个天文台很体贴地加了一个开关，开关上贴着“天文学家”四个字，供来访的天文学家使用，它可以来回拨动，但不跟任何线路相连，唯一的作用是让那些坚持要来现场见证观测的人有事可做。

幸运的是，我到场的那晚，天气正好符合我附在观测计划后的要求，否则天文台绝对会毫不留情地跳过我，执行队列中的下一个项目。不过，即使悲剧真的发生了，至少那个夜晚不会因我白白浪费，而是可以成他人之美：如果碰到厚厚的云层，或者很差的视宁度，望远镜不会为我停留，无止境地陪我等天气变好，而是会当机立断，立即转身为他人拍摄数据。另一方面，有几家欢乐，就有几家愁；我不需要澄澈如镜的夜空，同事也是。在一个美丽的夜晚，他亲自跑到夏威夷的北双子望远镜处参与观测，却猝不及防地失去原本属于他的观测时间。那晚的天空出奇地干净，有一个项目正好需要极其澄澈的夜空，因此被临时排到了他前面去。结果，他到了那儿，却什么也做不了，只能看着望远镜指向别人的天体。

那晚，云层挡住了目标清单中的一个天体，我不得不忍痛将它割舍掉，提前一个小时完成观测。我们一结束，操作员看了看队列，马不停蹄地开始下一个项目。从理智上讲，我知道这是对的：我已经拿到了想要的数据，没必要小气地占着最后一小时不放；第二天早晨，在世界上的某个角落，有幸享用到这一小时的另一名天文学家醒来，将很开心地在邮箱里收到新数据。只是，被一个电脑程序仓促地结束我的观测之夜，这种感觉挺奇怪的。当天文学家拥有使用望远镜的权利，也拥有属于自己的夜晚时，他们可以自由地发挥创造力，灵活安排这个夜晚。队列观测虽取得了令人满意的效率，可以像一台庞大的机器，依靠精心拟定的观测提案，井然有序地运转着，却失去了天文学家曾享有的灵活性和创造性。

每个天文学家好奇的天区不同，攻克的难题不同，观测的提案也不同。不过，它们看似五花八门，执行起来却惊人地相似，尤其是在成像方面，天文学家会用到的就那几套滤光片，即只允许蓝光、红色或红外光通过的滤光片，拍摄要求也很简单——曝光时间要长，确保成像清晰，但又不能太长，避免过曝。有人请求观测某块天区里一个明亮遥远的年轻星团，有人请求观测另一块天区里一个昏暗邻近的年迈星团，这两项请求用到的望远镜命令序列也许完全相同。

这样的观测完全不需要天文学家，至少在最初的数据收集阶段不需要。数据到手之后，天文学家可以用它们测量恒星的位置或亮度，绘制星团或星系地图，寻找超新星的小光斑，捕捉一颗小行星飞过的掠影。对于这类观测，没人需要给出任何特殊的请求，或者详细定义观测的细枝末节。如果每个人想拍摄的天区不同，但是想捕捉的天体都是同一个类型，或者想得到的图像都差不多，背后的操作也大同小异，那么我们也许可以避开那些繁文缛节，让望远镜直接上，不用人为干预，不是吗？

在过去几十年里，程控望远镜（robotic telescopes）已经开始自主观测，并取得了巨大的成功。它可以对准特定天区，执行标准化的观测流程，几乎不需要观测者介入。有些程控望远镜会接天文学家的活儿，比如拉斯康布雷斯天文台 (Las Cumbres Observatory, LCO) 的全球望远镜网络，该网络使用人工智能调度程序，将分散在世界各地的 25 台望远镜（口径有 0.4 米、1 米、2 米）集结起来，收集来自天文学家的观测请求，以及望远镜所在地的天气状况，指派多台望远镜拍摄数据，再将它们组合起来，发回给天文学家。LCO 网络可以反复拍摄同一颗恒星或一块天空，追踪新发现的天体，自动拍摄某些天体的光谱。

其他程控望远镜则早已编好程序，整个夜晚按照提前编制好的移动顺序，按部就班地巡视天空。有些对一块区域只会打扫一次，将拍到的图像发给感兴趣的天文学家研究后，便转向下一块区域，不再旧地重游；有些可能会长期“目不转睛”地凝视着同一块天区，寻找任何可能移动或改变的东西。后者尤其擅长捕捉新诞生的超新星，移动的小行星，或变化微弱的恒星，通过长年累月地反复测量一颗恒星的亮度，识别它的变化规律和周期。与其让天文学家申请无数个漫漫长夜，日复一日地手动拍摄同一个天区，不如让望远镜机器人代劳，这样高效多了。

对人类而言，这类重复性的劳动也许过于枯燥，但是天文学家从中洞悉的天文真相却一点也不枯燥。迈克·布朗向我讲述了一个探测柯伊伯带天体的程控自主巡天项目，很多年前大卫·朱维特和刘丽杏做过类似的项目，那时还只能依赖人工观测，现在用的是帕洛玛山天文台不久前刚转成自动化的一台 48 英寸（约 1.2 米）望远镜，它会整晚巡视天空，对每一块扫过的天区连拍三张图像，识别位置发生变化的天体，将数据传到迈克的工作地——帕萨迪纳市 (Pasadena)。除了观测以外，电脑还可以自动分析大部分数据，不需要人类亲自浏览每张图像。在数字化时代，天文学家越来越擅长编写软件或软件“流水线”(pipelines)，自动处理和分析数据。既然观测都能实现标准化，数据分析也可以，不是吗？为迈克寻找柯伊伯带天体的软件程序会筛除静止不动的天体，保留看似移动过的，然后发给他“把关”。他刻意将筛除条件设置得比较宽松，允许保留“假阳性”的天体，宁可放过一百，不可错删一个。因此，每天早上都会有一至两百个潜在移动天体等着迈克“验身”，每隔几天就会有一个被证明是真的柯伊伯带天体，每个都会令他小小地激动一把。

2005 年 1 月的一个早晨，迈克一如既往地整理候选的移动天体，不期然地看到一个奇怪的天体，移动迟缓，耀眼夺目。起初，他有点怀疑自己的眼睛，心想是不是哪里弄错了，这是每个科学家都会有的第一反应。随着他深入研究数据，写下无数笔记，才终于确信这真的是栖身于柯伊伯带中的一个遥远的巨大天体——阋神星（Eris）。它一出道，就成为当年最大的柯伊伯带天体，虽然第二年就让出了老大的宝座（它的直径比冥王星小了大约 50 千米）。发现阋神星之后，国际天文学联合会（International Astronomical Union, IAU）决定重新定义行星，并发起了一次意义重大的投票，投票结果全地球人应该都知道——冥王星惨遭降级，落入矮行星行列，与阋神星和其他几颗小行星被归入柯伊伯带。迈克在他的书《我如何“杀死”冥王星以及它为何命该如此》（*How I Killed Pluto and Why It Had It Coming*）中介绍了整个故事的来龙去脉。

当然，程控望远镜并非尽善尽美，教一台望远镜自己观测，也要操不少的心。曼西·卡斯里渥说，将帕洛玛山的 48 英寸望远镜自动化时，还得安装一个机械臂，用于更换相机的滤光片，但是它的作业区域在望远镜正上方，万一出了故障，滤光片没夹紧，掉落下来，就会砸到主镜。有一次，机械臂还真出了问题，幸好设计者有先见之明，加了一道自动防故障装置，接住了掉下来的滤光片，才没有酿成悲剧。此外，这条手臂虽然是机械做的，但也跟人的手一样需要保暖，才能保证工作效率。望远镜经常在寒冷的环境里观测，有人便给它设计了一只暖和的“手套”（这个故事明显告诉我们，在寒冷的圆顶室里观测一整夜，即使是机器人也吃不消）。

帕洛玛山的 48 英寸程控望远镜还有一个比较老套的安全防范措施。它在转动巨大沉重的身子前，会先在圆顶室内发出一声响亮的警报，按兵不动 30 秒（大概是为了让听见的人有足够的时间跑开），然后才开始转动。当然，天文台确实应该采取安全防范措施，但是拉警报就有点画蛇添足了。曼西一针见血地指出，当不需要人类干预的程控望远镜在进行自主观测时，天文台其实可以直接锁上圆顶室的门，就不用担心有人跑进去，然后被撞到了。不过，有些程控望远镜虽然不会撞人，却曾憨憨地撞上圆顶突出的部分，或者不小心“抽风”，还没采集到数据呢，就拼命地空跑数据处理。

机器人并没有完全将人类观测者比下去，它们的设计者和程序员依然要精通此中门道。在某些观测类型中，天文学家的作用确实正在减弱；在其他观测类型中，天文学家依旧必不可少，需要亲自到现场，积极参与其中。尽管如此，天文界依然有人对计算机和自动化颇有微词，说让机器人接替天文学家的工作，是一步烂棋，有损天文学的发展。

程控望远镜和自动化观测的支持者认为，这些技术创新可以解放专业的天体物理学家，让他们专心从事机器人无法胜任的工作。今天，即使天文学家在整个项目期间或整个研究生涯都不曾亲自去过天文台，或者不曾亲自碰过望远镜，也会有自动化的望远镜为他们效力，将数据送到他们手上，而且这类望远镜采集的数据量正呈指数级增长。随着远程望远镜、队列望远镜、程控望远镜越来越普及，越来越强大，天文学和天文观测也在发生着变化。

第十三章

巡天新时代

当接驳车离开沥青地面，驶上通往智利帕琼山的泥土路时，我被颠醒了。每次来智利，我都会将头靠在咯吱作响的车窗上，看着窗外一成不变的景象。车子经行处，雾霭缭绕的山麓，尘土飞扬的道路，灌木丛生的山坡，绵延不绝地从窗前掠过。今天的雾色尤其深重，也许是我来得太早了。这次，我很反常地早晨六点就上山了，正好赶上食堂的早餐供应时间，那里摆着常见的鸡蛋、吐司、咖啡，还坐着一群建筑工人。今天，我不用上夜班，因为没这个必要。下午，我就会坐接驳车回拉塞雷纳去。这次来是为了参观天文台，不会在山上留宿。

当我们到达天文台时，车子已经穿过雾障，停在操作服务中心的门口。我走下车，站在阳光底下，抬头望去，眼前是一座长长的巨大建筑，很有未来感，一端的顶部是圆顶，钢骨框架全裸露在外。我来参观的这天，圆顶还在施工中，完工后就是望远镜的安身之所。天文台的工作人员给我发了反光背心、安全帽、钢头靴（与我 14 年前在甚大天线阵当导游时穿的一模一样），然后带我到还没建好的圆顶室内转一圈，还站到了圆顶室的中央，未来那里将会放上一架望远镜。四周是刷成青绿色的钢筋，大致勾勒出圆顶还有天窗的轮廓，跟脚手架绑在一起，搭成一个空心的混凝土结构，犹如一个球形舞台。当我站在这里时，即将长驻这座舞台的巨星，一面口径 8.4 米的主镜，正在奔赴智利的途中。几辆专用重载运输车，取道巴拿马运河，行车两个月，才能将它送到这里。此时此刻，站在四面透风的圆顶室内，一眼就能看到外面的风景；转了一圈后，我看到了山下的南双子望远镜，还有远处托洛洛山山顶上的望远镜群。不可思议的是，光是在这里转一圈，我就看到了当代望远镜的“全明星阵容”：传统观测望远镜，程控自主望远镜，南双子望远镜和它的队列观测系统，以及此处正在建造的未来。

这台未来之星很快将成为 21 世纪 20 年代最强大的观测设备之一，它原本叫“大口径全天巡视望远镜”(Large Synoptic Survey Telescope, LSST)，后来改名为“维拉·鲁宾天文台”(Vera Rubin Observatory)，简称“鲁宾天文台”，就是我此时所在的地方。

从圆顶室下来，楼下是白色的操作服务中心，在阳光下显得光滑透亮，一端呈微妙的梯形，共有几层楼高，每层都安有舷窗般的窗口，看似一艘白色游艇，突兀地搁浅在沙漠里。它的设计看上去很漂亮，不过并不是为了美观，而是为了实用。建筑的斜角是根据山顶的风向设计的，能够将望远镜可能受到的气流扰动降至最低。此外，它拥有望远镜所需的一切：一间望远镜操作室；两间无尘室，用于操作当下最先进的望远镜相机；一台巨大的电梯和轨道运输装置，可以定期将镜面取下，运到几层楼下的镀膜室。每隔几年，望远镜的镜面就会被送到镀膜室里，重新镀一层铝膜和银膜。

空旷的工作区内散落着几只装着重物的大桶（用来测试电梯的承重能力），一个用于测试机械支撑的副镜镜坯，以及一面真正的副镜，最近刚从纽约的罗切斯特（Rochester）运到这里，被小心地锁在密封的金属盒里，等着有一天被装到望远镜上。

操作服务中心还设有几间办公室和一间小会议室。每天的晨会上，在山上工作的各个团队的组长会聚在这间小会议室里，通过电话会议系统，向拉塞雷纳或美国的项目负责人汇报进展。今天，他们带我参加了晨会，简单地介绍了几句："这位是艾米莉，她是一名天文学家，正在写一本关于天文观测的书。"后面的我就听不懂了，因为他们开始对着一张庞大的电子表格，用西班牙语快速过一遍当天各个团队的任务。既来之，则安之；我默默地打量起四周的环境，这是一座崭新的建筑，在阳光下熠熠发光，地上铺着简约且有品位的浅色木地板，墙边立着白色橱柜，青绿色的装饰，淡雅的宜家香氛，长长的低窗，可遥控或手动升降的百叶……窗外却是另一番天地，辽阔无边的棕红色荒漠，从安第斯山脚下绵亘至远方。真是一种动人心魄的反差！透过这样的窗户，你以为会看到大学校园里的教学楼，或是郊区办公楼前的一片草坪，却不经意地看到了世界的尽头。

圆顶正在朝着竣工的那天迈近，其他配套设施也在同步施工。一组人正在铺设无尘室的冷却剂管道，另一组人正在测试刚刚完工的镀膜室，还有另一组人正在处理备用发电机组的一个小问题。为了搞定那个问题，他们需要在中午前后的时间切断整座山的电源。当小组人员说"切断整座山的电源"时，我恍然意识到，尽管这里有着现代化的办公椅、远程会议设备，但我们其实是置身于一片旷野荒郊之中，这也是要在天文台里建无尘室和镀膜室的原因：万一相机坏了，或者镜面需要修整，附近根本找不到地方维护，只能自力更生。跟大费周章地将相机和镜面运到外地去相比，建造一个自给自足的设施虽是个复杂的工程，却更经济，也更高效。

蕴藏在这座山中的真正瑰宝是它的网络和数据。天文台里有一个大机房，放着一排又一排的服务器机架，相互焊接在一起，底部固定在地板上，可抵御地震的破坏，每排机架还配备了独立的冷却防火系统。一旦竣工，帕琼山上的望远镜将通过光纤网络，与拉塞雷纳的基地相连，每秒可传输 600 GB 的数据。在这么逆天的传输速度下，望远镜不用半秒就能传完加长版的《指环王》三部曲。

这是一个惊为天人的天文台，不光要建造世界上最厉害的望远镜，还将拥有世界上最先进的望远镜相机，以及一个足以与大多数

2019 年 3 月在建中的维拉·鲁宾天文台

图片来源：艾米莉·莱维斯克

科技公司相匹敌的网络系统。不过，它并非盲目追求先进。

鲁宾天文台即将执行的科学任务简单、直观、宏大：每隔几天，就会对准南半球天区，扫描成像一次，如此循环往复，持续十年。凭一架口径 8.4 米的望远镜，可以捕捉到人类在地面上所能探测到的任何暗弱天体，首次观测数十亿数量级的天体，以前所未有的规模追踪它们的变化，最终生成整个南半球天空的十年影像，相当于一部记载了它十年面貌变迁的纪录片。

规模如此宏大的观测，将会产生多到难以估量的数据。由于相机的超高画质，光是一帧图像就有 32 亿像素，以全分辨率显示它，需要 1 500 台高清电视机。鲁宾天文台观测一个晚上，就能产生 30 TB 的数据。一旦发现天空中有任何移动或变化的天体，其数据管理工具还要具备实时警报与更新的功能。

鲁宾天文台将产生的科学数据多到几乎无法想象。持续不断地拍摄同一片天空，一个晚上预计就能探测到一千多颗新的超新星（目前，我们一年探测到的超新星加起来还不到一千颗）。它将寻找太阳系中的小行星和其他移动天体，包括那些可能飞近乃至危及地球的近地天体（NEOs），还将持续跟踪亮度随时间变化的每一颗恒星，让我们不间断地看到它们在这十年中如何演化，如何走向生命的尽头。

这一切将在几乎无人的情况下发生。操作员依然会来，但是他们的角色主要是望远镜的管家或监督员，晚上将仪器打开，早上将它们关掉，时刻关注运行情况，以防有意外发生。除了望远镜操作员和管理人员以外，山上只会留下寥寥无几的必要人员。白天偶尔会有其他小组成员过来，确保一切正常。大多数时候，鲁宾天文台空荡荡的，很难看到一个人。

不过，我来参观的时候，这里并没有空荡荡的感觉，不管走到哪儿，都能看见忙碌的建筑工人，紧锣密鼓地建造天文台的各个移动结构，期盼着能在2020年迎来它凝望星空的“第一眼”，即一台新望远镜首次拍摄星空的那一刻。在参观的过程中，我后知后觉地意识到，这么多人呕心沥血，最终打造出的将是一座“空城”，只需一小撮人驻守在此，就能解决山上可能发生的问题，接待偶尔到访的客人，开展恢宏的科研项目。我正亲眼看着一个被刻意设计成“鬼城”的建筑拔地而起，一旦它建成并投入使用，那些长胡须的小兔鼠，也许只能爬上这寂寥的山头，孤身独影对夕阳。

在全新的天文学时代，鲁宾天文台是天文皇冠上的一颗明珠，观测者将能够利用自动化的力量，将望远镜从天文学家的夜间手工作坊，变成名副其实的科学工厂。

这个想法并不新奇。吉姆·克罗克（Jim Crocker）是斯隆数字化巡天（Sloan Digital Sky Survey, SDSS）的项目经理。说起这台望远镜，他用的正是“科学工厂”这四个字。它是比鲁宾天文台还要早的巡天项目，于2000年开始观测北半球天空，建在新墨西哥州的阿帕奇天文台，和山上其他望远镜有着共同的“宿敌”——石膏白沙、瓢虫大军、米勒飞蛾大军，同时还要执行大量观测任务。斯隆望远镜搭载的是一台1.2亿像素的相机，每晚产生约200 GB的数据。多年来，它已经拍摄了三分之一天空的多色图像，观测了300多万个天体的光谱。建造此等规模的巡天望远镜，需要多年的努力、协作及创新，安·芬克贝纳（Ann Finkbeiner）在她的《一件大胆又宏伟的事》（*A Grand and Bold Thing*）中揭露了背后不为人知的故事，提到了斯隆项目所产生的海量数据，以及它如何给天文观测带来根本性的变化。以前，天文学家一个晚上也许只能捕捉到几个光子、恒星或星系，斯隆望远镜却给他们带来了数百万颗星体的数据，某些研究领域面临的挑战也因此发生转变，从观测技术（为拍摄遥远的暗星努力提高观测技术）转移到了计算能力上，考验着天文学家如何处理无穷无尽的宇宙资源，从中提出新的科学问题，并找到答案。鲁宾天文台一旦建成，必将促成又一次转变。

每个人都知道鲁宾天文台将会取得伟大的成就，也知道它不可能面面俱到。例如，在最初十年的观测中，它只专注于成像，不拍摄光谱。有着世界上最先进的相机，却只聚焦于狭窄的可见光波段。不会被发射到高层大气中，也不会被运到金星凌日或掩星的观测点。

尽管鲁宾天文台很了不起，但它并非孤军奋战。天文台一晚能探测到一千颗超新星，但是在这一千颗小家伙里，至少有几颗值得用其他望远镜深入研究，其他类型的新发现亦是。面对即将到来的新天文学时代，天文界虽然仍在摸索 ToO 观测细则、观测提案、队列管理的最佳方法，但是每个人都清醒地意识到，鲁宾天文台将会带来无数新发现，但它们只是鲁宾天文台找到的第一块拼图，缺失的那些还等着其他望远镜和天文学家去探索。

我的学术生涯中最激动人心的科学发现似乎近在咫尺。

2011 年 9 月，我又一次来到拉斯坎帕纳斯天文台（几年前，也是在这个地方，大风吹走了我宝贵的观测时间），观察几颗在我看来十分古怪的红超巨星。几年前，我跟菲尔一起发表了几篇研究，指出一些行为怪异的恒星。它们的质量介于太阳质量的 10~20 倍，直径相当于木星的轨道，温度可以在几个月内迅速变化，这样的速度对于大质量恒星而言快得反常。更奇特的是，这几颗恒星的温度本就不高，却还在继续冷却，冷到完全违背已知的恒星物理学。

我们发现的这几颗不走寻常路的恒星，引起了另一名天文学家安娜·祖特阔夫（Anna Żytkow）的注意。她给我们发来电子邮件，提出了一个有趣的想法。几十年前，她和基普·索恩（就是那个因引力波探测获得诺贝尔物理学奖的基普·索恩）一起提出了一种新型恒星的假设，它被命名为“索恩 - 祖特阔夫天体”(Thorne-Żytkow object, TŻO)，外表几乎无异于一个又红又亮的超巨星，体内却“寄生”着一颗中子星，不同于我们所知道的以核聚变为能量来源的正统恒星。根据量子物理学的推测，宇宙中确实可能存在这类没有核聚变反应的恒星，只不过外观具有欺骗性，不仔细观察的话，没人看得出它独特的核心；游离在恒星表面奇怪微妙的过剩化学成分，将会是唯一“破绽”，让我们得以识破它奇特的内部结构。如果安娜和基普的预测是对的，索恩 - 祖特阔夫天体确实存在，那么它们将揭示一种全新的恒星内部的工作原理。

索恩 - 祖特阔夫天体早在 1975 年就被提出来了，只是 30 多年过去了，许多研究小组在茫茫宇宙中搜寻，却始终找不到任何确凿的证据。安娜认为，我们发现的那些怪异且冰冷的变星，很有可能就是索恩 - 祖特阔夫天体，凭借在红超巨星上积累的深厚知识，我们将是重启搜寻的不二人选。这个可能性令我心动不已，索恩 - 祖特阔夫天体就像一个迷人的嵌合体，有着红超巨星的外壳，中子星的内核，宇宙中最奇特的恒星。如果真有可能成为发现它的第一人，谁愿意错过这么好的机会？

兴奋之余，我开始起草观测提案。我知道，要想申请到望远镜，光打激情牌——“嘿，我们想寻找一种奇特的恒星，从来没有人见过它，但是我有一种预感，我一定能找到它！”——是不够的，我们需要强有力的科学依据。因此，我们决定将第一次观测作为一种初探：收集一份冰冷明亮的红超巨星清单，逐一拍摄它们的光谱，探测它们的化学组成，建立“正常”恒星的基线。根据预测，如果我们找到了真正的索恩 - 祖特阔夫天体，会在它的表面探测到一些过量的神秘元素——锂、铷、钼。然而，从来没有人想过要研究一颗正常的红超巨星应该拥有多少钼，更不用说是一颗不正常的红超巨星了。因此，在寻找不正常的恒星之前，我们应该先为正常的恒星建立档案。不过，大规模的恒星化学组成普查是一项枯燥乏味的工作，很难让人激动得起来。最终，我们写了一个折中的方案：调查大约一百颗红超巨星，大多数是正常的红超巨星，还有几个是“怪胎”。这个提案最后通过了，为我们争取到了拉斯坎帕纳斯的 6.5 米望远镜，以及三个夜晚的观测时间。

老实说，这是一个奇怪又有趣的项目，不同于我们之前做过的研究。直到观测的第一天，还在调整计划。到了观测当天，傍晚的时间一过，我们正准备开工，菲尔却临时要求加入几颗恒星。他从以前的成像数据中找到了几颗特别红艳的超巨星，很有可能是索恩 - 祖特阔夫天体的候选者。参与观测的还有一位合作者，她叫尼迪娅 · 莫雷尔（Nidia Morrell），在拉斯坎帕纳斯天文台工作了几十年，对山上的望远镜、照相机及摄谱仪了如指掌。在最后一刻，她对目标天体的观测顺序和仪器设置提出了一些调整建议，让整个观测过程更顺利、高效。

观测过程中传来的数据混杂着大量无用的信息。因此，观测结束后，天文学家往往需要花好几个星期的时间，研究使用手册和软件文档，学习怎么恰当地缩减冗余数据，剔除所有来自天空、电子设备或附近恒星的垃圾信号，留下感兴趣的恒星发出的光线。尽管如此，每次曝光时，看着屏幕上未经处理的原始数据，天文学家还是能够从中看出个大概来。

尼迪娅在这方面特别厉害。她不仅熟悉山上的每一台仪器，还很熟悉光谱，只要一看到数据，就立马知道哪里不对劲。有时，她会指出一些操作上的问题，比如某个天体没对好，如果完全对在视野中心，图像质量会更好；有时，会指出一些难以察觉的小细节或特征，帮助我们迅速识别原始数据中的关键信息。大多数数据看上去像一堆细白的横向谱线，偶尔在某些谱线间出现黑色的间隙，表明某种元素吸收了某个波长的光。

观测进行到一半时，望远镜终于转向了菲尔临时添加的目标之一。我从红外源表中找到它，并在当晚的笔记中写下一串毫无诗意的数字“J01100385-7236526”，一个由坐标构成的编号，准确地表明它在天空中的位置。我们对它做了一次曝光，接着一边准备切换到下一个目标，一边好奇地盯着屏幕上出现的数据。图像拍得不错，又清晰又明亮。紧接着，我们注意到了白色谱线中有一些不正常的东西。除了常见的黑色间隙后，那里还有几个不太寻常的白色亮点，显然恒星的大气层中有某种元素释放了额外的光。我们从来没有在哪个红超巨星身上看到过这种怪事，大气层中的元素通常只会吸引而不是发射光。没人预测过索恩 - 祖特阔夫天体会有这种反常的行为，因此我们不敢妄下断言“找到你了！”也不敢开心地大喊“啊哈！”只是意味不明地“嗯”了一声，然后就不再说什么，进而疑惑地歪了歪脑袋，盯着那几个怪异的亮点看，确定不是自己眼花。

最后，尼迪娅开口了，也许是有什么意外的发现：“我不知道它是什么，但我喜欢它！”

我将她的话写在 J01100385-7236526 边上，接着按部就班地观测下一个天体。

一年多以后，我仍在处理那几个夜晚采集到的数据，用的是那些红超巨星的正式名字，还注意到了一颗名为 HV 2112 的恒星。在我们采集到的红超巨星中，HV 2112 是一个突出的异类，几个关键元素的含量异常地高，令我十分惊讶。通过数学计算，并将它与样本中的其他恒星对比后，我们得出了一个显著的特征：HV 2112 的锂丰度远远高于样本中的其他红超巨星，而且不光锂，连铷和钼也高出许多。简而言之，这颗恒星有着与预测中的索恩 - 祖特阔夫天体完全相同的奇怪化学特征。

HV 2112 还有其他古怪之处，比如它会通过大气层中的氢原子发射光子。没人预料到索恩 - 祖特阔夫天体会有这种行为，不过只要稍微研究已有的文献，就可以将二者联系起来。由于恒星脉动（stellar pulsation）产生的能量，一些恒星的大气层偶尔会出现氢发射（hydrogen emission）的现象：如果恒星外层极其不稳定，有时就会像一颗巨大的心脏一样跳动，激发大气层中的氢原子发射光子，产生独特的氢原子发光现象。尽管没人预测到索恩 - 祖特阔夫天体会有氢发射现象，却有人预测到它的外层可能不稳定，也许会出现奇特的脉动现象。

HV 2112 成为了有史以来最有希望是索恩 - 祖特阔夫天体的候选者，这意味着我们手上可能握有能够证明恒星如何运作的全新机制的第一手数据。与此同时，如果 HV 2112 真是索恩 - 祖特阔夫天体，一大堆新问题将接踵而至：索恩 - 祖特阔夫天体是如何形成的，它们的寿命有多长，它们死后会产生黑洞吗，会产生超新星吗，会产生引力波吗，会产生我们从未见过的产物吗？我们采集到的 HV 2112 数据，为我们打开了一扇通往更多科学奥秘的大门。

当我盯着电脑屏幕时，一块又一块碎片在我面前拼凑成一幅完整的拼图，最后一块氢发射碎片勾起了我的联想。我赶紧拿出观测笔记来，翻到尼迪娅发现 J01100385-7236526 异常发光行为的那一天晚上，迅速登录恒星坐标和名称数据库，当场确认了我的猜测：J01100385-7236526 正是 HV 2112，潜在的索恩 - 祖特阔夫天体。它本不在我们的观测计划中，幸亏菲尔直到最后一刻仍在调整计划，而且那是一个传统的观测夜，它才能在最后关头进入我们的目标清单中。那一夜，当数据滚滚而来时，一名资深的观测者立即注意到了它的独特之处，悄然预示着即将到来的一切。

过去的半个世纪里，天文观测发生了翻天覆地的变化，令人叹为观止。曾经，天文学家要蜷缩在逼仄的主焦笼里，在黑暗中追逐光子，将星光封印于玻璃底片中。如今，那样的日子已经一去不复返，因为我们有了大型的程控望远镜，能自动采集浩如烟海的数据。这是令人振奋的伟大革新：天文观测的规模正在逐步接近宇宙的尺度，每当我们将新技术——口径更大的望远镜、机载望远镜、激光干涉仪——指向星空，就会收获全新的发现，看见宇宙意想不到的另一面。此外，在天文学的世界里，这些浩如烟海的数据成为一种奇妙的民主“催化剂”。以前，观测数据是稀缺物品，只有少数能够申请到研究级望远镜的人才可能获得它们（要么因为他们所在的学校拥有天文望远镜，要么因为能够申请到研究经费，或者仅仅只是在性别上占优势）。不过，那样的年代已经离我们很遥远了，现在任何人都能读取望远镜数据，世界各地的天文学家都能共享海量巡天数据。

光是一台望远镜就可以收集那么多数据，有人可能忍不住想，也许我们再也不需要那么多望远镜了。如果鲁宾天文台一个晚上收集到的数据顶得上别人（比如帕洛玛山天文台）好几年的劳动成果，那么那些天文台是不是可以关门了，如果它一个晚上就能采集 30 TB 的数据，这么多数据还不够所有天文学家用吗，一台望远镜有没有可能强大到能够满足每个天文学家的需求，回答每个天文学家的疑问？

答案必然是否定的。首先，光是探测到新天体还不够，我们需要深入地探索它们。鲁宾天文台之所以令人如此兴奋，原因之一是它将与其他望远镜强强联手，形成互补。21 世纪 20 年代，南半球另有两台庞然大物将第一次睁开它们的“巨眼”：24.5 米巨麦哲伦望远镜（Giant Magellan Telescope, GMT）、39.3 米欧洲特大望远镜（European Extremely Large Telescope, EELT），这两台望远镜将与北半球的 30 米望远镜 TMT 一起，成为有史以来最大的光学望远镜。当鲁宾天文台的 8.4 米巡天望远镜探测到新的超新星、小行星及遥远星系时，更大的光学望远镜将对准新发现的天体，仔细观察它们的特征。拍摄一个物体的光谱，需要将光分离开来，按波长依次排序。当拍摄的对象是一个暗弱的天体时，如果想得到好的光谱，就需要一面更大的镜子。因此，只有南半球正在建的那两台巨大的望远镜，才有能力直接深入观察鲁宾天文台发现的暗星，测量其距离和化学组成。此外，不管鲁宾天文台再怎么厉害，只要它建在智利的山头，就永远看不到北半球的天空。因此，我们依然需要北半球的望远镜，而且是大量的望远镜，帮助我们回答鲁宾天文台提出的关于宇宙的新问题。

鲁宾天文台等大型巡天望远镜将发现不计其数的超新星，未来十年即将陆续投入使用的特大光学望远镜将为我们深入探索它们的化学组成、前世今生、宿主星系。机载和空间望远镜能够捕获被地球大气层阻挡的光线，射电望远镜将探索可见光范围之外的广阔领域，分布在世界各地的望远镜将为我们拼凑出整个夜空的全貌，日食和掩星的科考活动让天文学家能够追逐那些难得一遇的天文奇观。即使是更小的望远镜，也能探索自家银河系的无穷奥秘、观察附近明亮的恒星，因为那里仍有无数谜团等着我们去解开。随着引力波的发现，我们将有望回答许多关于宇宙的问题……

总之，我们需要像鲁宾天文台这样先进的新型望远镜（天文学的发展离不开科技的进步），但它不是万能的。有人曾将天文学家需要的各种望远镜比作厨房里的各类电器和炊具，一个厨师可能对一台高档的凯膳怡厨师机很满意，但是如果想做一桌子美食，光靠它是不够的，还要有各种锅碗瓢盆才行，可能偶尔还要祭出奶奶那个年代就有的手动搅拌器。

只可惜这些望远镜生不逢时，建在了天文经费日益紧张的时代。政府或大学依然大力拨款支持尖端望远镜的研制，只是其他地方的预算却缩水了，资源越来越有限，逼得大家只能绞尽脑汁，想着怎么花小钱办大事。全国各地的天文台要么因缺乏资金而关停较小的望远镜，要么将本就不多的资金投入建造更大的望远镜或实施自动化上，甚至被要求淘汰那些年事已高、效率低下的望远镜，即使依然有天文学家经常用它们跟进观测某些激动人心的新发现。此外，这些资金还要抽一部分出来，用于支付观测者的补贴，支持他们的科研工作。这样一来，资金越来越少，少到没有资源投入海量新数据（那些宝贵却又看不懂的二进制数据）的分析处理中，没有资源将它们转化成科学真相，以及足以登上头条、激发人类想象力的伟大发现。

在巨大的新望远镜面前，没人能抵挡它带来的兴奋和创新。只要你曾瑟瑟发抖地蜷缩在冰冷的主焦笼中，曾摸黑在暗房中冲洗修整底片，就会对强大且高效的鲁宾天文台赞赏有加。一个晚上就能完成过去需要几个月、几年乃至整个职业生涯才能完成的工作？这么好的望远镜当然要建！

然而，我们却被告知，鱼与熊掌不可兼得，要造新的大型望远镜，就必须关闭小的或用途单一的望远镜。于是，许多小望远镜被说成是太老旧或落伍了，直接就被弃用，而不是另作他用，充分发挥剩余价值。回到厨房的类比，假如老旧的望远镜是刀具，新一代望远镜则是食品加工机，后者确实更加“多才多艺”，能够切碎更多东西，但是这并不代表前者就成了废品。如果分工合理的话，新老工具其实是可以兼得的。

如果用于天文研究的资金继续减少，剩下的选择无疑只有一个。我们需要新型的望远镜，需要突飞猛进的技术，需要强大的自动或程控望远镜，迅速采集大量数据，探索宇宙的新角落。问题是，要做到这一点，而且光是这一点，就不得不牺牲其他领域。巡天望远镜将极大地提高发现神秘天体的能力，但是发现神秘天体只是第一步，我们仍需深入探究它们。一个晚上就能巡视几百万个天体，听上去确实很高效，但是光靠粗略的巡视是不够的，我们仍需深入跟踪那些奇怪或罕见的天体，因为它们可能蕴藏着当今物理学无法解释的奥秘，或来自遥远世界的信号。机器人或流水线只能承担一部分研究，其他的仍需人类亲力亲为。当天空中出现一些怪异的现象时，电脑程序也许会将其误判为错误数据，只有人眼能鉴别它们的真身。机器人只会一板一眼地执行命令，人类却充满无限的主观能动性。某些意外的发现来源于天文学家的灵机一动，在观测开始的前一秒，临时添加新目标，或者在长夜将尽时，突发奇想地望向另一处深空……如果自动望远镜完全取代人工观测，而不是作为人工观测的补充，我们将可能永远失去这些意外的发现，失去这些“无心插柳柳成荫”的巧合。

随着天文技术的发展，天文学家的工作方式也在发生变化。有些变化无疑是好的：多亏了庞大的数据量、广泛的可用性，下一代天文学家将享受到丰富便利的科学资源；在办公室里远程操控望远镜，明显比亲自跑到天文台更省事；有了能够自动观测的程控望远镜，我们就不用担心有人从高空平台上摔下来，不用害怕有蝎子或狼蛛在控制室里乱窜，不用为了短暂的观测千里迢迢地跑到阿根廷、南极或平流层。

与此同时，我们也失去了亲自观测的机会，失去了值得分享的观测趣事，失去了惊险刺激的探险奇遇。我并不是在怀古伤今，或希望时光倒流，哪怕那时人类对宇宙知之甚少，缺乏探索宇宙的科学工具，也固执地想回到没有自动化的年代。天文观测也是一种科学探险之旅，它给天文学家带来的情感是独一无二的，然而他们能够亲自探险的机会正在日益减少，我只是忍不住为之遗憾。

也许整个天文学最根本的问题，也是每个天文学家在学术生涯中都会被问到的问题，就是为什么。我们为什么要研究天文学？为什么要投入大量的时间、精力和资源建造并使用望远镜，只为了研究数百万或数 10 亿光年之外的东西？这个问题可能来自家人、朋友，来自飞机或火车上的陌生人，来自掌管科研经费的人，来自任何好奇的人。他们想知道的是，究竟是什么让这一小群人望向茫茫宇宙，说："我要研究那个。"

这个常见的"为什么"通常会以三个问题的形式出现：你为什么决定学天文学？它为什么值得我们花这么多钱？人类为什么要研究宇宙？

关于"人类为什么要研究宇宙"，其实早已有几个现成的答案，其中一个是出于纯粹的实用性：研制新望远镜需要发明新技术，这些新技术未来可能应用到日常生活中，造福全人类。探索奇怪未知的物理学领域，也许可以为能源和交通等困扰人类的问题提供全新的解决思路。在我看来，人类在天文学上取得的突破，终将转化为我们在现实生活中能够切身享受到的好处。

天文学还能充当一门出色的入门学科，从宇宙中获得的知识，虽然不像医学或工程等应用型学科有着广泛的日常应用，却能激发人类无穷的想象力。教会一个人热爱宇宙，对宇宙充满好奇，提出一些看似愚蠢的问题，然后执着地从数学和物理中寻找答案，是激发科学好奇心的一种好方法。一千个年轻科学家，一千种好奇心。初识黑洞的莘莘学子中，有人也许因此决定将一生奉献给黑洞的研究；有人也许对研究黑洞的计算机感到好奇，进而想自己研制一台更厉害的计算机；有人也许觉得“黑洞”这个名字真傻，便决定取代那个专门负责给天体取名字的傻瓜委员会……浩瀚宇宙如此美丽，对孩子们有着无穷的吸引力，足以指引他们步入科学的世界。

当被问到我们为什么要研究恒星内部或太阳系是如何运作时，一个奇怪又有趣的理由是：外星人。有时，想到这些奇幻的理由，就连我自己也忍俊不禁。

发现或接触外星智慧生命注定是一个颠覆性的时刻，一项惊天动地的伟大成就，这是毋庸置疑的，我真正好奇的是接下来会发生什么。假设我们联系上了某个遥远星球的外星人，并拥有与对方交流的神奇能力，会对他们说什么？当你遇到一个新朋友时，你们会聊些什么？通常会聊当下的共同话题，比如天气或时事。两人刚认识时，对话一般是：“天哪，今天的雨可真大啊！”或者“嗳，今天的新闻你看了吗？”可如果这位新朋友是外星人，我们就不知道有什么共同话题了……除了宇宙。外星人可能不会问“你那边天气怎么样？”或者“你看过今天的新闻了吗？”而是问“天哪，前不久有一阵迅猛的流星雨降落到地球上，你们的恐龙还好吗？”或者“你看见那颗刚爆炸的恒星了吗?！”这时，多亏我们研究过天文，能够与对方侃侃而谈，分享我们所知道的周围星系的故事。接下来，我们也许会切换到语言以外的表达方式，甚至来一场灵魂深处的交流，分享我们是谁，有什么梦想。无论这场对话最终以何种方式延续下去，无论它最终的走向是什么，我们知道宇宙和科学将是我们与宇宙万物之间的共同点，也是一切对话最初的起点。

当然，不管你给出的理由多么奇幻，或多么实在，有些人一定会刨根问底，寻找金钱或其他利益方面的动机。星星纵使漂亮，但是人们普遍的态度是，它们值多少钱？天文学能给我们带来多少美元、美分或有形的回报？为什么要把时间和金钱花在虚无缥缈的宇宙上，而不是其他摸得着、看得见的东西上？曾有一段时间，人们争论的焦点在于地球正面临着诸多复杂严峻的问题，为什么有一小群研究者（不管这个群体有多小）仍执着地将注意力和资金投到现实生活以外的地方，而不是想着如何解决更紧迫的问题？隐藏在这个问题背后的是一句无声的谴责：我们为什么要把钱浪费在太空上，而不是研发癌症药物或遏制气候变化？

当天文学与其他领域只能二选一时，人类将作何抉择几乎毫无悬念，这正是今天科学发展面临的困境之一。天文学家与其他科学领域的科学家一样，都面临着相同的窘境，不断被告知没有足够的资源支持他们做想做的事：没有足够的资金同时资助大型巡天望远镜和大型光学望远镜，没有足够的资金同时研究恒星和治疗疾病（或保护环境），没有足够的资金研究宇宙……事实是，它们本就不该被放在一起，叫人舍取其一。诚然，我们没有一座源源不断的资金之泉，但以目前微薄的科研资金规模来看，哪怕只是多洒几滴“泉水”，也能极大地推动科学的发展。

最后，当被问到为什么要研究太空时，身为人类，身为天文学家，身为一个独一无二的个体，不同角色的我们可能会给出略微不同的答案。

为了写这本书，我采访了许多朋友和同事，却不曾问过任何人是如何对天文学产生兴趣的，毕竟我想写的不是他们如何走上天文学的道路，而是他们在这份神奇的工作中遇到了哪些稀奇古怪的事儿。

尽管我不曾开口问过，大多数天文学家却主动告诉了我。许多人经常被问到为什么选择进入这个不寻常的小众行业，因此早已习惯给出一些合理的原因，往往是与天文观测有关的故事。我采访过的大多数天文学家都对星空心生向往，渴望守在望远镜边上，不畏惧寒夜，望向星空深处。许多人脑海中最生动的观测记忆是在天文台外驻足昂首，望向苍穹之上那些美到摄人心魄的星辰。

虽然天文学的世界里确实有无数迷人的故事，但它们并不是促使一个人走向天文学最根本的原因。大多数人会将自己如何爱上宇宙仔细地说给我听，内容大多是站在这座或那座山头，抬头仰望澄澈无云的夜空，或者第一次透过目镜凝视深空，内心受到难以言喻的震撼。当他们找到了宇宙，找到了心灵的归宿，故事到这里通常就结束了。这些故事很难转化成“你为什么要学天文学”的理由，我知道提问者并不想听到“因为宇宙很神奇”这么单薄的回答。每个人都觉得宇宙很神奇，但他们并没有因为宇宙很神奇，就立志要研究宇宙。我也觉得恐龙很神奇，但我并没有因为恐龙很神奇，就立志成为古生物学家。

事实上，对天文学的热爱早已根植在我们内心深处，听到有人这么问，反而会让我们感到奇怪。这好比有人问你为什么要跟你的另一半结婚，人们往往会给出“因为我们很爱对方”“我们……一拍即合”“嗯，我们相遇了，很自然地就……在一起了，然后，有一天……”之类的理由，听上去总有点语无伦次，语焉不详。

就我而言，最好的答案来自电影《红菱艳》中一段简单的对话，虽然短小精辟，却一针见血。电影的主人公是一名热爱芭蕾的舞者，有人问她：“你为什么要跳舞？”

她顿了几秒，然后反问：“你为什么要活着？”

“呃……我也不知道为什么……但我必须这么做。”

“这也是我的答案。”

它来自你的内心。在这颗小小的星球上，有一团微小却无法扑灭的无形之火，在渺小的人类心中燃烧着，驱使我们在漫漫宇宙中上下求索，原因无他，只因我们必须这么做。

我们为什么要研究宇宙？我们为什么要仰望星空，为什么要提出内心的疑惑，满世界建这么多望远镜，到地球的极限之地寻找答案？我们为什么要观星？

我们不知道为什么，但是我们必须这么做。

我写这本书是为了记录那些与望远镜一起工作的人的故事。过去几十年的望远镜收集到的数据也许不如未来的望远镜多，却为曾与它们休戚与共的观测者留下了无数美好的回忆。它们将成为令人动容的精彩故事，既是人类科学史上一个独特的篇章，也是一个我们可能再也回不去的时代。

话虽如此，这本书并非想要歌颂“美好的过去”，抱怨科技将世界变得面目全非。鲁宾天文台和下一代望远镜将会缔造属于自己的神话。也许有一天，科学家将取得突破性的进展，研制出鲁布·戈德堡机械般的自动化望远镜，一夜之间就能收获无数天文学家花费数年心血才可能取得的成就。我期待着有人能够接过我的棒子——这个人现在也许还在上小学吧——为我们书写未来 30 年的望远镜，向我们讲述未来的疯狂故事，分享那时的天文学家如何对付多到难以估量的数据，他们使用的新型望远镜都有哪些怪脾气，又有哪些不可思议的伟大发现。不管天文学家是彻夜蜗居在主焦笼里，还是在自家厨房里下载数据，他们对宇宙的研究将永远延续下去，不断满足人类好奇的内心和探索的天性。

阅读指导

一、你对观星和星空有什么独特的记忆？

二、天文学家的生活中有什么是最令你惊讶的？

三、作者在第三章提到了一个令人沮丧的观测之夜，一个像天气这么微小的因素，却可能影响到天文学家的职业乃至人生规划。你曾有过类似的经历吗？你是如何应对的？

四、读完这本书后，你对科学家的看法有何变化？

五、许多人倾向于将科学和艺术视为脱离现实的独特追求，但是作者写到了她的同事对音乐的热爱，写到了反映观测生活的漫画，写到了如诗歌般美好的日食奇观，写到了天文学家对宇宙之美的赞颂。为什么你觉得科学和艺术是一种独特的追求？你的观点是否有所改变？

六、你觉得天文学哪个方面最有趣：天文发现、宇宙奥秘、望远镜背后的科学？你从本书学到最多的是什么？

七、读完这本书后，你对天文学或天文学家是否有了新的疑问？

访谈名单

为了写这本书，我采访了 112 位朋友和同事，每一个人的故事都为本书增添了更多精彩，对此我感激不尽，感谢他们愿意抽出宝贵的时间，慷慨地分享各自的奇妙旅行。

Helmut Abt
Bruce Balick
Eric Bellm
Edo Berger
Emily Bevins
Ann Boesgaard
Howard Bond
Mike Brown
Bobby Bus
David Charbonneau
Geoff Clayton
Andy Connolly
Thayne Currie
Charles Danforth
Jim Davenport
Arjun Dey
Trevor Dorn-Wallenstein
Alan Dressler
Maria Drout
Oscar Duhalde
Patrick Durrell
Erica Ellingson
Joseph Eggen
Travis Fischer
Kevin France
Wes Fraser
Katy Garmany
Doug Geisler
John Glaspey
Nathan Goldbaum
Bob Goodrich
Candace Gray
Richard Green
Elizabeth Griffin
Ted Gull
Shadia Habbal
Ryan Hamilton
Suzanne Hawley
JJ Hermes

Jennifer Hoffman
Andy Howell
Deidre Hunter
Zeljko Ivezic
Rob Jedicke
David Jewitt
John Johnson
Dick Joyce
Mansi Kasliwal
William Keel
Megan Kiminiki
Tom Kinman
Bob Kirshner
Karen Knierman
Kevin Krisciunas
Rolf Kudritzki
Briley Lewis
Jamie Lomax
Julie Lutz
Roger Lynds
Peter Maksym
Jennifer Marshall
Joseph Masiero
Phil Massey
Cody Messick
Nidia Morrell
John Mulchaey
Joan Najita
Kathryn Neugent
Dara Norman
Knut Olsen
Carolyn Petersen
Erik Peterson
Emily Petroff
Phil Plait
George Preston
John Rayner
Joseph Ribaudo
Mike Rich
Noel Richardson
Gwen Rudie
Stuart Ryder
Abi Saha
Anneila Sargent
Steve Schechtman
Brian Schmidt
Francois Schweizer
Nick Scoville
Alice Shapley
Bruno Sicardy
David Silva
Jeffrey Silverman
Josh Simon
Brian Skiff
Brianna Smart
Alessondra Springmann
Sumner Starrfield
Chuck Steidel
Woody Sullivan
Nick Suntzeff
Paula Szkody
Kim-Vy Tran
Sarah Tuttle
Patrick Vallely
George Wallerstein
Jonelle Walsh
Larry Wasserman
Jessica Werk
David Wilson
Charlotte Wood
Sidney Wolff
Jason Wright
Dennis Zaritsky

参考文献

1. George Wallerstein, interview with the author, August 9, 2017.

2. Richard Preston, First Light: *The Search for the Edge of the Universe* (New York: Random House, 1996), 263.

3. Michael Brown, interview with the author, July 24, 2018.

4. Sarah Tuttle, interview with the author, August 18, 2018.

5. Rudy Schild, "Struck by Lightning," 2019, http://www.rudyschild .com/lightning.html.

6. Geisler, Doug. 76 cm Telescope Observers Log—Manastash Ridge Observatory. Night log entry, May 18, 1980.

7. Howard Bond, phone interview with the author, December 6, 2018.

8. Greg Monk, quoted in "The Collapse," *in But It Was Fun: The First Forty Years of Radio Astronomy at Green Bank*, ed. F. J. Lockman, F. D. Ghigo, and D. S. Balser (Charleston: West Virginia Book Company, 2016), 240.

9. Harold Crist, quoted in "The Collapse," *But It Was Fun,* 241.

10. George Liptak, quoted in "The Collapse," *But It Was Fun*, 241.

11. Crist, quoted in "The Collapse," *But It Was Fun*, 243.

12. Ron Maddalena, quoted in "The Collapse," *But It Was Fun*, 245.

13. Pete Chestnut, quoted in "The Collapse," *But It Was Fun*, 247.

14. Anneila Sargent, interview with the author, July 2, 2018.

15. George Preston, interview with the author, June 5, 2018.

16. Harlan J. Smith, "Report on the 2.7-meter Reflector" , Central Bureau for Astronomical Telegrams, Circular 2209 (1970): 1.

17. Marc Aaronson and E. W. Olszewski, "Dark Matter in Dwarf Galaxies," in *Large Scale Structures of the Universe: Proceedings of the 130th Symposium of the International Astronomical Union, Dedicated to the Memory of Marc A. Aaronson (1950–1987), Held in Balatonfured, Hungary, June 15–20, 1987*, ed. Jean Audouze, Marie-Christine Pelletan, and Sandor Szalay (Dordrecht: Kluwer Academic, 1988) : 409–420.

18. University of Arizona Department of Astronomy, "Aaronson Lectureship," 2019, https://www.as.arizona.edu/aaronson_lectureship.

19. Elizabeth Griffin, interview with the author, January 8, 2019.

20. Anneila Sargent, interview with the author, July 2, 2018.

21. Vera C. Rubin, "An Interesting Voyage," *Annual Review of Astronomy and Astrophysics* 49, No. 1 (2011): 1–28.

22. Anne Marie Porter and Rachel Ivie, "Women in Physics and Astronomy, 2019," American Institute of Physics Report (College Park:

AIP Statistical Research Center, 2019).

23. Porter and Ivie, "Women in Physics and Astronomy, 2019."

24. Leandra A. Swanner, "Mountains of Controversy: Narrative and the Making of Contested Landscapes in Postwar American Astronomy," PhD diss., Harvard University, 2013.

25. James Coates, "Endangered Squirrels Losing Arizona Fight," *Chicago Tribune*, June 18, 1990.

26. Thayne Currie, interview with the author, November 13, 2018.

27. John Johnson, interview with the author, March 28, 2019.

28. N. Bartel, M. I. Ratner, A. E. E. Rogers, I. I. Shapiro, R. J. Bonometti, N. L. Cohen, M. V. Gorenstein, J. M. Marcaide, and R. A. Preston, "VLBI Observations of 23 Hot Spots in the Starburst Galaxy M82" , *The Astrophysical Journal* 323 (1987): 505–515.

29. D. Andrew Howell. Twitter Post. August 19, 2017, 1:43 a.m., https://twitter.com/d_a_howell/status/898782333884440577.

30. Oscar Duhalde, interview with the author, April 25, 2019.

31. Robert F. Wing, Manuel Peimbert, and Hyron Spinrad, "Potassium Flares," *Proceedings of the Astronomical Society of the Pacific* 79, No. 469 (1967): 351–362.

32. A. R. Hyland, E. E. Becklin, G. Neugebauer, and George Wallerstein, "Observations of the Infrared Object, VY Canis Majoris," *The Astrophysical Journal* 159 (1969): 619–628.

致谢

首先，我要向杰夫·希雷夫（Jeff Shreve）表示衷心的感谢。某一天，在一个通透的展厅里，想要写这本书的想法毫无预警地从我的脑海中冒出来，而他就在我身边，见证这个想法的诞生。一年多以后，他成为我的文稿代理人，重新来到这个展厅，将我的书推向世界。我深深地感谢杰夫和科学工厂（Science Factory）的其他同事，感谢他们为本书和其他许多伟大的科学故事所做的杰出贡献。

我非常感谢 Sourcebooks 出版社的安娜·米歇尔（Anna Michels）和 Oneworld 出版社的山姆·卡特（Sam Carter），他们是热情出色、见识独到的编辑，指导我雕琢许多动人的小故事，最终汇聚成一部完整的作品。我还要感谢格雷丝·梅纳里 - 温菲尔德（Grace Menary-Winefield），她是本书收割的第一波忠实拥护者；感谢夏娜·德雷斯（Shana Drehs）、伊琳·麦克拉瑞（Erin McClary）、克里斯·弗朗西斯（Chris Francis）、朱莉安娜·帕尔斯（Juliana Pars）、塞布丽娜·巴斯奇（Sabrina Baskey）、凯西·古特曼（Cassie Gutman），以及所有参与制作每一页内容（包括漂亮的封面！）的人；感谢莉兹·凯尔森（Liz Kelsen）、莉琪·莱万多夫斯基（Lizzie Lewandowski）、迈克尔·莱利（Michael Leali）、凯特琳·劳勒（Caitlin Lawler）、瓦莱丽·皮尔斯（Valerie Pierce）、玛格丽特·科菲（Margaret Coffee），是他们让这本书得以到达读者的手中。最后，我还要对休斯媒体法律事务所（Hughes Media Law Group）的雪莉·罗伯森（Shirley Roberson）和玛丽·麦克休（Mary McHugh）表示深深的感谢，感谢他们耐心指导我这个初涉出版业与法律的菜鸟，让我能够从容地应对相关事务。

多年来，我有幸与数百名同事一起在科学的田野上耕耘，与他们分享无数美妙的天文故事，这一切构成了本书的根基。我要特别感谢一百多名接受我采访的同事，感谢他们慷慨地抽出宝贵的时间，面对面或用电话向我讲述他们的故事，还要感谢那些在社交媒体上回复并提供好玩的段子的热心之人。这本书的创作离不开你们每一个人！愿我不负众望，将天文学家古怪又有趣的故事生动地展现给读者。

本书收集了来自全球各地的望远镜和天文台的故事。我要特别感谢那些在我创作此书时热情接待我参观的天文台：亚利桑那州的洛厄尔天文台、国家光学天文台、基特峰国家天文台；夏威夷的莫纳克亚天文台；智利的拉斯坎帕纳斯天文台、大型巡天望远镜；加利福尼亚的卡耐基天文台；华盛顿汉福德的激光干涉引力波天文台；加利福尼亚帕姆代尔和新西兰赖斯特彻奇的 NASA 平流层红外天文台团队。管理天文台和研究设施需要大量的精力和人力，除了上述天文台，我和我的同事也要感谢其他天文台的工作人员为我们提供了重要的支持，让我们能够如愿开展令人激动的科研活动。

我要特别感谢杰夫·里奇（Jeff Rich）带我参观卡耐基天文台，那是一次美妙的体验，也是我人生中第一次参观底片档案馆！感谢杰夫·霍尔（Jeff Hall）和凯蒂·布拉泽克（Catie Blazek）为我安排住宿，给了我一次愉快的洛厄尔天文台之行。感谢凯瑟琳·格曼尼、约翰·葛拉斯比、戴夫·席尔瓦在国家光学天文台为我找了一间办公室，还给我提供了一箩筐的精彩故事。感谢博·雷普斯（Bo Reipurth）、托马斯·格雷特豪斯（Thomas Greathouse）、特蕾泽·安克雷纳兹（Therese Encrenaz）在百忙之中抽空接待来夏威夷大岛参观的我。感谢乔·马谢罗（Joe Masiero）在宝贵的观测时间里带我参观帕洛玛山天文台，一如既往地为我提供了许多精彩的故事和细致的指导。感谢约翰 ·穆勒凯（John Mulchaey）、莱奥波尔多·因方特（Leopoldo Infante）、哈维拉·雷伊（Javiera Rey）、尼迪娅·莫雷尔（Nidia Morrell）为我争取到参观拉斯坎帕纳斯天文台的机会。感谢泽利科·伊韦齐奇（Zeljko Ivezic）、兰帕·吉尔（Ranpal Gill）、杰夫·坎特（Jeff Kantor）带我到帕琼山的山顶参观维拉·鲁宾天文台，感谢那里的工作人员抽空与我交谈！感谢安布尔·斯特伦克（Amber Strunk）为我安排 LIGO 天文台的参观，感谢那里的工作人员带我参观设施，并回答我的许多问题。感谢尼克·维罗尼科（Nick Veronico）、凯特·斯夸尔斯（Kate Squires）、贝丝·哈根瑙尔（Beth Hagenauer）让我的第一次 SOFIA 参观成真，即使那一周的飞行最终不幸被取消，每个机组成员依然恪尽职守，让我真实地体验了一把 SOFIA 上的观测生活！感谢杰克·埃德蒙森（Jake Edmondson）的备用相机拯救了我的一天，否则那次飞行我们将可能什么照片也没拍到。最后，我还要感谢兰道夫·克莱因（Randolf

Klein）和迈克尔·戈登（Michael Gordon）邀请我以观察员的身份登上 SOFIA，让我有机会飞到九霄之上！

感谢巴拉德社区（Ballard）的旺蒂尔咖啡厅（Venture Coffee）的全体员工，感谢你们早晨六点开门，为我磨制了几十杯玛奇朵，让我一边享用美味的咖啡，一边安静地写书。

当我一边履行大学教授的职责，一边尝试第一次写书，努力在二者之间维持平衡时，华盛顿大学天文学系的同事们一直支持着我，让我能够在这奇怪的双重生活中始终保持清醒。我特别感激华盛顿大学大质量恒星研究小组里那些勤奋优秀、搞怪幽默的成员——杰米·洛马克斯（Jamie Lomax）、特雷弗·多恩-沃伦斯坦（Trevor Dorn-Wallenstein）、凯瑟琳·纽根特（Kathryn Neugent）、洛克·帕顿（Locke Patton）、艾斯琳·瓦拉赫（Aislynn Wallach）、布鲁克·迪肯佐（Brooke Dicenzo）、茨韦特利纳·迪米特洛娃（Tzvetelina Dimitrova）、克扬·戈特金（Keyan Gootkin）、梅根·科科里斯（Megan Kokoris）、安妮·舒梅克（Annie Shoemaker），他们为这本书注入了无穷的热情和科学知识。

我人生中第一次真正意义上的天文观测是在菲尔·马西的指导下开始的，在过去的 16 年里，他一直是我的良师益友。在麻省理工学院求学期间，我幸运地遇到了吉姆·艾略特这样一位不可多得的老师，从他那儿学到了天文观测的诀窍。这些年来，我认识了许多伟大的导师和合作者，但我始终觉得，能够由这两位出色的老师领进天文学的大门，何其有幸。

莱维斯克和卡巴纳一直是两个充满爱与能量的大家庭，一家大大小小，从亲爱的爷爷到最小的成员，永远互相鼓励，彼此照应，欢声笑语不断。谢谢我的哥哥本，是你带我到院子里第一次看星星；即使我已经长大了，你依然是我终生学习的榜样。谢谢爸妈，不管是我念幼儿园时第一次写的满是错别字、不忍卒读的幻想故事，还是这本书的早期片段节选，你们总是耐心地看完我写的一切东西。

爱有时是一盒甜蜜的巧克力，是疲惫了给你揉揉肩，是贴心地为你开发一个网页应用，将几百小时的采访录音自动整理成文字，解读长篇累牍的法律文本。我的丈夫戴夫是个“盖世英雄”，总能无声地将这样的爱，还有更多细腻的爱，揉进每天的细水长流里。我可以很肯定地说，如果没有他，这本书写起来就不可能这么轻松愉快。我爱你，戴夫；这份爱，如星空般广袤。

图书在版编目（CIP）数据

最后的观星人：天文探险家的不朽故事 /（美）艾米莉·莱维斯克著；张玫瑰译. – 北京：北京联合出版公司，2022.7（2023.7 重印）
ISBN 978–7–5596–5854–8

Ⅰ. ①最… Ⅱ. ①艾… ②张… Ⅲ. ①天文学－普及读物 Ⅳ. ① P1-49

中国版本图书馆 CIP 数据核字 (2022) 第 018068 号

北京市版权局著作权合同登记 图字：01-2022-0499

最后的观星人：天文探险家的不朽故事

作　　者：[美] 艾米莉·莱维斯克
译　　者：张玫瑰
责任编辑：孙志文
出 品 人：赵红仕
出版统筹：慕云五　马海宽
项目监制：慧　木
产品经理：一颗星
封面设计：陆璐 @Kominskycraper

北京联合出版公司出版
（北京市西城区德外大街 83 号楼 9 层　100088）
北京联合天畅文化传播公司发行
三河市中晟雅豪印务有限公司印刷　新华书店经销
字数 245 千字　880 毫米 ×1230 毫米　1/32　11 印张
2022 年 7 月第 1 版　2023 年 7 月第 3 次印刷
ISBN 978–7–5596–5854–8
定价：59.00 元